21世纪高等学校规划教材 | 计算机应用

Web程序设计：ASP.NET

杨玥 汤秋艳 梁爽 主编

杨冬 刘寅生 田丹 吴晓艳 刘申菊 副主编

清华大学出版社

北京

内容简介

ASP.NET是由微软公司推出的新一代Web开发架构，也是Web应用程序的主流开发技术。本书以Visual Studio 2005和SQL Server 2005为开发平台。

本书共包括16章内容，前14章系统介绍了如何使用ASP.NET开发动态网站，具体包括ASP.NET的运行环境、工作模型、Web服务器控件、验证控件、母版页、网站导航、数据绑定、状态管理、Web认证和授权等内容。本书在第15章给出了与各章相应的实验内容，可以很好地结合所学理论进行相关内容的实验操作。本书最后一章通过一个具体的动态网站开发项目为读者演示了用ASP.NET 2.0进行动态网站开发的方法和思路。

本书教学重点明确，逻辑性强，内容由浅入深、循序渐进，书中的例子均为作者在教学工作中的真实案例，具有很强的实用性，适用对象为ASP.NET的初、中级学习者。本书可以作为高等学校计算机相关专业的教材，也适合ASP.NET网站开发人员参考。

图书在版编目(CIP)数据

Web程序设计：ASP.NET/杨玥，汤秋艳，梁爽主编．—北京：清华大学出版社，2011.6
(21世纪高等学校规划教材·计算机应用)
ISBN 978-7-302-24955-9

Ⅰ．①W…　Ⅱ．①杨…　②汤…　③梁…　Ⅲ．①主页制作—程序设计　Ⅳ．①TP393.092

中国版本图书馆CIP数据核字(2011)第041302号

责任编辑：梁　颖　李　晔
责任校对：梁　毅
责任印制：李红英
出版发行：清华大学出版社　　**地　址**：北京清华大学学研大厦A座
http://www.tup.com.cn　　**邮　编**：100084
社 总 机：010-62770175　　**邮　购**：010-62786544
投稿与读者服务：010-62795954，jsjjc@tup.tsinghua.edu.cn
质 量 反 馈：010-62772015，zhiliang@tup.tsinghua.edu.cn
印 装 者：北京鑫海金澳胶印有限公司
经　销：全国新华书店
开　本：185×260　**印　张**：18.5　**字　数**：461千字
版　次：2011年6月第1版　　**印　次**：2011年6月第1次印刷
印　数：1～3000
定　价：29.50元

产品编号：038299-01

编审委员会成员

（按地区排序）

出版说明

随着我国改革开放的进一步深化，高等教育也得到了快速发展，各地高校紧密结合地方经济建设发展需要，科学运用市场调节机制，加大了使用信息科学等现代科学技术提升、改造传统学科专业的投入力度，通过教育改革合理调整和配置了教育资源，优化了传统学科专业，积极为地方经济建设输送人才，为我国经济社会的快速、健康和可持续发展以及高等教育自身的改革发展做出了巨大贡献。但是，高等教育质量还需要进一步提高以适应经济社会发展的需要，不少高校的专业设置和结构不尽合理，教师队伍整体素质亟待提高，人才培养模式、教学内容和方法需要进一步转变，学生的实践能力和创新精神亟待加强。

教育部一直十分重视高等教育质量工作。2007 年 1 月，教育部下发了《关于实施高等学校本科教学质量与教学改革工程的意见》，计划实施"高等学校本科教学质量与教学改革工程"(简称"质量工程")，通过专业结构调整、课程教材建设、实践教学改革、教学团队建设等多项内容，进一步深化高等学校教学改革，提高人才培养的能力和水平，更好地满足经济社会发展对高素质人才的需要。在贯彻和落实教育部"质量工程"的过程中，各地高校发挥师资力量强、办学经验丰富、教学资源充裕等优势，对其特色专业及特色课程(群)加以规划、整理和总结，更新教学内容、改革课程体系，建设了一大批内容新、体系新、方法新、手段新的特色课程。在此基础上，经教育部相关教学指导委员会专家的指导和建议，清华大学出版社在多个领域精选各高校的特色课程，分别规划出版系列教材，以配合"质量工程"的实施，满足各高校教学质量和教学改革的需要。

为了深入贯彻落实教育部《关于加强高等学校本科教学工作，提高教学质量的若干意见》精神，紧密配合教育部已经启动的"高等学校教学质量与教学改革工程精品课程建设工作"，在有关专家、教授的倡议和有关部门的大力支持下，我们组织并成立了"清华大学出版社教材编审委员会"(以下简称"编委会")，旨在配合教育部制定精品课程教材的出版规划，讨论并实施精品课程教材的编写与出版工作。"编委会"成员皆来自全国各类高等学校教学与科研第一线的骨干教师，其中许多教师为各校相关院、系主管教学的院长或系主任。

按照教育部的要求，"编委会"一致认为，精品课程的建设工作从开始就要坚持高标准、严要求，处于一个比较高的起点上。精品课程教材应该能够反映各高校教学改革与课程建设的需要，要有特色风格、有创新性(新体系、新内容、新手段、新思路，教材的内容体系有较高的科学创新、技术创新和理念创新的含量)、先进性(对原有的学科体系有实质性的改革和发展，顺应并符合 21 世纪教学发展的规律，代表并引领课程发展的趋势和方向)、示范性(教材所体现的课程体系具有较广泛的辐射性和示范性)和一定的前瞻性。教材由个人申报或各校推荐(通过所在高校的"编委会"成员推荐)，经"编委会"认真评审，最后由清华大学出版社审定出版。

目前，针对计算机类和电子信息类相关专业成立了两个"编委会"，即"清华大学出版社计算机教材编审委员会"和"清华大学出版社电子信息教材编审委员会"。推出的特色精品教材包括：

（1）21世纪高等学校规划教材·计算机应用——高等学校各类专业，特别是非计算机专业的计算机应用类教材。

（2）21世纪高等学校规划教材·计算机科学与技术——高等学校计算机相关专业的教材。

（3）21世纪高等学校规划教材·电子信息——高等学校电子信息相关专业的教材。

（4）21世纪高等学校规划教材·软件工程——高等学校软件工程相关专业的教材。

（5）21世纪高等学校规划教材·信息管理与信息系统。

（6）21世纪高等学校规划教材·财经管理与计算机应用。

（7）21世纪高等学校规划教材·电子商务。

清华大学出版社经过二十多年的努力，在教材尤其是计算机和电子信息类专业教材出版方面树立了权威品牌，为我国的高等教育事业做出了重要贡献。清华版教材形成了技术准确、内容严谨的独特风格，这种风格将延续并反映在特色精品教材的建设中。

清华大学出版社教材编审委员会

联系人：魏江江

E-mail：weijj@tup.tsinghua.edu.cn

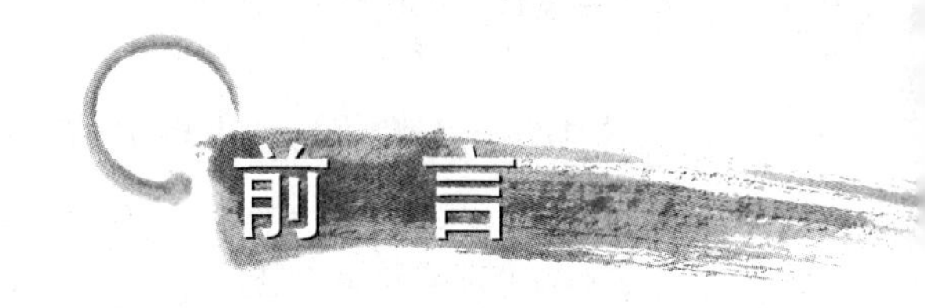

前 言

随着网络技术的快速发展，网络程序设计和 Web 应用技术得到了广泛的应用。ASP.NET 技术是 Microsoft 公司推出的基于 Microsoft.NET 框架的新一代网络程序设计和 Web 应用开发工具，是 Web 应用开发的主流技术之一。

本书共分 16 章，系统、全面、由浅入深地介绍了使用 ASP.NET 和 C#开发网站的基础知识、基本方法和具体应用。具体包含如下内容：第 1 章 Web 应用基础，介绍了 Web 应用概述、Web 应用相关技术。第 2 章 ASP.NET 2.0 介绍，介绍了 ASP.NET 2.0 的工作模型、使用 Visual Studio. Net 2005 创建 Web 应用、Web Form 与 Page 对象模型、Web 应用的异常处理。第 3 章使用 Web 控件，介绍了 HTML 控件、Web 服务器控件、使用 Web 服务器控件、页面提交处理流程。第 4 章使用验证控件，介绍了验证概述、验证的对象模型、ASP.NET 的验证类型、使用验证控件。第 5 章使用母版页，介绍了如何使用母版页、导航控件来统一并强化页面布局。第 6 章数据访问和表示，介绍了数据绑定控件 GridView、Repeater、DataList、DetailsView、FormView 控件的使用及 ADO.NET 常用对象访问数据库。第 7 章 Web 应用的状态管理，详细介绍了 ASP.NET 中常用的内容对象，包括 Response 对象、Request 对象、Application 对象和 Session 对象。第 8 章 Web 应用的认证和授权，主要介绍 Web 应用的认证方式、使用 Membership 实现 Web 应用的认证、使用 Role 实现 Web 应用的授权。第 9 章创建 Web 控件，主要介绍了用户控件和自定义 Web 服务器控件的创建方法和应用方式。第 10 章全球化和本地化，通过具体实例介绍在 ASP.NET 2.0 中实现全球化和本地化。第 11 章个性化与主题，主要介绍个性化配置(Profile)、主题和外观，使网站具有统一的外观。第 12 章使用 Web 部件，主要通过具体的小例子介绍 Web 部件的使用和创建 Web 部件页的方法。第 13 章 Web 应用性能调优和跟踪检测，为了开发高性能的 Web 应用、跟踪检测技术和缓存技术。第 14 章部署 Web 应用，介绍了如何进行 Web 程序的发布。第 15 章实验部分，给出了各章相关的实验部分，可以很好地结合理论部分进行练习。第 16 章通过具体的简单的会员注册系统，介绍了 Web 程序的开发过程，给出了一个很好的学习模板。

本书以 Visual Studio 2005 和 SQL Server 2005 Express 为开发平台，使用 C#开发语言，提供大量源于作者多年教学积累和项目开发经验的实例。

本书概念清晰、逻辑性强、由浅入深、循序渐进，适合作为高等学校计算机相关专业的 Web 应用程序设计、Web 数据库应用等课程的教材，也适合 Web 应用程序开发的初级、中级人员参考。

本书第1章和第2章由杨玥和梁爽共同编写，第6章和第15章由汤秋艳编写，第3～5章、第7～14章和第16章由杨玥编写，另外，参与本书编写和修改的还有杨冬、刘寅生、田丹、吴晓艳、刘申菊等同志。在此，编者对以上人员致以诚挚的谢意。

由于本书涉及的范围比较广泛，时间仓促，加之作者水平有限，书中不足之处在所难免，敬请读者批评指正。

编　者

2010年10月

目 录

第1章 Web应用基础

1.1 Web 应用概述

1.1.1 Web 应用

在企业应用软件中，从系统部署的体系结构来分，分为 B/S 和 C/S 结构模式。C/S 模式是比较传统的企业应用模式，它是指通过在客户端安装一个软件，再通过该软件访问服务器资源的一种结构体系；而 B/S 模式指将程序部分内容发布到服务器，客户端采用浏览器访问服务器，发布在服务器上的程序通过 Web 服务器解释成 HTML（超文本标记语言）和一系列的客户端脚本，并在浏览器端显示和执行，通过 HTTP（超文本传输协议）与 Web 服务器进行交互的一种软件结构体系。

例如开发的 MIS（管理信息系统）大都采用 C/S 模式实现，这是由于需要满足用户数据操作和效率的要求，例如设计一个医院门诊系统挂号业务时，因为病人挂号时间非常集中，所以要求系统有很快的响应速度和友好的操作界面，这时，C/S 模式具有优势。但是有些系统，例如企业应用中的 OA（办公自动化系统），需要设计成 B/S 模式，这是由于在企业中，办公系统往往需要满足异地办公的需求，而对日常办公业务来讲，对于效率的要求并不是特别高。

Web 应用就是指在 B/S 结构体系下的应用软件系统，如 OA 办公系统、电子商务网站和面向公众的网站等。

1.1.2 Web 浏览器和服务器

1. Web 浏览器

Web 浏览器比较常用的是 IE 浏览器。Netscape（网景浏览器）是 Netscape 通信公司开发的网络客户器，提供了可在 UNIX 和 Windows 操作系统上运行的免费版本。Mozilla Firefox（火狐浏览器）是使用率最高的浏览器，许多在 IE 浏览器中遇到的安全问题（如木马、病毒、恶意网页等）都可以解决。

2. Web 服务器

IIS 是微软公司主推的 Web 服务器。如果系统中先安装了 IIS，那么在安装 .NET Framework 时会自动在 IIS 中注册 ASP.NET ISAPI 扩展名（Aspnet_isapi. dll）。如果在已经安装了.NET Framework 的情况下安装 IIS,则必须使用 Aspnet_regiis -i,在 IIS 中注册 ASP.NET。

1.2 Web 应用相关技术

1.2.1 HTTP 与 HTML

HTTP 协议是用于从 Web 服务器传输超文本到本地浏览器的传输协议,它可以使浏览器更加高效,同时可以减少网络传输量。它不仅保证计算机正确、快速地传输超文本文档,还能确定传输文档中的哪一部分或者哪部分内容首先被传输和显示。HTTP 协议是基于请求/响应模式的。

HTML 是一种用来制作超文本文档的简单标记语言。超文本传输协议规定了浏览器在运行 HTML 文档时所遵循的规则和进行的操作。HTTP 协议的制定使浏览器在运行超文本时有了统一的规则和标准。用 HTML 编写的超文本文档称为 HTML 文档,它能独立于各种操作系统平台。之所以称为超文本,是因为它可以加入图片、声音、动画、影视素材等内容,事实上,每一个 HTML 文档都是一个静态的网页文件,这个文件中包含了 HTML 指令代码,这些指令代码并不是一种程序语言,它只是一种排版网页中资料显示位置的标记结构语言,易学易懂,非常简单。

1.2.2 客户端脚本、服务器端脚本和 ASP.NET

脚本(Script)实际上是一段程序,但不会被编译成可执行文件,它直接被系统解释执行,完成某些特殊的功能。

脚本分为服务器端脚本和客户端脚本。客户端脚本包括 JavaScript 和 VBScript;服务器端脚本包括 PHP、JSP、ASP 和 ASP.NET。

1. 客户端脚本介绍

JavaScript 是一种基于对象(Object)和事件驱动(Event Driven)并具有安全性能的脚本语言。使用它的目的是在一个 Web 页面中连接多个对象,与 Web 客户交互作用。它是通过嵌入或调入到标准的 HTML 语言中实现的。它的出现弥补了 HTML 语言的缺陷,它是 Java 与 HTML 折中的选择。JavaScript 是一种脚本语言,它采用小程序段的方式实现编程。与其他脚本语言一样,JavaScript 也是一种解释性语言,它提供了一个简易的开发过程。JavaScript 是一种基于对象的语言,可以像其他面向对象的语言那样创建应用对象,提供强大的用户交互能力。

VBScript 是开发语言 Visual Basic 家族的成员,它将灵活的脚本应用于更广泛的领域,包括 Microsoft Internet Explorer 中的 Web 客户端脚本和 Microsoft Internet Information Server 中的 Web 服务器脚本。VBScript 使用 ActiveX 脚本与宿主应用程序对话。由于使用 ActiveX 脚本,浏览器和其他宿主应用程序不再需要每个 Script 部件的特殊集成代码。

2. 服务器端脚本介绍

PHP 是一种被广泛应用的开放源代码的多用途脚本语言,它可嵌入到 HTML 文档中,尤其适合 Web 开发。PHP 是完全免费的。PHP 是一个基于服务端创建动态站点的脚本语言,可以用 PHP 和 HTML 生成站点主页。当一个访问者打开主页时,服务端就执行 PHP 的命令并将执行结果发送至访问者的浏览器中。

JSP 是由 Sun Microsystems 公司倡导,许多公司参与一起建立的一种动态网页技术标准。JSP 技术类似 ASP 技术,它是在传统的网页 HTML 文件中插入 Java 程序段和 JSP 标记,从而形成 JSP 文件。

ASP 是服务器端脚本编写环境,它是微软公司早期的 Web 应用开发技术。使用它可以创建和运行动态、交互的 Web 服务器应用程序,可以组合 HTML 页、脚本命令和 ActiveX 组件以创建交互的 Web 页和基于 Web 的功能强大的应用程序。

3. ASP.NET

ASP.NET 是一个统一的 Web 开发模型,它包括生成企业级 Web 应用程序所必需的各种服务,能够让开发人员使用尽可能少的代码完成任务。ASP.NET 是作为.NET Framework 的一部分提供的。在编写 ASP.NET 应用程序时,可以访问.NET Framework 中的类。

ASP.NET 包括以下主要部分。

1) 页和控件框架

ASP.NET 页和控件框架是一种编程框架,它在 Web 服务器上运行,可以动态地生成和呈现 ASP.NET 网页。客户端发出网页请求时,ASP.NET 会向请求浏览器呈现标记。

2) ASP.NET 编译器

ASP.NET 代码都经过了编译,可提供强类型、性能优化和早期绑定以及其他优势。代码一经编译,CLR 会进一步将 ASP.NET 编译为本机代码,从而提供增强的性能。

3) 安全基础结构

ASP.NET 提供了高级的安全基础结构,以便对用户进行身份验证和授权,并执行其他与安全相关的功能。ASP.NET 程序中可以使用由 IIS 提供的 Windows 身份验证,也可以通过自己的用户数据库使用 ASP.NET Forms 身份验证和成员资格来管理身份验证,还可以使用 Windows 组或自定义的角色数据库来管理 Web 应用程序的功能和信息方面的授权。

4) 状态管理功能

ASP.NET 提供了内部状态管理功能,它可以存储网页请求期间的信息,如客户信息和购物车的内容,还可以保存和管理应用程序特定、会话特定的信息等。

5) ASP.NET 配置

通过 ASP.NET 应用程序使用的配置系统,可以定义 Web 服务器、网站或单个应用程序的配置设置。配置的定义不但可以在部署 ASP.NET 应用程序时完成,而且可以随时添加和修订配置设置,同时对运行的 Web 应用程序和服务器影响很小。ASP.NET 配置设置存储在 XML 文档中。

6）运行状况监视和性能功能

ASP.NET可以监视Web应用程序的运行状况和性能。使用ASP.NET运行状况监视可以报告关键事件，这些关键事件包括应用程序的运行状况和错误情况的有关信息。这些事件显示诊断和监视特征的集合，并在记录哪些事件以及如何记录事件等方面具有高度的灵活性。

7）调试支持

ASP.NET利用运行库调试基础结构以支持跨语言和跨计算机的调试。可以调试托管和非托管对象，以及公共语言运行库和脚本语言支持的所有语言。此外，ASP.NET页框架可以将检测消息插入ASP.NET网页的跟踪模式中。

8）XML Web服务框架

ASP.NET支持XML Web服务。XML Web服务是包含业务功能的组件，利用该业务功能，应用程序可以使用HTTP和XML消息等标准跨越防火墙交换信息。由于XML Web服务不用依靠特定的组件技术或对象调用约定，因此，用任何语言编写、使用任何组件模型并在任何操作系统上运行的程序，都可以访问它。

9）可扩展的宿主环境和应用程序生命周期管理

ASP.NET包括一个可扩展的宿主环境，该环境控制应用程序的生命周期，即从用户首次访问此应用程序中的资源到应用程序关闭期间。虽然ASP.NET依赖于Web服务器(IIS)，但是ASP.NET自身也提供了许多宿主功能。通过ASP.NET的基础结构，可以响应应用程序事件并创建自定义HTTP处理程序和HTTP模块。

10）可扩展的设计器环境

ASP.NET中提供了对创建Web服务器控件设计器(用于可视化设计工具)的增强支持。使用设计器可以为控件生成设计时的用户界面，这样开发人员可以在可视化设计工具中配置控件的属性和内容。

1.3 习题

1. 填空\选择题\判断

(1) 在已经安装了.NET Framework的情况下安装IIS，则必须运行________，在IIS中注册ASP.NET。

(2) 常用的客户端脚本语言有________、________。服务器端脚本语言有________、________、________、________。

(3) 下列(　　)不属于Web浏览器。

A. IE　　B. Netscape　　C. IIS　　D. Mozilla Firefox

(4) 判断题，HTML是一种可扩展的标记语言。(　　)

(5) 判断题，Web程序设计的模式是B/S结构。(　　)

2. 简答题

(1) 简述如何安装IIS。

(2) 什么是虚拟目录？

(3) 简述如何创建ASP.NET网页。

第2章 ASP.NET 2.0介绍

2.1 ASP.NET 2.0的工作模型

2.1.1 ASP.NET的工作模型

ASP.NET是Web服务器的ISAPI扩展。当IIS接收到客户端浏览器发来的请求后，它根据请求的文件类型确定由哪个ISAPI扩展来处理该请求，并将请求转发给ASP.NET。ASP.NET应用首先进行初始化，并装载配置模块，然后经过一系列步骤来完成对客户端请求的响应。ASP.NET工作的过程分为以下几个阶段。

(1) 阶段1：用户从浏览器中请求网页。

当IIS收到请求后，会对所请求文件的扩展名进行检查，确定应由哪个ISAPI扩展来处理该请求，然后将该请求传递给适合的ISAPI扩展，也就是说IIS将该请求传给ASP.NET。

(2) 阶段2：ASP.NET接收对应用程序的第一个请求。

当ASP.NET接收到对应用程序中任何资源的第一个请求时，应用程序管理器(ApplicationManager)将会创建一个应用程序域。在应用程序域中，将创建宿主环境(HostingEnvironment类的实例)，它提供对有关应用程序的信息(如存储该应用程序的文件夹的名称等)的访问。

应用程序管理器、应用程序域和宿主环境之间的关系，如图2.1所示。

(3) 阶段3：为每个请求创建ASP.NET核心对象。

创建了应用程序域并实例化宿主环境之后，ASP.NET将创建并初始化核心对象(如HttpContext、HttpRequest和HttpResponse)。HttpContext类包含特定于当前应用程序请求的对象，如HttpRequest和HttpResponse对象。HttpRequest对象包含有关当前请求的信息，包括Cookie和浏览器信息。HttpResponse对象包含发送到客户端的响应，包括所有呈现的输出和Cookie。

(4) 阶段4：将HttpApplication对象分配给请求。

初始化所有核心应用程序对象之后，将通过创建HttpApplication类的实例启动应用程序。如果应用程序有Global.asax文件，则ASP.NET会创建Global.asax类(从HttpApplication类派生)的一个实例，并使用该派生类表示应用程序。同时，ASP.NET将创建所有已配置的模块(如状态管理模块、安全管理模块)，在创建完所有已配置的模块后，将调用HttpApplication类的Int方法。

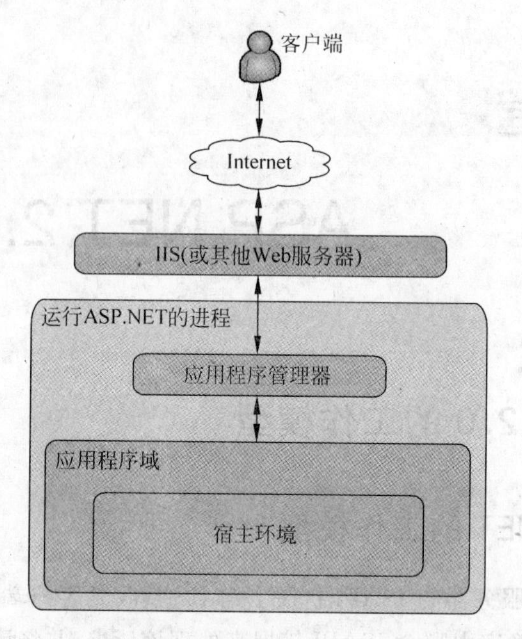

图 2.1　应用程序管理器、应用程序域和宿主环境之间的关系

ASP.NET 2.0 的工作模型，如图 2.2 所示。

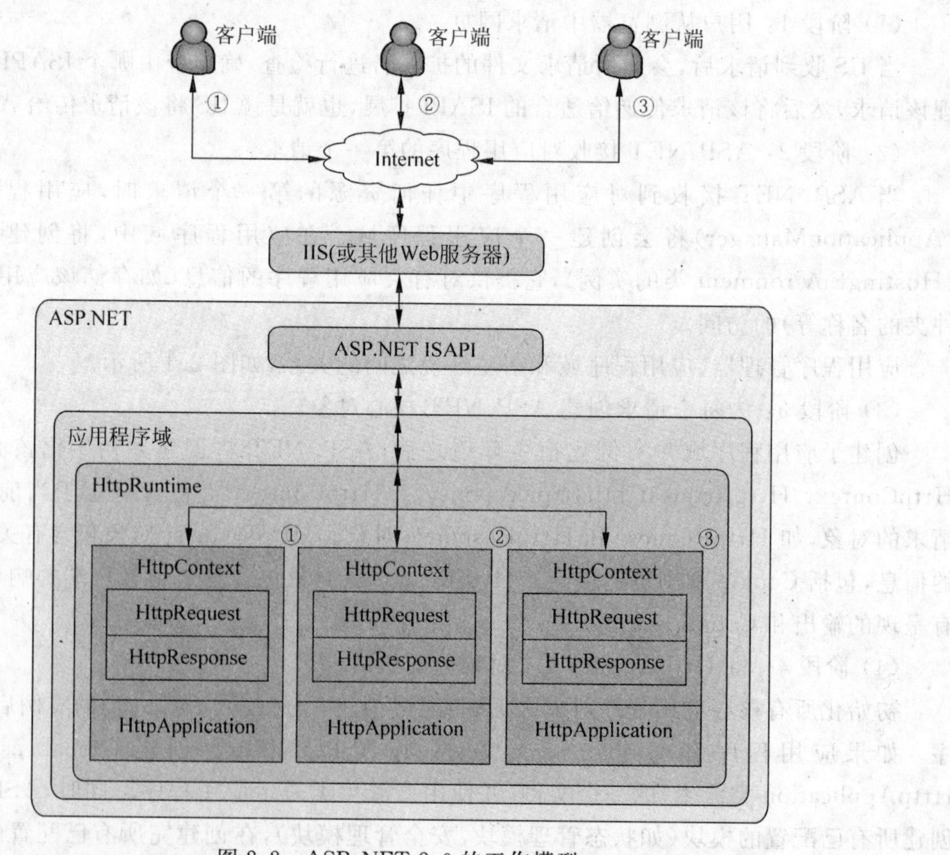

图 2.2　ASP.NET 2.0 的工作模型

(5) 阶段5：由HttpApplication管线处理请求。

在该阶段，将由HttpApplication类执行一系列的事件(如BeginRequest、ValidateRequest等)，并根据所请求资源的文件扩展名(在应用程序的配置文件中映射)，选择实现了IHttpHandler的类对请求进行处理。如果该请求针对从Page类派生的对象(页)，并且需要对该页进行编译，则ASP.NET会在创建该页的实例之前对其进行编译，在装载后用该实例来处理这个请求，处理完后通过HttpResponse输出，最后释放该实例。

2.1.2 生命周期事件和Global.asax文件

在应用程序的生命周期期间，应用程序会引发可处理的事件并调用可重写的特定方法。若要处理应用程序事件，可以在应用程序根目录中创建一个名为Global.asax的文件(全局应用程序类)。如果创建了Global.asax文件，ASP.NET会将其编译为从HttpApplication类派生的类，然后使用该派生类表示应用程序。

Global.asax文件(ASP.NET应用程序文件)是一个可选的文件，该文件包含响应ASP.NET或HTTP模块引发的应用程序级别事件的代码。Global.asax文件驻留在ASP.NET应用程序的根目录中。在运行时，分析Global.asax文件并将其编译到一个动态生成的.NET Framework类，该类是从HttpApplication基类派生的。配置Global.asax文件，以便自动拒绝对该文件的任何直接URL请求，外部用户不能下载或查看其中编写的代码。Global.asax文件是可选的，如果没有定义该文件，则ASP.NET页框架假定没有定义任何应用程序或会话事件处理程序。

在应用程序生命周期期间的一些常见事件和处理方法如下。

(1) Application_Start：请求ASP.NET应用程序中第一个资源时调用。在应用程序的生命周期期间仅调用一次Application_Start方法。可以使用此方法执行启动任务，如将数据加载到缓存中以及初始化静态值。在应用程序启动期间应仅设置静态数据。由于实例数据仅可由创建的HttpApplication类的第一个实例使用，因此勿设置任何实例数据。

(2) Application_Error：当ASP.NET应用程序中捕获到未处理的异常时调用，用于处理应用级的异常处理代码。

(3) Application_BeginRequest：当HttpApplication实例接收到一个请求时调用。

(4) Application_EndRequest：当处理一个请求完毕后调用，用于应用程序清理资源。

(5) Session_Start：当新建立一个会话时调用。

(6) Session_End：当会话过期时调用。

(7) Application_End：在卸载应用程序之前对每个应用程序生命周期调用一次。

这些事件在每个网站的运行过程中会在不同时间点被触发。例如，有两个人先后访问一个电子商务网站，首先用户1访问该站点，那么事件Application_Start将被触发，然后Session_Start与Application_BeginRequest事件也被触发，Session_Start在每次开启一个会话时被触发，而Application_BeginRequest是在每次从客户端浏览器发出请求时触发，服务器端处理完请求后触发Application_EndRequest事件，在用户1选购物品的过程中将不断地触发Application_BeginRequest和Application_EndRequest事件，当用户1购买好商品并下完订单，关闭浏览器离开后，在一定时间内服务器将触发Session_End事件，即用户1的会话终结。然后用户2开始访问该站点，这将触发Session_Start与Application_

BeginRequest 事件(由于 Application_Start 事件在一个应用程序生命周期内只被触发一次,因此它将不再被触发),后面过程和用户 1 一致。但是,如果服务器故障或重启,则触发 Application_End 事件。

2.2 使用 Visual Studio.Net 2005 创建 Web 应用

2.2.1 VS 2005 简介

VS 2005(Visual Studio 2005)是一套完整的开发工具集,用于生成 ASP.NET Web 应用程序、XML Web Services、桌面应用程序和移动应用程序。它提供统一的集成开发环境(IDE),使用多种开发语言(Visual Basic、Visual C++、Visual C＃和 Visual J＃),这些语言利用了.NET Framework 的功能,通过此框架可以简化 ASP.NET Web 应用程序和 XML Web Services 开发的关键技术。

2.2.2 VS 2005 中 Web Site 的类型

通过 VS 2005 可以创建和配置以下几种类型的 Web 应用程序(也称 ASP.NET 网站):文件系统站点、本地 IIS 站点、远程 IIS 站点和文件传输协议(FTP)站点。

1. 文件系统站点

VS 2005 使用户可以将网站的文件放在本地硬盘上的一个文件夹中,或放在局域网上的一个共享位置。这样的站点称为文件系统站点。使用这种文件系统站点意味着用户无须将网站作为 Internet 信息服务(IIS)应用程序来创建,就可以对其进行开发或测试。

使用该类型站点的优点是:用户不需要在自己的计算机上安装 IIS;文件夹中已有一组 Web 文件,用户希望将这些文件作为项目打开;在教室设置中,学生可将文件存储在中心服务器上特定的文件夹中;在工作组设置中,工作组成员可访问中心服务器上的公共网站。

使用该类型站点的缺点是:不能使用基于 HTTP 的身份验证、应用程序池和 ISAPI 筛选器等 IIS 功能测试文件系统网站。

对于文件系统的站点,要运行测试网页,其实是通过一个附加工具(ASP.NET Development Server)来完成的,它专门用于构建在本地主机方案中(从 Web 服务器所在的计算机中浏览)提供或运行的 ASP.NET 网页。换句话说,ASP.NET Development Server 会根据本地计算机上的浏览器请求提供网页,同时不会为其他计算机提供网页。此外,它也不会提供应用程序范围外的文件。ASP.NET Development Server 提供了在向运行 IIS 的成品服务器发布网页之前在本地测试网页的有效方式,但它只接受本地计算机上通过身份验证的请求,这就要求服务器可以支持 NTLM 或基本身份验证。

2. 本地 IIS 站点

一个本地 IIS 站点就是本地计算机上的一个 IIS Web 应用程序,VS 2005 通过使用

HTTP 协议可与该站点通信。

使用该类型站点的优点是：可以用 IIS 测试网站；可以模拟网站在正式服务器中如何运行；相对于使用文件系统网站，这更具有优势，因为路径将按照其在正式服务器上的方式解析。

使用该类型站点的缺点是：必须装有 IIS；必须具有管理员权限才能创建或调试 IIS 网站；一次只有一个计算机用户可以调试 IIS 网站；默认情况下，为本地 IIS 网站启用了远程访问。

3. 远程 IIS 站点

当要通过使用在远程计算机上运行的 IIS 创建网站时，可使用远程站点。远程计算机必须配置 FrontPage 服务器扩展且在网站级别上启用它。

使用该类型站点的优点是：可以在其中部署网站的服务器上测试该网站；多个开发人员可以同时使用同一个远程网站。

使用该类型站点的缺点是：远程计算机上的 IIS 版本必须是 5.0 或以上；对于调试远程网站的配置很复杂；一次只有一个开发人员可以调试远程网站，且当开发人员单步调试代码时，其他所有请求将被挂起。

4. 文件传输协议（FTP）站点

当站点已位于配置为 FTP 服务器的远程计算机上时，可使用 FTP 部署的站点。

使用该类型站点的优点是：可以在其中部署 FTP 站点的服务器上测试该站点。

使用该类型站点的缺点是：没有 FTP 部署的站点文件的本地副本，除非自行复制这些文件；不能自己创建 FTP 部署的站点，只能打开一个这样的站点。

2.2.3 VS 2005 中 Web 应用结构

1. ASP.NET 网站布局

为了更易于使用 Wcb 应用程序，ASP.NET 保留了某些可用于特定类型内容的文件和文件夹名称。可以在 VS 2005 的“解决方案资源管理器”查看。

1）默认页

默认页是在用户定位到站点时没有指定特定页的情况下为用户提供的页，这将使用户更容易定位到站点。当创建 Web 应用时，默认创建一个名为 Default. aspx 的页，并将其保存在根目录中。

2）应用程序文件夹

ASP.NET 识别用户可用于特定类型的内容的某些文件夹名称，以下列出了保留的文件夹名称及文件夹中通常包含的文件类型。

（1）App_Browsers：包含 ASP.NET 用户标识个别浏览器并确定其功能的浏览器定义（. browser）文件。

（2）App_Code：包含希望作为应用程序一部分进行编译的实用工具类和业务对象（如 . cs 文件）的源代码或子文件夹。在应用程序中将自动引用 App_Code 文件夹中的代码。在动态编译的应用程序中，当对应用程序发出首次请求时，ASP.NET 将编译 App_Code 文件夹中的代码，以后如果检测到任何更改则重新编译该文件夹中的项。

(3) App_Data：包含应用程序数据文件，包括 MDF 文件、XML 文件和其他数据存储文件。ASP.NET 2.0 使用 App_Data 文件夹来存储应用程序的本地数据库，该数据库可用于维护成员资格和角色信息。

(4) App_GlobalResources：包含编译到具有全局范围的程序集中的资源(.resx 和 .resources 文件)。App_GlobalResources 文件夹中的资源是强类型的，可以通过编程方式进行访问。

(5) App_LocalResources：包含与应用程序中的特定页、用户控件或母版页相关联的资源(.resx 和.resources 文件)。

(6) App_Themes：包含用于定义 ASP.NET 网页和控件外观的文件集合(.skin 和.css 文件以及图像文件和一般资源)。

(7) App_WebReferences：包含用于定义在应用程序中使用的 Web 引用的引用协定文件(.wsdl 文件)、架构(.xsd 文件)和发现文档文件(.disco 和.discomap 文件)。

(8) Bin：包含要在应用程序中引用的控件、组件或其他代码的已编译程序集(.dll 文件)。在应用程序中将自动引用 Bin 文件夹中的代码所表示的任何类。

默认创建 Web 应用并不会产生以上所有文件夹，应根据需要手动添加。

2. 网站文件类型

站点应用程序可以包含很多文件类型，某些文件类型由 ASP.NET 支持和管理(如.aspx、.ascx 等)，而其他文件类型则由 IIS 服务器支持和管理(如.html、.gif 等文件)。

ASP.NET 2.0 应用中的文件类型及存储位置和说明，如表 2.1 所示。

表 2.1 文件类型及存储位置和说明

文件类型	存储位置	说明
.asax	应用程序根目录	通常是 Global.asax 文件，该文件包含从 HttpApplication 类派生并表示该应用程序的代码
.ascx	应用程序根目录或子目录	Web 用户控件文件，该文件定义自定义、可重复使用的用户控件
.ashx	应用程序根目录或子目录	一般处理程序文件，该文件包含实现 IHttpHandler 接口以处理所有传入请求的代码
.asmx	应用程序根目录或子目录	XML Web services 文件，该文件包含通过 SOAP 方式可用于其他 Web 应用程序的类和方法
.aspx	应用程序根目录或子目录	ASP.NET Web 窗体文件，该文件包含 Web 控件和其他业务逻辑
.axd	应用程序根目录	跟踪查看器文件，通常是 Trace.axd
.browser	App_Browsers 子目录	浏览器定义文件，用于标识客户端浏览器的启用功能
.cd	应用程序根目录或子目录	类关系图文件

续表

文件类型	存储位置	说明
.compile	Bin 子目录	预编译的 stub(存根)文件,该文件指向相应的程序集
.config	应用程序根目录或子目录	通常是 Web.config 配置文件,该文件包含其设置配置各种 ASP.NET 功能的 XML 元素
.cs、.jsl、.vb	App_Code 子目录;但如果是 ASP.NET 页的代码隐藏文件,则与网页位于同一个目录	运行时要编译的类源代码文件。类可以是 HTTP 模块、HTTP 处理程序,或者 ASP.NET 页 HTTP 处理程序介绍的代码隐藏文件
.csproj、.vbproj、.vjsproj	Visual Studio 项目目录	Visual Studio 客户端应用程序项目的项目文件
.disco、.vsdisco	App_WebReferences 子目录	XML Web services 发现文件,用于帮助定位可用的 Web services
.dsdgm、.dsprototype	应用程序根目录或子目录	分布式服务关系图(DSD)文件,该文件可以添加到任何提供或使用 Web services 的 Visual Studio 解决方案,以便对 Web services 交互的结构视图进行方向工程处理
.dll	Bin 子目录	已编译的类库文件,可以将类的源代码放在 App_Code 子目录下
.licx、.webinfo	应用程序根目录或子目录	许可证文件,控件创作者可以通过授权方法来检查用户是否得到使用控件的授权,从而有助于保护知识产权
.master	应用程序根目录或子目录	母版页,它定义应用程序中引用母版页的其他网页的布局
.mdb、.ldb	App_Data 子目录	Access 数据库文件
.mdf	App_Data 子目录	SQL 数据库文件
.msgx、.svc	应用程序根目录或子目录	Indigo Messaging Framework(MFx)service 文件
.rem	应用程序根目录或子目录	远程处理程序文件
.resources、.resx	App_GlobalResources 或 App_LocalResources 子目录	资源文件,该文件包含指向图像、可本地化文本和其他数据的资源字符串
.sdm、.sdmDocument	应用程序根目录或子目录	系统定义模型(SDM)文件
.sitemap	应用程序根目录	站点地图文件,该文件包含站点的结构。ASP.NET 中附带了一个默认的站点地图提供程序,它使用站点地图文件可以很方便地在网页上显示导航控件
.skin	App_Themes 子目录	用于确定显示格式的外观文件
.sln	Visual Web Developer 项目目录	Visual Web Developer 项目的解决方案文件
.soap	应用程序根目录或子目录	SOAP 扩展文件

2.2.4 Web应用的配置和配置管理工具

ASP.NET 配置数据存储在名为 Machine.config/Web.config 的 XML 文本文件中,Web.config 文件可以出现在 ASP.NET 应用程序的多个目录中。由于这些文件将应用程序配置设置与应用程序代码分开，可以方便地将设置与应用程序关联，并且在部署应用程序之前或之后根据需要更改设置以及扩展配置架构等。

可以通过使用标准的文本编辑器、ASP.NET MMC管理单元、站点配置管理工具或ASP.NET配置API来创建和编辑ASP.NET配置文件。

1. Web应用的配置层次结构

ASP.NET配置文件(Web.config)是完全基于XML的，它可以出现在ASP.NET应用程序的多个目录中。ASP.NET配置层次结构具有下列特征：

(1) 使用应用于配置文件所在的目录及其所有子目录中的资源的配置文件。

(2) 允许将配置数据放在将使它具有适当范围(整台计算机、所有的Web应用程序、单个应用程序或该应用程序中的子目录)的位置。

(3) 允许重写从配置层次结构中的较高级别继承的配置设置，还允许锁定配置和设置，以防止它们被较低级别的配置设置重写。

(4) 将配置设置的逻辑组组织成节的形式。

所有的ASP.NET应用程序都从一个名为systemroot\Microsoft.NET\Framework\versionNumber\CONFIG\Machine.config的文件继承基本配置设置和默认值。Machine.config文件用于服务器级的配置设置。其中某些设置不能在位于层次结构中较低级别的配置文件中被重写。ASP.NET配置层次结构的根是一个称为根Web.config文件的文件，它与Machine.config文件位于同一个目录中。根Web.config文件继承Machine.config文件中的所有设置，它包括应用于所有运行某一具体版本的.NET Framework的ASP.NET应用程序的设置。由于每个ASP.NET应用程序都从根Web.config文件那里继承默认配置，因此只需为重写默认配置的设置创建Web.config文件。

Web应用的配置结构的层次关系，如图2.3所示。

每个文件在配置层次结构中的级别、名称及对每个文件的重要继承特征的说明，如表2.2所示。

2. 配置管理工具

配置管理工具旨在为各个站点中最常用的配置设置提供一个用户友好的图形编辑工具，只要对站点具有管理权限的任何人都可以使用它来管理该站点的配置设置。由于配置管理工具使用基于浏览器的界面，因此它允许远程更改站点设置，这对于管理已经部署到成品Web服务器的站点非常有用。

配置管理工具只允许各个站点所有者在他们具有管理权限的站点的根目录中配置Web.config文件，并且允许远程配置IIS 6.0和更高版本的IIS。

配置管理工具包括一个选项卡式界面，该界面在下列选项卡上对相关的配置设置进行分组：

(1)“安全”选项卡，其中包含有助于保护Web应用程序资源并管理用户账户和角色的设置。

(2)“配置文件”选项卡，其中包含用来管理网站如何收集访问者信息的设置。

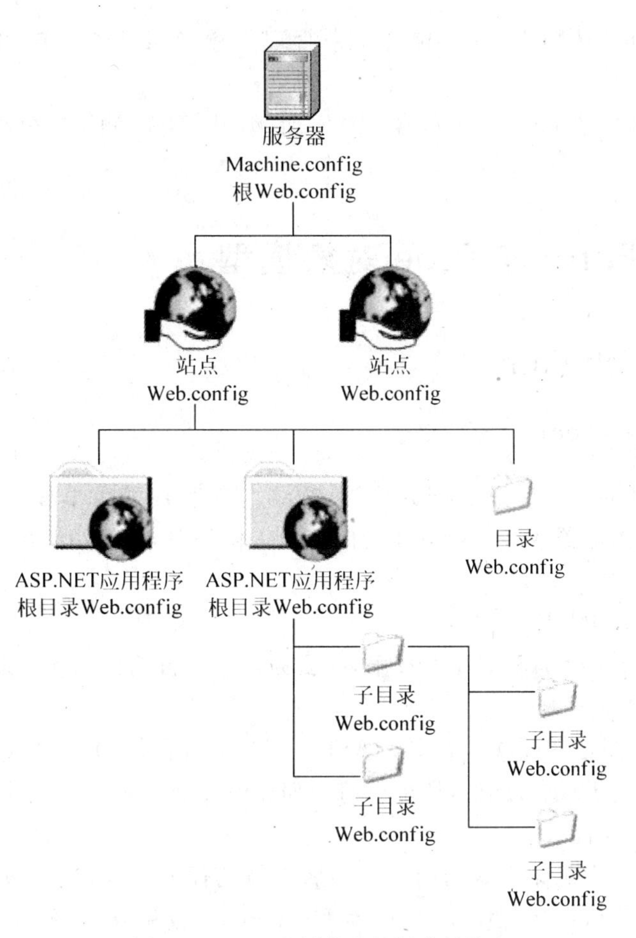

图 2.3 Web应用的配置层次结构

表 2.2 配置文件说明

配置级别	文件名	文件说明
服务器	Machine. config	Machine. config 文件包含服务器上所有 Web 应用程序的 ASP.NET 架构。此文件位于配置合并层次机构的顶层
根 Web	Web. config	服务器的 Web. config 文件与 Machine. config 文件存储在同一个目录中,它包含大部分 system. web 配置节的默认值。运行时,此文件是从配置层次结构中的从上往下数的第二层合并
站点	Web. config	特定网站的 Web. config 文件包含应用于该网站的设置,并向下继承到该站点的所有 ASP.NET 应用程序和子目录
ASP.NET 应用程序根目录	Web. config	特定 ASP.NET 应用程序的 Web. config 文件位于该应用程序的根目录中,它包含应用于 Web 应用程序并向下继承到其分支中的所有子目录的设置
ASP.NET 应用程序子目录	Web. config	应用程序子目录的 Web. config 文件包含应用此子目录并向下继承到其分支中的所有子目录的设置

(3)“应用程序”选项卡，其中包含用来管理影响 ASP.NET 应用程序的配置元素的设置。

(4)“提供程序”选项卡，其中包含用来添加、编辑、删除、测试或分配应用程序提供程序的设置。

2.3 Web Form 与 Page 对象模型

2.3.1 Web Form

1. 什么是 Web Form

Web Form(也称 ASP.NET 网页)作为 Web 应用程序的可编程用户接口，为站点创建动态内容，在任何浏览器或客户端设备中向用户提供信息，并使用服务器端代码来实现应用程序逻辑。

1) Web Form 的特点

(1) 基于 Microsoft ASP.NET 技术，在服务器上运行的代码动态地生成网页并发送到浏览器或客户端设备输出。

(2) 兼容所有浏览器或移动设备。ASP.NET 网页自动为样式、布局等功能呈现正确的、符合浏览器的 HTML。此外，还可以将 ASP.NET 网页设计为在特定浏览器上运行并利用浏览器特定的功能。

(3) 兼容.NET 公共语言运行时(CRL)所支持的任何语言，其中包括 Microsoft Visual Basic、Microsoft Visual C#、Microsoft J#和 Microsoft JScript.NET。

(4) 基于 Microsoft.NET Framework 生成。它具有.NET Framework 的所有优点，包括托管环境、类型安全性和继承。

(5) 具有灵活性，可以添加用户创建的控件和第三方控件。

2) ASP.NET 网页的优点

(1) 直观、一致的对象模型。ASP.NET 页框架提供了一种对象模型，它使用户能够将窗体当作一个整体，而不是分离的客户端和服务器模块。在此模型中，用户可以很直观地进行编程，如可以很方便地设置页面元素的属性和编写控件的事件响应代码。

(2) 事件驱动的编程模型。ASP.NET 网页为 Web 应用程序带来了一种用户熟悉的模型，该模型不但可以很方便地为客户端或服务器上发生的事件编写事件处理程序，而且不需要知道页框架是如何实现该模型的。

(3) 直观的状态管理。ASP.NET 页框架会自动处理页及其控件的状态维护任务，它允许以显式方式维护应用程序特定信息的状态。例如，当注册用户时，输入信息不完整，提交注册失败后返回的页面上的控件自动保留了刚才输入的信息，而要完成这个功能甚至不用编写任何代码。

(4) 多种开发语言的支持。ASP.NET 页框架支持多种编程语言，如 Visual Basic.NET 和 Visual C#.NET 等，并且在同一应用的不同目录中可以使用不同的编程语言。

(5) 更加简化的数据访问。在 ASP.NET 网页上可以方便地利用数据访问控件和数据源控件进行数据库访问，并且不需要编写任何代码。

(6) 数据验证。在 ASP.NET 网页上，通过使用验证控件而不需要编写任何代码即可实现数据的类型、长度、格式和范围的验证。

2. Web Form 的回发和往返行程

Web Form 作为代码在服务器上运行，因此，要得到处理，页面必须配置为当用户单击按钮(或者当用户选中复选框或与页面中的其他控件交互)时提交到服务器。每次页面都会提交回自身，以便它可以再次运行其服务器代码，然后向用户呈现其自身的新版本。

例如，当浏览某电子商务站点的产品时，单击查看产片详细信息，即向服务器请求产品详细信息页，页面在服务器上第一次运行，根据传过去的产品 ID 找到该产品的详细信息及其反馈信息，经过处理并呈现在浏览器上，然后丢弃该页，这样就得到了产品信息及其反馈信息(假设现在只有一条反馈信息)。当输入对该产品的反馈信息并单击“提交反馈”按钮后，页面发送回服务器并且传给它自身(即回发)，该页再次运行，取出刚刚输入的反馈信息并保存到数据库，然后再取出产品信息及其反馈信息，呈现给浏览器，又丢弃该页，此时又得到产品信息和反馈信息(不过，这次反馈信息是两条信息，其中一条就是刚输入的反馈信息)。如果继续这样的操作，则重复刚才的回发过程。

ASP.NET 网页的处理循环具体过程如下：

(1) 用户请求页面(使用 HTTP GET 方法请求页面)。页面第一次运行，执行初步处理(如果用户已通过编程让它执行初步处理)。

(2) 页面将标记动态呈现到浏览器，用户看到的网页类似于其他任何网页。

(3) 用户输入信息或从可用选项中进行选择，然后单击按钮(如果用户单击超链接而不是按钮，页面可能仅仅定位到另一页，而第一页不会被进一步处理)。

(4) 页面发送到 Web 服务器(浏览器执行 HTTP POST 方法，该方法在 ASP.NET 中称为“回发”)，即页面发送回其自身。例如，如果用户正在使用 Default. aspx 页面，则单击该页上的某个按钮可以将该页发送回服务器，发送的目标则是 Default. aspx。

(5) 在 Web 服务器上，该页再次运行，并且可在页上使用用户输入或选择的信息。

(6) 页面执行用户通过编程所要实行的操作。

(7) 页面将其自身呈现回浏览器。

只要用户在该页面中工作，此循环就会继续。用户每次单击按钮时，页面中的信息会发送到 Web 服务器，然后该页面再次运行。每次循环称为一次“往返行程”。由于页面处理发生在 Web 服务器上，因此页面可以执行的每个操作都需要一次到服务器的“往返行程”。

3. Web Form 的语法

Web Form 文件的扩展名为. aspx，该类文件的语法结构主要由以下几个部分组成：指令、Head、窗体元素、Web 服务器控件或 HTML 控件、客户端脚本和服务器端脚本。

1) 指令

Form 文件通常包含一些指令，这些指令允许用户为该页指定页属性和配置信息，它们不会作为发送到浏览器的标记的一部分被呈现。常见指令有以下几类。

(1) @Page：此指令最为常用，允许为页面指定多个配置选项，包括：

- 页面中代码的服务器编程语言。
- 页面是将服务器代码直接包含在其中(称为单文件页面)，还是将代码包含在单独的类文件中(称为代码隐藏页面)。
- 调试和跟踪选项。
- 页面是否具有关联的母版页，是否应据此将其视为内容页。

例如：＜%@ Page Language＝"C＃" AutoEventWireup＝"true" CodeFile＝"Left.master.cs" %＞。

(2) @Import：此指令允许指定要在代码中引用的命名空间。

(3) @OutputCache：此指令允许指定应缓存的页面，并指定参数，即何时缓存该页面、缓存该页面需要多长时间。

(4) @Implements：此指令允许指定页面实现.NET 的接口。

(5) @Register：此指令允许注册其他控件以便在页面上使用。@Register 指令声明控件的标记前缀和控件程序集的位置。如果要向页面添加用户控件或自定义 ASP.NET 控件，则必须使用此指令。

(6) @Master：此指令使用于特定的母版页。

(7) @Control：此指令允许指定 ASP.NET 用户控件。

2) Head

在 Head 中的内容不会被显示(除标题外)，但它们对于浏览器可能是非常有用的信息，如使用的 HTML 版本、脚本和样式表等内容。

3) Form(窗体)元素

如果页面包含允许用户与页面交互并提交该页面的控件，则该页面必须包含一个 Form 元素，使用 Form 元素必须遵循下列规则：

(1) 页面只能包含一个 Form 元素。

(2) Form 元素必须包含 runat 属性，其属性值设置为 server。此属性允许在服务器代码中以编程方式引用页面上的窗体和控件。

(3) 可执行回发的服务器控件必须位于 Form 元素之内。

(4) 开始标记不得包含 action 属性。ASP.NET 可在处理页面时动态设置这些属性，重写用户所做的任何设置。

4) Web 服务器控件

在大多数 ASP.NET 页中，都需要添加允许用户与页面交互的控件，包括按钮、文本框、列表等。这些控件元素都应在窗体元素中。

5) 将 HTML 元素作为服务器控件

将普通的 HTML 元素作为服务器控件使用，可以将 runat＝"server"属性和 ID 属性添加到页面的任何 HTML 元素中。

6) 客户端代码

客户端代码是在浏览器中执行的，因此执行客户端代码不需要回发 Web Form。客户端代码语言支持 JavaScript、VBScript、JScript 和 ECMAScript。

7) 服务器端代码

ASP.NET 支持两种在服务器端编写代码的模型。在单文件页模型中，页面的代码位于 script 元素中,该元素中的开始标记包含 runat="server"属性。

4. Web Form 的代码模型

Web Form 一般由两部分组成:

(1) 可视元素,包括标记、服务器控件和静态文本。

(2) 页的编程逻辑,包括事件处理程序和其他代码。

ASP.NET 提供两个用于管理可视元素和代码的页面模型,即单文件页模型和代码隐藏页模型。这两种模型功能相同,可以使用相同的控件和代码。

1) 单文件页模型

在单文件页模型中,页的标记及其编程代码位于同一个物理.aspx 文件中。编程代码位于 script 块中,该块包含 runat="server"属性,此属性将其标记为 ASP.NET 应执行的代码。

script 块可以包含页所需要的任意多的代码,代码可以包含页中控件的事件处理程序、方法、属性及通常在类文件中使用的任意其他代码。在运行时,单文件页被作为从 Page 类派生的类进行处理。该页不包含显式类声明,但编译器将生成以控件作为成员包含的新类(并不是所有的控件都能作为页成员公开,如有些控件是其他控件的子控件)。页中的代码成了该类的一部分,如创建的事件处理程序将成为派生的 Page 类的成员。

2) 代码隐藏页模型

通过代码隐藏页模型,可以在一个文件(.aspx 文件)中保留标记,并在另一个文件中保留代码,这就使页面显示部分和代码逻辑分离。

在单文件页模型和代码隐藏页模型之间,.aspx 文件有两处差别:一是在代码隐藏页模型中,不存在具有 runat="server"属性的 script 块(如果要在页中编写客户端脚本,则该页可以包含不具有 runat="server"属性的 script 块);二是代码隐藏页模型中的@Page 指令包含引用外部文件(Default.aspx.cs)和类的属性,这些属性将.aspx 文件页链接至其代码。

代码隐藏文件包含默认命名空间中的完整类声明。但是,类是使用 partial 关键字进行声明的,这表明类并不完整地包含于一个文件中。而在页运行时,编译器将读取.aspx 文件以及它在@ Page 指令中引用的文件,将它们汇编成单个类,然后将它们作为一个单元编译为单个类。

3) 选择页模型

单文件页模型和代码隐藏页模型功能相同,在运行时,这两个模型以相同的方式执行,并且它们之间没有性能差异。

使用单文件页模型主要有以下几个优点:

(1) 在没有太多代码的页中,可以方便地将代码和标记保留在同一个文件中,这一点比代码隐藏页模型的其他优点都重要。例如,由于可以同时在一个地方看到代码和标记,因此研究单文件页更容易。

(2) 因为只有一个文件,所以使用单文件页模型编写的页更容易部署或发送给其他程序员。

(3) 由于文件之间没有相关性,因此更容易对单文件页进行重命名。

(4) 因为页自包含于单个文件中,所以在源代码管理系统中管理文件会稍微简单一些。

使用代码隐藏页模型主要有以下几个优点:

（1）代码隐藏页可以清楚地分隔标记（用户界面）和代码。这一点很实用，可以在程序员编写代码的同时让设计人员处理标记。

（2）代码不会向仅使用页标记的页设计人员或其他人员公开。

（3）代码可在多个页中重用。

因此，代码隐藏页模型可以很好地将页面元素和代码逻辑分开，提高了开发的并行性，增强了代码的重用性，更适合团队开发。很明显，单文件页模型不具有这些特点，它仅适合个人开发，故企业级开发推荐使用代码隐藏页模型。

5. Web Form与Page类的关系

Page类与扩展名.aspx的文件相关联，用作Web应用程序的用户界面的控件，这些文件在运行时被编译为Page对象，并被缓存在服务器内存中。

在请求ASP.NET页到该页将标记呈现给浏览器的过程中，运行的不仅仅是为该页面创建的代码，在运行时会生成并编译一个或多个类来实际执行运行该页所需要的任务。ASP.NET页作为一个单元运行，它将该页中的服务器端元素（如控件）与事件处理代码结合在一起。无须将页预编译为程序集，ASP.NET将动态编译页，并在用户第一次请求页时运行该页。如果对该页所依赖的页或资源进行了任何更改，则将自动对该页进行重新编译。编译器将根据页是使用单文件页模型还是代码隐藏页模型来创建一个或多个类。

下面分别介绍单文件页模型和代码隐藏页模型在运行时生成的代码。

1）单文件页模型

在单文件页中，标记、服务端元素以及事件处理代码都位于同一个.aspx文件中。在对该页进行编译时，编译器将生成并编译一个从Page基类派生或从使用@ Page指令的Inherits属性定义的自定义基类派生的新类。例如，如果在应用程序的根目录中创建一个名为SamplePage1的新ASP.NET网页，则随后将从Page类派生一个名为ASP.SamplePage1_aspx的新类。对于应用程序子文件夹中的页，将使用子文件夹名称作为生成的类的一部分。生成的类中包含.aspx页中的控件的声明以及事件处理程序和其他自定义代码，类将编译成程序集，并将该程序集加载到应用程序域，然后对该页类进行实例化并执行该页类以将输出呈现到浏览器。

创建单文件页模型，只有一个.aspx文件，添加如下代码：

```
<script runat="server">
void Button1_Click(Object sender, EventArgs e)
{
    Label1.Text = "Clicked at" + DateTime.Now.ToString();
}
</script>
<form id="form1" runat="server">
<div>
    <asp:Label ID="Label1" runat="server" Text="Label" Width="243px"></asp:Label>
    <br />
    <asp:Button ID="Button1" runat="server" Text="Button" OnClick="Button1_Click"/>
 </div>
</form>
```

2）代码隐藏页模型

在代码隐藏页模型中，页的标记和服务器端元素（包括控件声明）位于.aspx 文件中，而页的逻辑代码则位于单独的代码文件中。该代码文件包含一个分部类，即具有关键字 partial 的类声明，以表示该代码文件只包含构成该页的完整类的全体代码的一部分。在分部类中，添加应用程序要求该页具有所有逻辑代码，此代码通常由事件处理程序，也包括用户需要的任何方法或属性。

代码隐藏页的继承模型比单文件页的继承模型要稍微复杂一些。模型如下：

（1）代码隐藏文件包含一个继承自基页类的分部类。基页类可以是 Page 类，也可以是从 Page 派生的其他类。

（2）.aspx 文件在@ Page 指令中包含一个指向代码隐藏分部类的 Inherits 属性。

（3）在对该页进行编辑时，ASP.NET 将基于.aspx 文件生成一个分部类，此类是代码隐藏类文件的分部类。生成的分部类文件包含页控件的声明，在使用它时，可以将代码隐藏文件当作完整类的一部分，而无须显式声明控件。

（4）最后，ASP.NET 生成另外一个从步骤(3)中生成类的继承类，生成的第二个类包含生成该页所需要的代码。这两个类将编译成程序集，运行该程序集则可以将输出呈现到浏览器。

创建代码隐藏页模型，有一个.aspx 文件和一个.aspx.cs 文件，添加如下代码：

```
public partial class 代码隐藏页模型 : System.Web.UI.Page
{
    protected void Page_Load(object sender, EventArgs e)
    {  }
    protected void Button1_Click(object sender, EventArgs e)
    {     Label1.Text = "Clicked at" + DateTime.Now.ToString();   }
}
```

2.3.2 Page 对象模型

1. Page Class 的属性

1）内置属性

Page 类具有很多属性，其中有一部分属性提供可以直接访问 ASP.NET 的内部对象的编程接口，即通过这些属性可以方便地获得会话状态信息、全局缓存数据、应用程序状态信息和浏览器提交信息等内容。常用属性如表 2.3 所示。

2）IsPostBack 属性

获取一个值，该值指示该页是否正在为响应客户端回发而加载，或者它是否正被首次加载和访问。也就是说，当 IsPostBack 为 true 则表示该请求是页面回发。

3）EnableViewState 属性

获取或设置一个值，该值指示当前页请求结束时该页是否保持其视图状态及它包含的任何服务器控件的视图状态。

4）IsValid 属性

获取一个值，该值指示页面验证是否成功。在实际应用中，往往会验证页面提交的数据是否符合预期设定的格式要求等，如果所有数据都符合则 IsValid 值为 True，反之为 False。

表 2.3 常用属性

属性名	说 明	ASP.NET 类
Request	提供对当前页请求的访问，其中包括请求标题、Cookie、客户端证书、查询字符串等。可以用它来读取浏览器已经发送的内容	HttpRequest
Response	提供对输出流的控制，如可以向浏览器输出信息、Cookie 等	HttpResponse
Context	提供对整个当前上下文(包括请求对象)的访问，可用于共享页之间的信息	HttpContext
Server	公开可用在页之间传输控件的实用工具方法，获取有关最新错误的信息，对 HTML 文本进行编码和解码，获取服务器信息等	HttpServerUtility
Application	提供对所有会话的应用程序范围的方法和事件的访问，还提供对可用于存储信息的应用程序范围的缓存的访问	HttpApplicationState
Session	为当前用户会话提供信息，还提供对可用于存储信息的会话范围的缓存的访问，以及控制如何管理会话的方法	HttpSessionState
Trace	提供在 HTTP 页输出中显示系统和自定义跟踪诊断消息的方法	TraceContext
User	提供对发出页请求的用户的身份访问，可以获得该用户的标识及其他信息	IPrincipal

2. Page 的事件与生命周期

在 ASP.NET 页运行时，将经历一个生命周期。在生命周期中将执行一系列处理步骤，包括初始化、实例化控件、还原和维护状态、运行事件处理程序代码及进行呈现。

1) 页生命周期阶段

当请求 ASP.NET 页时，便触发一系列 Page 事件。这些事件总是按照一定的顺序发生，这就是 Page 事件生命周期。这些事件包括初始化、实例化控件、还原和维护状态、运行事件处理程序代码及进行呈现。

一般来说，从客户端浏览器开始请求一个 ASP.NET 网页，至服务器经过处理并输出内容到浏览器的过程需要经历几个阶段，在不同的阶段均要完成特定的处理。ASP.NET 页生命周期的各阶段如下。

(1) 页请求：发生在页生命周期开始之前，用户请求页时，ASP.NET 将确定是否需要分析和编译页，或者是否可以在不运行页的情况下发送页的缓存版本以进行响应。

(2) 开始：在开始阶段，将设置页属性，如 Request 和 Response。在此阶段，页还将确定请求是回发请求还是新请求，并设置 IsPostBack 属性。此外，在开始阶段，还将设置页的 UICulture 属性。

(3) 页初始化：在此期间，可以使用页中的控件，并设置每个控件的 UniqueID 属性。此外，任何主题都将应用于页。如果请求是回发请求，则回发数据不加载，并且控件属性值也不还原为视图状态中的值。

(4) 加载：加载期间，如果当前请求是回发请求，将使用从视图状态和控件状态恢复的信息加载控件属性。

(5) 验证：在验证期间，将调用所有验证程序控件的 Validate 方法，此方法将设置各个验证程序控件和页的 IsValid 属性。

(6) 回发事件处理：如果请求是回发请求，则调用所有事件处理程序。

(7) 呈现：在呈现期间，视图状态将被保存到页，然后页将调用每个控件，以将其呈现的输出提供给页的 Response 属性的 OutputStream。

(8) 卸载：完全呈现页，将页发送至客户端并准备丢弃时，将调用卸载。此时，卸载页属性并执行清理。

2) 生命周期事件

在上述每个阶段中，页将引发可运行用户自己的代码进行处理的事件。对于控件事件，通过以声明方式使用属性或以使用代码的方式，均可将事件处理程序绑定到事件。同时，页还支持自动事件连接，即 ASP.NET 将寻找具有特定名称的方法，并在引发特定事件时自动运行这些方法。ASP.NET 将 Page 指令的 AutoEventWireup 属性设置为 True 时，页事件会自动绑定至使用 Page_event 命名约定的方法。

常用的页生命周期中的事件如下。

(1) Page_Init：在 Web 窗体的视图状态载入服务器控件并对其初始化。

(2) Page_Load：在 Page 对象上传入服务器控件。由于此时视图状态信息是可以使用的，因此可以用代码来改变控件的设置或者在页面上显示文本。

(3) Page_PreRender：应用程序将要呈现 Page 对象。

(4) Page_UnLoad：页面从内存中卸载。

(5) Page_Error：发生未处理的异常。

(6) Page_AbortTransaction：事务处理被终止。

(7) Page_CommitTransaction：事务处理被接受。

(8) Page_DataBinding：把页面上的服务器控件和数据源绑定在一起。

(9) Page_Disposed：Page 对象从内存中释放掉。这是 Page 对象生命周期中最后一个要处理的事件。

2.4 Web 应用的异常处理

2.4.1 为什么要进行异常处理

当应用程序发布以后，可能由于代码本身的缺陷、网络故障或其他问题，导致用户请求得不到正确的响应，而是出现一些毫无意义的错误信息，甚至泄露了一些重要信息，使恶意用户有了攻击系统的可能。例如，当应用程序试图连接数据库却不成功时，显示出的错误信息里包含了你正在使用的用户名、服务器名等敏感信息。一个成熟、稳定的企业级应用，不应该出现上述情况，而应该给用户以友好的提示信息，并防止敏感信息的泄露，充分保证系统的安全性。

试图访问网页而发生未处理异常时的显示信息，其中，由于发生未处理异常，直接返回了一个错误页面，页面上显示的一些敏感信息就被泄漏了。很显然，对于一般访问者，得到这样一个页面是非常不友好的；而对于黑客而言，这却正是他想要的。

对于上述情况，可以通过以下几点进行有效的控制：

(1) 页面级的异常处理。

(2) 应用级的异常处理。

（3）配置应用程序为不向远程用户显示详细错误信息，并重定向错误处理页。

2.4.2 页面级异常处理

Page类有个异常处理事件（Page_Error），当页面引发了未处理的异常时触发该事件。因此，需要为页面添加该事件处理代码。

页面级异常处理代码示例：

```
protected void Page_Error(object sender, EventArgs e)
{
    Server.Transfer("ErrorPage.aspx");
}
```

由于页面代码中添加了Page_Error方法，只要该页面发生未处理的异常，则立即转移到ErrorPage.aspx页。

由于在调用Page_Error处理程序时不会在页上创建控件的新实例，因此无法在页面中的控件（如Label控件）中显示错误信息，但可以通过Response输出错误信息，并且在处理一个错误后，必须通过调用Server对象（HttpServerUtility类）的ClearError方法将该错误清除。

对于异常的处理的推荐做法是：编写代码时应该尽可能地捕获可能发生的异常，合理地释放资源。因此，在编写代码时应使用try-catch模块来处理有可能发生的异常。代码如下所示：

```
try
{
    sqlConnection1.Open();
    sqlDataAdapter1.Fill(dsCustomers1);
}
catch(Exception ex)
{
    Server.Transfer("ErrorPage.aspx");
}
finally
{
    sqlConnection1.Close();
}
```

在该示例代码中，只要是在数据库连接的打开或填充数据集时发生错误，则立即转移到ErrorPage.aspx页。

2.4.3 应用程序级的异常处理

ASP.NET自动使用Application_event的命名约定（如Application_BeginRequest和Application_Error）将应用程序事件绑定到Global.asax文件中的事件处理程序方法。Application_Error事件处理应用程序级的Error事件。只要出现应用程序错误或未处理的页错误，都会触发Error事件，即执行Application_Error方法的代码。

下面代码的功能是捕获应用程序级 Error，并将捕获到的错误信息写入错误日志。

在 Global.asax 文件中创建事件处理方法的代码如下：

```
void Application_Error(Object sender, EventArgs e)
{
    //在出现未处理的错误时运行的代码
    If(!EventLog.SourceExists("ASPNETApplication"))
    {
        EventLog.CreateEventSource("ASPNETApplication","Application");
    }
    EventLog.WriteEntry("ASPNETApplication",Server.GetLastError().Message);
    Server.ClearError();
}
```

这段代码通过 System.Diagnostics.EventLog 类向系统事件日志中写入信息。首先检查是否存在名为 ASPNETApplication 的事件日志项，如果不存在则创建它，再通过调用 Server 对象的 GetLastError 方法获取与错误关联的错误信息，然后将这条错误信息写入日志，最后清除异常。

一旦应用程序中的任何位置发生未处理的异常，都会调用该示例中的处理程序。但是，当在 try-catch 块中捕捉到异常或者由页对象的 Error 事件捕捉到异常时，应用程序将不会调用它。

2.4.4 配置应用的异常处理

如果既没有设置页面级异常处理，也没有设置应用程序级异常处理，那么还可以通过在配置文件 Web.config 里面设置配置来处理整个应用的未处理异常。

具体方法是修改应用程序根目录下的 Web.config 文件，在 system.web 下面对 customErrors 元素进行以下更改：

(1) 将 mode 属性设置为 RemoteOnly(区分大小写)。这就将应用程序配置为仅向本地用户(如开发人员)显示详细的错误，而对远程用户则启用异常处理，并自动转到显示处理错误信息的页面(即 defaultRedirect 或其他指定的页面)。

(2) (可选)包括指向应用程序错误页的 defaultRedirect 属性。

(3) (可选)包括将错误重定向到特定页的<error>元素。例如，可以将标准 404 错误(未找到页)重定向到自己的应用程序页。

下面的代码示例显示了 Web.config 文件总的典型 customErrors 块：

```
<customErrors mode = "RemoteOnly" defaultRedirect = "AppErrors.aspx">
    <error statusCode = "404" redirect = "NoSuchPage.aspx" />
    <error statusCode = "403" redirect = "NoAccessAllowed.aspx" />
</customErrors>
```

当通过配置文件设置自定义异常处理时，如果在应用程序级或页面级异常处理代码中清除了异常，即调用了 Server.ClearError()方法，即使发生未处理异常也不会自动跳转到配置中指定的页面。

2.5 习题

1. 填空题

(1) 存放 Web 窗体页 C＃代码的模型有单文件页模型和________。

(2) 单文件页模型中，C＃代码必须包含于________之间。

(3) ________是一个本地 Web 服务器，无须安装 IIS，该服务器可提供测试和调试 ASP.NET 网页所需要的全部功能。

(4) Web Form 一般包括________和________两部分。

(5) 通过 VS 2005 可以创建和配置________、________、远程 IIS 站点和文件传输协议(FTP)站点类型的 Web 应用程序(也称 ASP.NET 网站)。

(6) ASP.NET 配置文件(Web.config)是完全基于________的。

(7) 通过 Page 对象的________属性来判断页面是否首次加载。

(8) 通过 Page 对象的________属性来判断页面上所有验证控件是否通过验证。

(9) Page 类有个异常处理事件是________。

2. 选择题

(1) 下面(　　)是静态网页文件的扩展名。

A. asp　　B. .htm　　C. .aspx　　D. .jsp

(2) APP_Code 文件夹用来存储(　　)。

A. 数据库文件　　B. 共享文件　　C. 代码文件　　D. 主体文件

(3) Web.config 文件不能用于(　　)。

A. Application 事件定义　　B. 数据库连接字符串定义

C. 对文件夹访问授权　　D. 基于角色的安全性控制

(4) App_Data 文件夹用来存放(　　)。

A. 数据库文件　　B. 共享文件　　C. 代码文件　　D. 主体文件

(5) @Import 指令用来指定(　　)。

A. ASP.NET 用户控件　　B. 引用的命名空间

C. 特定的母版页　　D. 页面实现.NET 接口

3. 判断题

(1) 要正确运行 ASP.NET 应用程序，客户器端必须安装 IIS 服务器软件。(　　)

(2) web.config 文件是基于 html 的文本文件。(　　)

(3) Page_Load 事件是当服务器控件加载 Page 对象时发生的。也就是说，每次加载页面时，无论是初次浏览还是通过单击按钮或因为其他事件再次调用页面，都会触发此事件。(　　)

(4) 一个页面的源视图下可以包括多个 Form 元素。(　　)

(5) 单击 Button 类型控件会形成页面往返处理。(　　)

(6) 全局应用程序类 Golable 文件的后缀名.asax。(　　)

(7) 设置页面缓存通过@OutPutCache 指令。(　　)

(8) Page_Init 事件先于 Page_Load 事件发生。(　　)

4. 简答题

(1) 简述静态网页和动态网页的区别。

(2) 简述 Web Form 的回发和往返行程。

(3) 名词解释：.NET Framework、ASP.NET、IIS。

(4) 简述 Machine.config 和 Web.config 的区别。

(5) 简述页面回发的过程。

使用Web控件

3.1 HTML 控件

3.1.1 HTML 控件的类型

ASP.NET 中 HTML 控件大致分为以下几类。

(1) div 控件：该控件控制<div>元素，在 HTML 中呈现为块，往往会包含其他元素。可以利用多个<div>控件，分别创建不同风格的块。

(2) 水平线规则控件：该控件控制<hr>元素，在 HTML 中呈现为一条水平直线。

(3) Image 控件：该控件控制<img>元素，在 HTML 中<img>元素用来显示一个图像，src 属性指定图像的位置。

(4) 输入控件：该控件用来控制<input>元素，通过设置其 type 属性，在 HTML 中<input>元素分别用来显示按钮、文本框、选择文件框、单选框、复选框。type 属性值为"text"，呈现为一个输入文本框；当设为"button"时则显示为一个按钮，设为其他属性，则呈现为不同的界面元素。例如，当改为"submit"时，也呈现为按钮，单击该类型按钮可直接回发 Form；当改为"cancel"时，也呈现为按钮，单击该按钮即可撤销当前 Form 的编辑。

(5) 选择控件：该控件用来控制<select>元素，在 HTML 中该元素用来呈现一个下拉框。通过<option>元素，为选择控件创建下拉选项。

(6) 表格控件：该控件用来控制<table>、<tr>和<td>元素，在 HTML 中呈现为一个表格。<table>表示表格，<tr>表示行，<td>表示单元格。

(7) 文本区域控件：该控件用来控制<textarea>元素，在 HTML 中<textarea>元素建立一个文本区。rows 属性表示文本区域的可见行数，cols 表示文本区域的列数。

举例：

```
<form id="form1" runat="server">
<div style="background-color:Gray; width:200px">
<input id="t1" type="text" value="text1" />
<br />
<br />
</div>
<div style="width:150px">
<hr />
</div>
```

```
<div style="border-right:thin dotted; border-top:thin dotted; border-left:thin dotted;
border-bottom:thin dotted; width:200px">
<select id="Select1">
<option selected="selected" value="1">高中</option>
<option selected="selected" value="2">大专</option>
<option selected="selected" value="3">本科</option>
</select>
</div>
<div>
<br />
<img id="img1" src="images/19.gif" />
</div>
<div>
<table border="1" style="width:168px">
<tr>
<td style="width:145px">编号</td>
<td style="width:232px">姓名</td>
</tr>
<tr>
<td style="width:145px">1</td>
<td style="width:232px">张三</td>
</tr>
<tr>
<td style="width:145px">2</td>
<td style="width:232px">李四</td>
</tr>
</table>
</div>
<div>
<textarea id="textarea1" cols="12" rows="3"></textarea>
</div>
</form>
```

3.1.2　HTML 控件的常用属性

（1）InnerHtml 和 InnerText 属性：这两个属性主要是用来设定控件所要显示的文字，只不过 InnerHtml 会将内容作为 HTML 代码解释，而 InnerText 会将内容直接显示出来，即不会对内容作 HTML 解释。例如，假设将要显示的内容为“<u>实验</u>”，对于 InnerHtml 属性而言，会将其中的<u>标注加以解译，所以显示出带下划线的文字；而对于 InnerText 属性而言，它不会将其中的<u>标注加以解译，而是将“<u>实验</u>”直接显示出来。

（2）Disabled 属性：能够将 HTML 控件的功能关闭，让它无法执行工作。所以将控件的 Disabled 属性设为 True 时，该对象会显示为灰色并且停止工作；若将该属性设为 False，该控件即可正常工作。

（3）Visible 属性：可以显示或隐藏控件。

（4）Attribute 属性：有两个方法可以指定对象的属性，第一种是常用的对象.属性的方式，而另外一种就是通过对象.Attributes(属性名称)来设置或获取属性。

(5) Style 属性：可以用来设定控件的演示。表 3.1 列出了 Style 可以设定的样式。

表 3.1 Style 设定的样式

样 式 名	说 明	设 定 值
Background-Color	背景色	RGB 值或指定颜色("#ffffff"/red)
Color	前景色	RGB 值或指定颜色("#ffffff"/red)
Font-Family	字型	标楷体
Font-Size	字体大小	20pt
Font-Style	字体样式(斜体)	斜体/一般(Italic/Normal)
Font-Weight	字体样式(粗体)	粗体/一般(Blod/Normal)
Text-Decoration	效果	底线/穿越线/顶线/无 (Underline/Strikethrough/Overline/None)
Text-Transform	转大小写	转大写/转小写/前缀大写/无 (Uppercase/Lowercase/InitialCap/None)

3.1.3 HTML 控件的事件

HTML 控件的事件是在客户端浏览器内被触发的，它不会产生到服务器的往返。表 3.2 列出了 HTML 控件的常见事件。

表 3.2 HTML 控件的常见事件

事 件	说 明
onclick	当鼠标单击控件时触发该事件，如按钮的单击
onchange	当内容改变时被触发，如文本框内容发生变化时触发该事件
ondblclick	当用鼠标双击控件时触发该事件
onfocus	当获得焦点时该事件被触发，不过控件必须能够获得焦点
onkeydown	当按键盘键时触发该事件
onkeypress	当按键盘键时触发该事件
onkeyup	当按键恢复原状(未按下)时触发该事件
onmousedown	当鼠标按下时触发该事件
onmouseup	当鼠标按下后放弃按下时触发该事件
onmousemove	当鼠标在控件区域移动时触发该事件
onmouseover	当鼠标滑过控件区域时触发该事件
onmouseout	当鼠标移出控件区域时触发该事件

以上这些事件并不是对所有 HTML 控件都有效，因此应该合理使用控件的事件。

在 VS 2005 的 IDE 中，可以很方便地为 HTML 控件添加事件代码。首先启动 VS 2005 并切换到源代码视图。从源代码显示窗口左下方的下拉列表框中选择要添加事件代码的 HTML 控件，IDE 自动列出该对象的所有事件并填充在其右边的下拉列表框中。选择事件后，IDE 自动创建好事件代码框架，用户只需要编写代码即可。

举例：

```
< script language = "javascript" type = "text/javascript">
function Button2_onclick()
{
```

```
    alert("Button2 is clicked.");
}
function Button1_ondbclick()
{
    alert("Button1 被双击");
}
</script>
<input id="Button1" type="button" value="button" ondblclick="Button1_ondbclick()"/>
<input id="Button2" type="button" value="button" onclick="Button2_onclick()"/>
```

3.1.4　将 HTML 控件转换成 HTML 服务器控件

默认情况下,服务器无法使用 ASP.NET 网页上的 HTML 元素,这些元素被视为传递给浏览器的不透明文本。但是,通过将 HTML 元素转换成 HTML 服务器控件,可以将它们公开为可以在基于服务器的代码中进行编程的元素。可以通过添加 runat= "server"属性表明应将 HTML 元素作为服务器控件进行处理,再设置元素的 id 属性,这样就可以通过编程方式引用控件。然后可以通过设置属性(Attribute)来声明服务器控件实例上的属性(Property)参数和事件绑定等。

但是有一个控件例外:Input(Reset)控件,也称为清除表单的按钮,只在客户端来执行,可以将客户端输入的内容都取消,重新填写。例如:

```
<div>
    姓名:<input id="te1" type="text" />
    学号:<input id="te2" type="text" />
    <input id="Reset1" type="reset" value="重填" />
</div>
```

(1) Input(Button)称为命令按钮,也是 HtmlInputButton 控件,对应的 HTML 的按钮标记<input type="button">,可以使用它来创建按钮。先添加 runat="server"。CausesValidation 属性获取或设置当按下按钮时,是否执行用来验证窗体数据的验证控件,默认为 True。OnServerClick 属性设置当用户在浏览器按下控件时会执行的过程。

```
<input id="Button1" type="button" value="button" runat="server" causesvalidation=
"false" onserverclick="Button1_Click" />
    protected void Button1_Click(object sender, EventArgs e)
    {
        Response.Redirect("HTML 控件.aspx");
    }
    <input id="Button3" type="button" value="button" runat="server"
        onmouseover="this.style.backgroundColor='lightgreen'"
        onmouseout="this.style.backgroundColor='lightblue'"/>
```

onmouseover 表示鼠标指针移动到按钮的事件;onmouseout 表示鼠标指针离开按钮的事件。当鼠标指针移动到按钮上时显示背景颜色是绿色,当鼠标指针离开按钮时显示背景颜色是蓝色。

(2) Input(Submit)称为向服务器提交表单的按钮。

```
<input id="Submit1" type="submit" value="submit" runat="server" onserverclick="sss" />
```

```
protected void sss(object sender, EventArgs e)
{
    Response.Redirect("HTML控件.aspx");
}
```

(3) Input(Text)和 Input(Password)。

```
< input id = "Text1" type = "text" runat = "server" onserverchange = "change" />< br />
< input id = "Password1" type = "password" runat = "server" />< br />
< input id = "Submit2" type = "submit" value = "submit" runat = "server"/>
< span runat = "server" id = "span1"></span >
protected void change(object sender, EventArgs e)
{
    span1.EnableViewState = false;
    span1.InnerText = "文本框的内容变成<" + Text1.Value + ">< br/>";
    span1.InnerText += Password1.Value + "< br/>";
    span1.InnerHtml += "文本框的内容变成<" + Text1.Value + ">< br/>";
    span1.InnerHtml += Password1.Value + "< br/>";
}
```

InnerHtml 会将内容作为 HTML 代码解释，而 InnerText 会将内容直接显示出来，即不会对内容作 HTML 解释。

onserverchange 属性是指当 Value 属性的内容改变时会触发此事件，注意，必须将数据上传到服务器，服务器会检查上传的 Value 属性与最近一次上传的 Value 属性是否相同，不同才会触发此事件。由于 ASP.NET 具有视图状态(ViewState)功能，即便没有发生 onserverchange 事件，span 控件仍显示上一次的运行结果，但是不意味着触发了 onserverchange 事件，因此加入了 span1.EnableViewState = false;来关闭控件的视图状态功能。

(4) Input(File)控件由一个文本框和一个提示文字为“浏览…”的按钮组成，被上传的文件名可以直接在文本框中输入，也可以通过单击“浏览”按钮弹出选择文件名的对话框，在对话框中再进行选择，如图 3.1 所示。

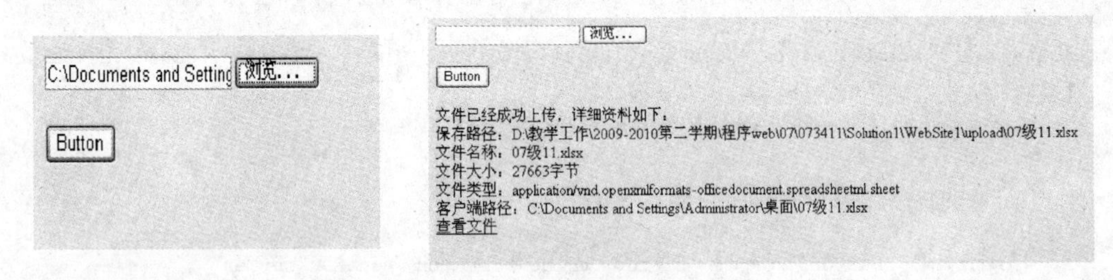

图 3.1 Input File 文件上传控件

```
< form id = "form1" runat = "server" enctype = "multipart/form - data">
< input id = "File1" type = "file" runat = "server"/>
      < br />
  < input id = " Button2" type = " button" value = " button" runat = " server" onserverclick =
"uploadfile" />
  < span id = "span2" runat = "server"/>
```

```
</form>
using System.IO;
protected void uploadfile(object sender, EventArgs e)
{
    string filename, filepath;
    HttpPostedFile file = File1.PostedFile;
    if (file.ContentLength == 0)
        span2.InnerHtml = "文件上传失败或文件不存在";
    else
    {
        filename = Path.GetFileName(File1.Value);
        filepath = Server.MapPath("upload/" + filename);
        file.SaveAs(filepath);
        span2.InnerHtml = "文件已经成功上传,详细资料如下:";
        span2.InnerHtml += "<br>保存路径:" + filepath;
        span2.InnerHtml += "<br>文件名称:" + filename;
        span2.InnerHtml += "<br>文件大小:" + file.ContentLength + "字节";
        span2.InnerHtml += "<br>文件类型:" + file.ContentType;
        span2.InnerHtml += "<br>客户端路径:" + file.FileName;
        span2.InnerHtml += "<br><a href='" + filepath + "'>查看文件</a>";
    }
}
```

Form 的 enctype 属性是获取或设置表单数据发送到服务器时所采取的编码方式。该属性默认值为"application/x-www-form-urlencoded"。如果允许用户上传文件服务器,那么设为"multipart/form-data"。

Filename 表示文件名称,filepath 表示上传文件的路径。HttpPostedFile 提供对客户端上传的单独文件的访问。PostedFile 属性只能在程序代码中使用,用来获取上传的文件,上传的文件是一个 HttpPostedFile 对象,具有的属性为：ContentLength 为指定文件大小,单位为字节；ContentType 为指定文件的类型；FileName 用来获取位于客户端计算机上的被上传的文件的完整路径名。Path. GetFileName()方法可以从任何一个路径字符串中获取文件名称。filepath = Server. MapPath("upload/"+ filename)保存上传的路径,是服务器端的路径,"upload/"是物理路径,一定要存在。file. SaveAs(filepath)按照路径保存上传的文件。

请选择身份：○学生 ⊙教师 ○其他
请选择学校：沈阳理工大学
请选择科目：☑计算机 □通信 □自动化
您的选择是：身份：教师；学校：沈阳理工大学；专业：计算机
提交

图 3.2　Input(Radio)、Input(Checkbox)、Select、Texrarea 控件

(5) Input(Radio)、Input(Checkbox)、Select、Texrarea。

举例：实现如图 3.2 所示的功能。

代码部分：

请选择身份：

```
<input id="stu" type="radio" runat="server" value="学生" />学生
<input id="tech" type="radio" runat="server" value="教师" />教师
<input id="els" type="radio" runat="server" value="其他" />其他
<br />
```

```
请选择学校：
<select id="University" runat="server">
    <option value="沈阳理工大学" >沈阳理工大学</option>
    <option value="南京大学">南京大学</option>
    <option value="东北大学">东北大学</option>
</select>
<br />
请选择科目：
<input id="c1" runat="server" type="checkbox" value="计算机" />计算机
<input id="c2" runat="server" type="checkbox" value="通信" />通信
<input id="c3" runat="server" type="checkbox" value="自动化" />自动化
<br />
您的选择是：
<textarea id="TextArea1" runat="server"></textarea>
<br />
<input id="Sub1" type="submit" runat="server" onserverclick="s_click" value="提交" />
protected void s_click(object sender, EventArgs e)
{
    string str;
    str = "身份：";
    if (stu.Checked) str += stu.Value;
    else if (tech.Checked) str += tech.Value;
    else str += els.Value;
    str += "; 学校：" + University.Items[University.SelectedIndex].ToString();
    if (c1.Checked) str += "; 专业：" + c1.Value;
    if (c2.Checked) str += "; 专业：" + c2.Value;
    if (c3.Checked) str += "; 专业：" + c3.Value;
    TextArea1.InnerHtml = str;
}
```

控件的 Title 属性用来获取或设置当鼠标指针放在控件上时所显示的工具提示文本。

(6) Input(Hidden)是隐藏控件，浏览窗体时看不到此控件。

3.2 Web 服务器控件

3.2.1 什么是 Web 服务器控件

ASP.NET Web 服务器控件是 ASP.NET 网页上的对象，在向浏览器请求页和呈现标记时将运行这些对象。Web 服务器控件与 HTML 服务器控件相比，它的设计侧重点不同，并不一对一地映射到 HTML 服务器控件，其中有很多部分类似于 HTML 元素(如按钮、文本框等控件)，但还包括一些特殊用途的控件(如日历、菜单和树视图)等。

Web 服务器控件除了提供 HTML 服务器控件的功能外，还提供以下功能：

(1) 功能丰富的对象模型，该模型具有类型安全编程功能。

(2) 自动浏览器检测。控件可以检测浏览器的功能并呈现适当的标记。

(3) 对于某些控件,可以使用 Templates 定义自己的控件布局。

(4) 对于某些控件,可以指定控件的事件是立即发送到服务器,还是先缓存然后在提交缓存页时触发。

(5) 支持主题,用户可以使用主题为站点中的控件定义一致的外观。

(6) 可将事件从嵌套控件(例如表中的按钮)传递到容器控件。

3.2.2 Web 服务器控件的分类

ASP.NET 大致将 Web 服务器控件分为六大类:标准控件、数据控件、数据源控件、验证控件、导航控件和登录控件。

(1) 标准控件,如表 3.3 所示。

表 3.3　标准控件说明

控　件	说　明
AdRotator	该控件将循环显示您定义的一系列可单击的横幅广告
BulletedList	创建一个无序或有序(带编号)的项列表,它们分别呈现为 HTML ul 或 ol 元素
Button	ASP.NET 网页中的按钮使用户可以发送命令。默认情况下,按钮将页提交给服务器,并使页与引发的事件一起被处理。Web 服务器控件包括三种类型的按钮:命令按钮(Button 控件)、超链接样式按钮(LinkButton 控件)和图形按钮(ImageButton 控件)。这三种按钮提供类似的功能,只是具有不同的外观
Calendar	在 ASP.NET 网页中显示一个单月份日历。用户可使用该日历查看和选择日期
CheckBox CheckBoxList	CheckBox 和 CheckBoxList Web 服务器控件为用户提供了一种在"是、否"选项之间进行切换的方法。前者是单个的复选框控件,而后者则作为复选框列表项集合的父控件,常用于与数据库或配置文件中的系列数据绑定使用
DropDownList	使用 DropDownList Web 服务器控件,用户可以从单项选择下拉列表框中进行选择。DropDownList 控件与 ListBox 服务器控件类似,不同之处在于它只在框中显示选定项,同时还显示下拉按钮,当用户单击此按钮时,将显示项的列表
FileUpload	通过该控件为用户提供一种从其他的计算机向服务器上传文件的方法
HiddenField	该控件使用户可以将信息保留在 ASP.NET 网页中,而不会显示给用户
HyperLink	该控件提供了一种使用服务器代码在网页上创建和操作链接的方法
Image	该控件使用户可以在 Web 窗体页上显示图像,并使用服务器代码管理这些图像
ImageMap	该控件使用户可以创建包含用户单击的各区域的图像,这些区域称为作用点。每个作用点都可以是一个单独的超链接,或者可以引发回发事件
Label	该控件为用户提供了一种以编程方式显示 ASP.NET 网页中文本的方法
ListBox	该控件允许用户从预定的列表中选择一项或多项
Literal	该控件无须添加任何 HTML 元素即可将静态文本呈现在网页上,可以通过服务器代码以编程方式静态控制文本
MultiView View	MultiView 控件可用作 View 空间组的容器。每个 View 控件也可以包含子控件,如按钮和文本框等。应用程序可以根据条件(如用户标识、用户首选项)或传入的查询字符串参数,以编程方式向客户端显示特定的 View 控件,从而实现多视图
Panel	该控件在页面内为其他控件提供一个容器。通过将多个控件放入一个 Panel 控件,可将它们作为一个单元进行控制,如隐藏或显示它们,以及使用 Panel 控件为一组控件创建独特的外观

续表

控　件	说　明
PlaceHolder	该控件使用户能够将空容器控件放置到页上，然后在运行时动态地将子元素添加到该容器中
RadioButton RadioButtonList	RadioButton 和 RadioButtonList Web 服务器控件允许用户从预定义的列表中选择一项，它们两者的关系与 CheckBox 和 CheckBoxList 之间的关系类似
Substitution	该控件指定输出缓存的网页上不进行缓存的部分，使用它可以在输出缓存的网页上指定希望用动态内容替换控件的部分
Table TableRow TableCell	Table 控件在网页上创建通用表，TableRow 控件则用于创建表中的行，而 TableCell 控件则用来创建每一行中的单元格
TextBox	该控件为用户提供了一种向 ASP.NET 网页中输入信息（包括文本、数字和日期）的方法
Wizard	该控件可以生成向用户呈现多步骤过程的网页
XML	Xml Web 服务器控件读取 XML 并将其写入该控件所在的网页，如果将 XSL 转化(XSLT)应用到 XML，则最终转换的输出将呈现在该页中
Localize	该控件用来在网页上创建显示本地化静态文本的位置

(2) 数据控件，如表 3.4 所示。

表 3.4　数据控件说明

控　件	说　明
GridView	该控件用于显示表中的数据，通过它可以显示、编辑、删除、排序和翻阅多种不同的数据源中的表格数据
DetailsView	该控件用于显示表中数据源的单个记录，其中每个数据行标识记录中的一个字段。该控件通常与 GridView 控件组合使用，构成主/从关系
FormView	该控件用于显示表中数据源的单个记录，使用 FormView 控件时，由用户指定模板以显示和编辑绑定值。模板中包含用于创建窗体的格式、控件和绑定表达式。该控件通常与 GridView 控件一起使用，构成主/从关系
Repeater	该控件是一个数据绑定容器控件，它生成各个项的列表。使用模板定义网页上各个项的布局。当该页运行时，该控件为数据源中的每个项重复此布局
DataList	该控件使用可自定义的格式显示各行数据库信息。在所创建的模板中定义数据显示布局，可以为项、交替项、选定项和编辑项创建模板；也可以使用标题、脚注和分隔符模板自定义 DataList 的整体外观。由于在模板中包括 Button Web 服务器控件，可将列表项连接到代码，这些代码允许用户在显示、选择和编辑模式之间进行切换

(3) 数据源控件，如表 3.5 所示。

表 3.5　数据源控件说明

控　件	说　明
SqlDataSource	通过该控件，可以使用 Web 控件访问位于关系数据库中的数据。可以将 SqlDataSource 控件与其他显示数据的控件一起使用，用极少的代码甚至不用代码便可在 ASP.NET 网页上显示和操作数据

续表

控　件	说　明
AccessDataSource	该控件连接到 Access 数据库并使数据库数据可用于 ASP.NET 网页上的其他控件的信息，类似于 SqlDataSource
ObjectDataSource	通过该控件可以将 ASP.NET 网页上的控件绑定到为应用程序提供数据层的业务对象的信息
XmlDataSource	该控件使 XML 数据可用于数据绑定控件。虽然在只读方案下通常使用 XmlDataSource 控件显示分层 XML 数据，但是也可以使用该控件同时显示分层数据和表格数据
SiteMapDataSource	该控件读取网站中页的逻辑布局的相关信息，并将这些信息提供给 ASP.NET 导航控件（如 TreeView 和 Menu 控件）

（4）验证控件，如表 3.6 所示。

表 3.6　验证控件说明

控　件	说　明
RequiredFieldValidator	要求用户必须输入某一项
CompareValidator	将用户输入与一个常数值或者另一个控件或特定数据类型的值进行比较
RangeValidator	检查用户的输入是否在指定的上下限内。可以检查数字对、字母对和日期对限定的范围
RegularExpressionValidator	检查项与正则表达式定义的模式是否匹配。此类验证使用户能够检查可预知的字符序列，如电子邮件地址、电话号码、邮政编码等内容中的字符序列
CustomValidator	使用自己编写的验证逻辑检查用户的输入。此类验证使用户能够检查在运行时派生的值

（5）导航控件，如表 3.7 所示。

表 3.7　导航控件说明

控　件	说　明
Menu	该控件使用户能够经常在用于提供导航功能的网页上添加功能。Menu 控件支持一个主菜单和多个子菜单，并且允许定义动态菜单
SiteMapPath	该控件会显示一个导航路径，此路径为用户显示当前页的位置，并显示返回到主页的路径链接
TreeView	该控件用于以树形结构显示分层数据，如目录或文件目录

（6）登录控件，如表 3.8 所示。

表 3.8　登录控件说明

控　件	说　明
Login	该控件显示用于执行用户身份验证的用户界面，包含用于用户名和密码的文本框和一个复选框，该复选框让用户指示是否需要服务器使用 ASP.NET 成员资格存储他们的标识，以及当他们下次访问该站点时是否自动进行身份验证

续表

控　件	说　明
LoginView	使用该控件，可以向匿名用户和登录用户显示不同的信息。该控件显示以下两个模板之一：AnonymousTemplate 和 LoggedInTemplate。在这些模板中，可以分别添加为匿名用户和经过身份验证的用户显示适当信息的标记和控件
LoginStatus	该控件为没有通过身份验证的用户显示登录链接，为通过身份验证的用户显示注销链接
LoginName	如果用户已使用 ASP.NET 成员资格登录，该控件将显示该用户的登录名。或者，如果站点使用集成 Windows 身份验证，该控件将显示用户的 Windows 账户名
PasswordRecovery	该控件允许根据创建账户时所使用的电子邮件地址来找回用户密码，并向用户发送包含密码的电子邮件
CreateUserWizard	该控件收集潜在用户提供的信息，默认情况下，会将新用户添加到 ASP.NET 成员资格系统中
ChangePassword	通过该控件，用户可以更改其密码。用户必须首先提供原始密码，然后创建并确认新密码。该控件还支持发送关于新密码的电子邮件

3.2.3 Web服务器控件的属性

Web 服务器控件大部分是从 WebControl 类派生的，因此它们具有一些共同属性。如表 3.9 所示为所有从 WebControl 类派生的 Web 服务器控件的属性。

表 3.9　Web 服务器控件的属性

属 性 名	说　明
AccessKey	控件的键盘快捷键(AccessKey)。此属性指定用户在按住 Alt 键的同时可以按下的单个字母或数字
Attributes	控件上未由公共属性定义但仍需呈现的附加属性集合，即任何未由 Web 服务器控件定义的属性都将添加到此集合中。这使用户可以使用未被控件直接支持的 HTML 属性
BackColor	控件的背景色，可以使用标准的 HTML 颜色标识符来设置：颜色名称("black"或"red")或者以十六进制格式("#ffffff")表示的 RGB 值
BorderColor	控件的边框颜色，可以使用标准的 HTML 颜色标识符来设置：颜色名称("black"或"red")或者以十六进制格式("#ffffff")表示的 RGB 值
BorderWidth	控件边框的高度，以像素为单位
BorderStyle	控件的边框样式。可能的值包括 NotSet、None、Dotted、Dashed、Solid、Double、Groove、Ridge、Inset、Outset
CssClass	分配给控件的级联样式表(CSS)类
Style	作为控件的外部标记上的 CSS 样式属性呈现的文本属性集合
Enabled	当此属性设置为 true(默认值)时使控件起作用。当此属性设置为 false 时禁用控件
EnableTheming	当此属性设置为 true(默认值)时对控件启用主题，为 false 时对该控件禁用主题
EnableViewState	当此属性设置为 true(默认值)时对控件启用视图状态持久性，为 false 时对该控件禁用视图状态持久性

续表

属 性 名	说 明
Font	为正在声明的 Web 服务器控件提供字体信息。此属性包含子属性，可以在 Web 服务器控件元素的开始标记中使用属性—子属性语法来声明这些子属性。例如，可以通过在 Web 服务器控件文本的开始标记中包含 Font-Bold 属性而使该文本以粗体显示
ForeColor	控件的前景色
Height	控件的高度
SkinID	要应用于控件的外观
TabIndex	控件的位置。如果设置为此属性，则控件的位置索引为 0。具有相同选项卡索引的控件可以按照它们在网页中的声明顺序用 Tab 键导航
ToolTip	当用户将鼠标指针定位在控件上方时显示的文本
Width	控件的固定宽度。可能的单位包括 Pixel、Point、Pica、Inch、Mm、Cm、Percentage、Em、Ex

3.2.4 Web 服务器控件的事件模型

ASP.NET 有一个重要功能，允许开发者通过与客户端代码中类似的、基于事件的模型来对网页进行编程。例如，可以向 ASP.NET 网页中添加一个按钮，然后为该按钮的 Click 事件编写事件处理程序。这种情况在使用客户端脚本的网页中很常见，ASP.NET 也将此模型引入到基于服务器的处理中。

不过，由 ASP.NET 服务器控件触发的事件在工作方式上稍有不同。导致差异的主要原因在于事件本身与处理该事件的位置的分离。在基于客户端代码的程序中，在客户端触发和处理事件。但是，在 ASP.NET 网页中，与服务器控件关联的事件在客户端(浏览器)上触发，但由 ASP.NET 页在 Web 服务器上处理。也就是说，ASP.NET Web 控件事件模型要求在客户端捕获事件，并通过 HTTP POST 将事件消息传输到服务器，页面解释该 POST 以确定所发生的事件，然后再调用相应的方法。

因此，当开发者在 ASP.NET 网页中创建事件处理程序时，通常无须考虑捕获事件信息并使其可用于自己的代码，并且创建事件处理程序的方式与在传统的客户端窗体上的创建方式大体相同。尽管如此，ASP.NET 网页中的事件处理仍有一些需要注意的地方。

1. 服务器控件和页的事件

由于大多数的 ASP.NET 服务器控件事件要求到服务器的往返行程才能进行处理，这可能会影响页的性能。因此，服务器控件仅提供有限的一组事件，通常仅限于 Click 类型事件。某些服务器控件支持 Change 事件，如 CheckBox Web 服务器控件在用户单击该框时触发服务器代码中的 CheckedChanged 事件。某些服务器控件支持更抽象的事件，如 Calendar Web 服务器控件触发 SelectionChanged 事件。而对于那些不经常发生的事件则不支持，如鼠标移动(onmouseover)事件。

控件和页本身还会在每个处理步骤触发页面生命周期事件(如 Init、Load 和 PreRender)，因此，在应用程序中应合理利用这些生命周期事件(如在页的 Load 事件中)来设置控件的默认值等。

2. 事件参数

基于服务器的ASP.NET页和控件事件遵循事件处理程序方法的标准.NET Framework模式。所有事件都传递两个参数：表示引发事件的对象以及包含任何事件特定信息的事件对象。第一个参数是Object类型，第二个参数通常是EventArgs类型，但对于某些控件而言是特定于该控件的类型。例如，对于ImageButton Web服务器控件，第二个参数是ImageClickEventArgs类型，它包括有关用户单击位置的坐标的信息。

3. 服务器控件中的回发和非回发事件

在服务器控件中，某些事件(通常是Click事件)会导致页被立即回发。回发之后，会引发该页的初始化事件，然后再处理控件事件。某些控件的Change事件也会导致页发送，如AutoPostBack属性设置为true时，CheckBox控件的CheckedChanged事件也会导致该页被提交。因此，在设计时应充分考虑到事件是否应该回发页面。

4. 关联事件到方法

一个事件就是一条消息，如“某按钮已被单击”。在应用程序中，必须将消息转换成代码中的方法调用，这种关联是通过事件委托来实现的。

在ASP.NET网页中，如果控件是以声明(标记)的方式在页中创建的，则不需要显式地对委托进行编码。事件关联可以通过各种方法来完成，具体方法取决于要关联的事件及所使用的编程语言。

1) 关联控件事件

对于在页上声明的控件，可以通过在控件的标记中设置属性(Attribute/Property)将事件关联到方法。下面的代码示例演示如何将ASP.NET Button控件的Click事件关联到名为ButtonClick的方法。

```
<asp:button id = "SampleButton" runat = "server" text = "Submit" onclick = "ButtonClick" />
```

如果页已编译，ASP.NET将查找名为ButtonClick的方法，并确认该方法具有适当的签名。该方法接受两个参数，一个是Object类型；另一个是EventArgs类型。然后ASP.NET可以自动将事件关联到方法。

ButtonClick方法的示例代码如下：

```
protected void ButtonClick(object sender, EventArgs e)
{
    …
}
```

2) 动态关联控件事件

如果要通过代码动态地创建控件，则不能使用上述方法来关联事件，因为编译器在编译时没有对控件进行引用。在这种情况下，必须使用显示的事件关联。在C#中，可以创建委托并将它与控件的事件关联。

下面的代码示例演示如何将名为ButtonClick的方法关联到按钮的Click事件。

```
protected void Page_Load(object sender, EventArgs e)
{
    Button btn1 = new Button();
    btn1.Text = "动态创建控件";
    btn1.Click += new EventHandler(btn1_Click);
    this.form1.Controls.Add(btn1);
}
void btn1_Click(object sender, EventArgs e)
{
    Response.Write("你单击了动态创建的控件.");
}
```

3.3 使用 Web 服务器控件

3.3.1 如何添加控件到 Web Form

1. 控件的语法结构

Web 服务器控件位于.aspx 文件的窗体元素(<form id="form1" runat="server"></form>)内,必须具有以下声明:

(1) 使用引用 asp 命名空间的 XML 标记声明,如<asp:Label。

(2) 控件必须有 runat="server"属性。

(3) 必须设置控件的 ID 属性(控件是某个复杂控件的子控件除外)。

(4) 控件声明必须正确结束,可以指定显式结束标记,如果控件不具有子元素,也可以指定一个自结束标记。唯一的例外是不可以包含子元素的 HTML 输入控件,如输入控件(如 HtmlInputText 服务器控件声明性语法、HtmlImage 服务器控件声明性语法和 HtmlButton 服务器控件声明性语法)。

2. 添加控件到 Web Form

1) 从工具箱中添加控件

在 VS 2005 的 IDE 环境中,打开网页并切换到设计视图,即可使用鼠标从工具箱(若工具箱没有打开则通过"视图→工具箱"菜单将其打开)中将控件拖到 Web Form。

在设计视图中,可方便地对控件的外观进行可视化的调整,如通过鼠标来调整其高度或宽度等。当然,也可以切换到网页的源代码视图,或直接从工具箱中将控件拖到网页,只不过在该视图下不能可视化地设计控件。

2) 以代码方式添加控件

可以以代码方式添加控件,从设计视图切换到源代码视图,在需要添加控件处,按以下步骤添加控件:

(1) 输入"<asp:",系统自动识别并弹出所有可以使用的控件,选择控件并按 Enter 键。

(2) 输入空格,系统自动识别并弹出该控件的所有属性,选择"ID"属性按 Enter 键,并设置其值。

(3) 再输入空格，选择“runat”属性按 Enter 键，并设置其值(server)。

(4) 重复添加其他属性(可选)。

(5) 最后输入“>”系统自动生成“显示结束标记”，或者输入“/>”自结束标记即可。

3.3.2 设置控件的属性

1. 以声明方式设置控件的属性

设置控件属性的方式可以以声明方式设置控件的属性。不过在 VS 2005 的 IDE 中，可以在属性窗口中很方便地设置控件的属性。

属性窗口将显示用户所选定的控件的属性及其对应的属性值，可以直接在里面编辑属性值，IDE 自动同步修改.aspx 文件。属性窗口提供两个显示属性的视图，即按分类顺序查看和按字母顺序查看，有助于快速找到控件的各个属性，如图 3.3 所示。

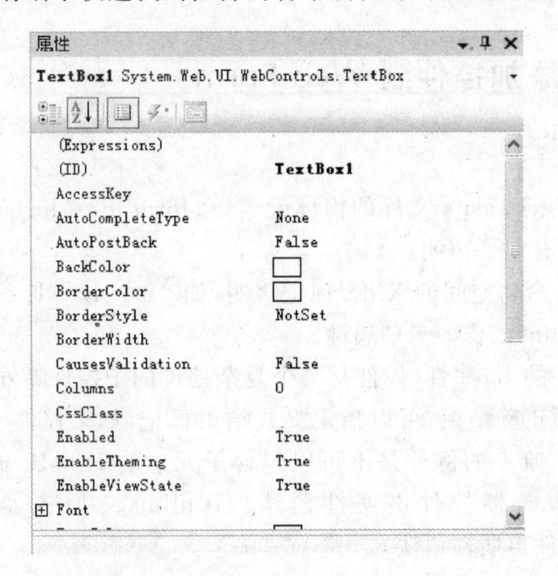

图 3.3 属性窗口

2. 以编程方式设置控件的属性

以声明方式设置控件的属性是不够的，有时需要动态地设置控件的属性，即以编程方式设置。例如，某个下拉列表框的项需要从配置文件或数据库中读取，在这种情况下就要求以编程方式来设置控件的属性。

```
protected void Page_Load(object sender, EventArfs e)
{
    If(!IsPostBack)
    {
        DropDownList1.Items.Add("2006 级学生");
        DropDownList1.Items.Add("2007 级学生");
    }
}
```

3.3.3　添加 Web 服务器控件事件

1. 以声明方式添加事件处理

在 VS 2005 的 IDE 中，打开页面并切换到设计视图，如图 3.4 所示，用鼠标选中服务器控件，单击右键并选择属性，将属性窗口切换到事件页，可看到该控件的所有事件，双击该事件即可添加事件处理方法的框架，IDE 将自动切换到页面的代码隐藏页。

2. 以编写代码方式动态添加事件处理

添加控件的事件，也可以以编写代码的方式动态地为控件添加事件处理代码。例如，可以在运行的过程中指定控件的某个事件的处理方法，这就为编程带来了更多的灵活性。

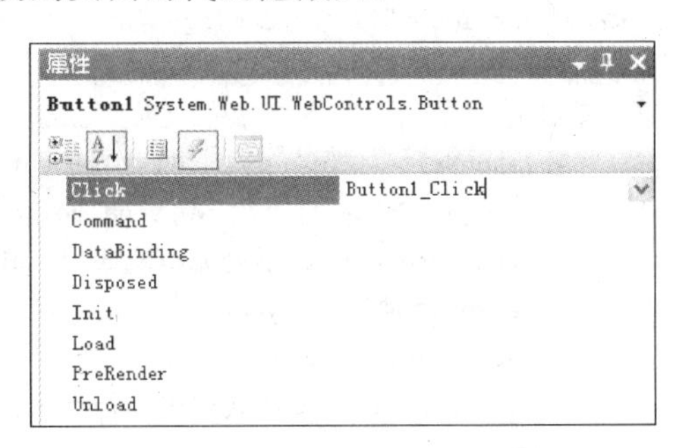

图 3.4　以声明方式添加事件处理

3. Web 服务器标准控件的应用

下面分别举例介绍 Web 服务器控件的标准控件的应用。

1) AdRotator 控件

该控件可从有一条或多条广告记录的数据源读取广告信息。可以将信息存储在一个 XML 文件中，然后将 AdRotator 控件绑定到该文件。AdRotator 控件的所有属性都是可选的。XML 文件中可以包括下列属性。

(1) ImageUrl：要显示的图像的 URL。

(2) NavigateUrl：单击 AdRotator 控件时要转到的网页的 URL。

(3) AlternateText：图像不可用时显示的文本。

(4) Keyword：可用于筛选特定广告的广告类别。这样就使各种类别的广告都在同一个 XML 中，然后使用 AdRotator 控件中的 KeywordFilter 属性在给定页面上对广告进行过滤。

(5) Impressions：一个指示广告的可能显示频率的数值(加权数值)。在 XML 文件中，所有 Impressions 值的总和不能超过 2048000000－1。广告的权重决定此广告的优先级，权重越大，显示的几率越大。

(6) Height：广告的高度(以像素为单位)。此值会重写 AdRotator 控件的默认高度设置。

(7) Width：广告的宽度(以像素为单位)。此值会重写 AdRotator 控件的默认宽度设置。

(8) CustomInformation：表示每条广告的附加信息。

AdRotator 控件是一个广告轮循控件，可以实现当加载页面或刷新页面时随机地显示一个图片超链接。

```
< asp: AdRotator ID = " AdRotator1" runat = " server" Height = " 342px" Width = " 576px"
AdvertisementFile = "~/App_Data/广告图片.xml" KeywordFilter = "神话" />
```

AdvertisementFile属性用来设置XML广告文件的路径。尽量将XML广告文件放置在App_Code文件夹中。KeywordFilter属性与XML广告文件的关键词相关，利用Keyword属性，将AdRotator控件配置为根据指定的筛选条件显示广告。还有一个事件，OnAdCreated事件，在创建控件之后显示Web页面之前，每次访问服务器都生成一个AdCreated事件。

创建一个广告.xml文件，填写如下代码，注意代码中的字母的大小写。

```
<?xml version = "1.0" encoding = "utf - 8" ?>
< Advertisements >
  < Ad >
    < ImageUrl >~/images/1.jpg </ImageUrl >
    < NavigateUrl > http://www.sina.com.cn </NavigateUrl >
    < AlternateText >神话网站</AlternateText >
    < Keyword >神话</Keyword >
    < Impressions > 20 </Impressions >
    < CustomInformation >欢迎来到神话家园!</CustomInformation >
  </Ad >
  < Ad >
    < ImageUrl >~/images/20.jpg </ImageUrl >
    < NavigateUrl > http://www.baidu.com </NavigateUrl >
    < AlternateText >东方神起网站</AlternateText >
    < Keyword >东方神起</Keyword >
    < Impressions > 70 </Impressions >
    < CustomInformation >欢迎来到神起家园!</CustomInformation >
  </Ad >
</Advertisements >
```

在这个文件中，<Advertisements>和</Advertisements>标识中的内容是所有广告的定义，<Ad>和</Ad>标识中的内容是专用的广告发布信息，即每个广告的定义。

2）Label控件

主要用于文本的显示，在网页的固定位置显示文本。ID属性表示控件名称；runat属性表示服务器控件；Text属性表示控件上显示的文字。

3）HyperLink控件

主要用于实现超文本链接，使用户可以在应用程序中的页之间移动。可以以文本方式或图形方式呈现HyperLink控件。与大多数服务器控件不同的是，在用户单击HyperLink控件时并不会在服务器代码中引发事件。NavigateUrl属性表示URL字符串，当用户单击链接时转向的页面的URL。Text属性表示字符串，链接文字。ImageUrl属性表示URL字符串，以图像方式呈现链接时，为图形的URL。Target属性表示目标框架，默认为本框架。_blank将内容呈现在一个没有框架的新窗口中；_parent将内容呈现在上一个框架集父级中；_search在搜索窗格中呈现内容；_self将内容呈现在含焦点的框架中；_top将内容呈现在没有框架的全窗口中。

```
< asp: HyperLink ID = " HyperLink1" runat = " server" Target = " _ blank" NavigateUrl = " ~/
Calendar.aspx">日历控件</asp:HyperLink >
```

4）TextBox 控件

是一个可以输入单行文本、密码或者多行文本的控件。默认的情况下 TextBox 控件的 TextMode 属性是 SingleLine，可以修改为 MultiLine 或 Password。TextBox 控件常用的属性和事件。Text 属性是初始化时显示的文字，TextMode 属性有 SingleLine/MultiLine/Password，这 3 个取值分别表示单行文本、多行文本和密码，默认值是单行文本。MaxLength 属性表示在文本框中输入的最大字符数；Rows 属性表示当为多行文本时的行数；Columns 属性表示控件的高度；Wrap 属性值为 True 或 False，表示是否运行自动换行；AutoPostBack 属性值为 True 或 False，表示是否允许自动回传事件到服务器；OnTextChanged()事件是当文字改变时触发的事件过程。

5）按钮控件

包含 3 种类型的按钮，标准命令按钮（Button 控件）、超链接样式按钮（LinkButton 控件）和图像按钮（ImageButton 控件），这 3 种按钮提供类似的功能，但具有不同的外观。Button 控件呈现的是一个标准命令按钮，LinkButton 控件呈现的是一个超链接，ImageButton 控件呈现的是一个图形按钮，可以提供丰富的按钮外观。当用户单击这 3 种类型按钮中的任何一种时，都会向服务器提交一个窗体，当前页被提交给服务器并在那里进行处理，可为下列事件之一创建事件处理程序。

（1）页的 Page_Load 事件，因为按钮总是将页发送给服务器，所以该方法总是在运行。如果只提交相应窗体，单击哪个按钮并不重要，则使用 Page_Load 事件。

（2）Click 事件，当了解哪个按钮被单击很重要时，编写该事件的事件处理过程。

6）Button 控件

这是一个标准的按钮提交控件，一般用来提交 Web 表单。

```
<asp:Label ID = "Label1" runat = "server" Text = "Label" Width = "246px"></asp:Label>
<asp:Button ID = "Button1" runat = "server" Text = "Button" />
protected void Page_Load(object sender, EventArgs e)
{
    if (IsPostBack)
        this.Label1.Text = "You clicked a button.";
}
```

7）LinkButton 控件

使用此控件可在网页上创建超链接样式的按钮。此控件的外观与 HyperLink 控件相同，但功能与 Button 控件相同。PostBackUrl 属性表示单击按钮时所发送的 URL。如果单击控件时要链接到另一个网页，可以考虑使用 HyperLink 控件。将 Button 控件中的代码 <asp: Button ID = "Button1" runat — "scrvcr" Tcxt — "Button"/> 替换为 <asp:LinkButton ID="LinkButton1" runat="server" >提交</asp:LinkButton>则程序运行结果，如图 3.5 所示。

图 3.5　LinkButton 控件用法

8）ImageButton 控件

也用于提交页面，该控件在页面上显示的是一幅图像，并根据用户单击位置提供 x 坐标和 y 坐标。通过该控件的 ImageUrl 属性来连接要显示的图片地址。程序运行结果，如图 3.6 所示。

```
<asp:ImageButton ID = "ImageButton1" runat = "server" ImageUrl = "~/images/1.bmp" OnClick =
"ImageButton1_Click" />
protected void ImageButton1_Click(object sender, ImageClickEventArgs e)
{
    Label1.Text = "你单击了图像按钮.<br>您的坐标是" + "X为" + e.X + ",Y为" + e.Y;
}
```

9）CheckBox 控件和 CheckBoxList 控件

为用户提供了一种在二选一选项之间切换的方法。当用户选中这个控件时，表示输入的是 True，当没有选中这个控件时，表示输入的是 False。判断 Checked 属性，如果值为 True，则表示复选框已选定。如果需要知道用户是否更改控件的值，则需响应该事件。为控件的 CheckedChanged 事件创建一个事件处理程序。默认情况下，CheckedChanged 事件并不马上引发向服务器发送页。而是当下次发送窗体时在服务器代码中引发此事件。若使 CheckedChanged 事件引发即时发送，必须将 CheckBox 控件的 AutoPostBack 属性设置为 True。程序运行结果，如图 3.7 所示。

图 3.6　ImageButton 控件运行结果

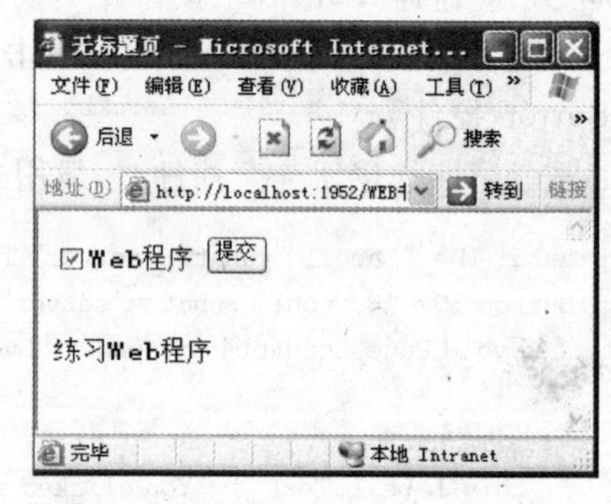

图 3.7　CheckBox 控件运行结果

```
<asp:CheckBox ID = "CheckBox1" runat = "server" Text = "Web 程序" />
<asp:Button ID = "Button2" runat = "server" Text = "提交" OnClick = "Button2_Click" />
<asp:Label ID = "Label2" runat = "server"></asp:Label>
protected void Button2_Click(object sender, EventArgs e)
{
    if (CheckBox1.Checked == true)
        Label2.Text = "练习 Web 程序";
    else
        Label2.Text = "不练习 Web 程序";
}
```

CheckBox 控件的 CheckedChanged 事件：

```
<asp:CheckBox ID = "CheckBox1" runat = "server" Text = "Web 程序" AutoPostBack = "true"
OnCheckedChanged = "CheckBox1_CheckedChanged" />
protected void CheckBox1_CheckedChanged(object sender, EventArgs e)
```

```
    {
        if (CheckBox1.Checked)
            Label2.Text = "练习 Web 程序";
        else
            Label2.Text = "不练习 Web 程序";
    }
```

CheckBoxList 控件是一个 CheckBox 控件组，当需要显示多个 CheckBox 控件，并且对于所有控件的处理方式都相似时，使用这种控件就十分方便。CheckBoxList 有一个 Items 集合，该集合的成员和列表中的每一项相对应，要确定选中了哪些项，应测试每项的 Selected 属性。ListItem 的属性有：Text 表示每个选项的文本；Value 表示每个选项的值；Selected 为 True 表示默认选中。CheckBoxList 控件常用的属性和事件有：RepeatColumns 属性是整数，表示显示的行数，默认为 1；RepeatDirection 属性值为 Vertical/Horizontal，选项的排列方向，默认是 Vertical；RepeatLayout 属性值为 Flow/Table，选项的排列方向，是平铺还是表格；OnSelectedIndexChanged 事件是改变选项时触发的事件过程。程序运行结果，如图 3.8 所示。

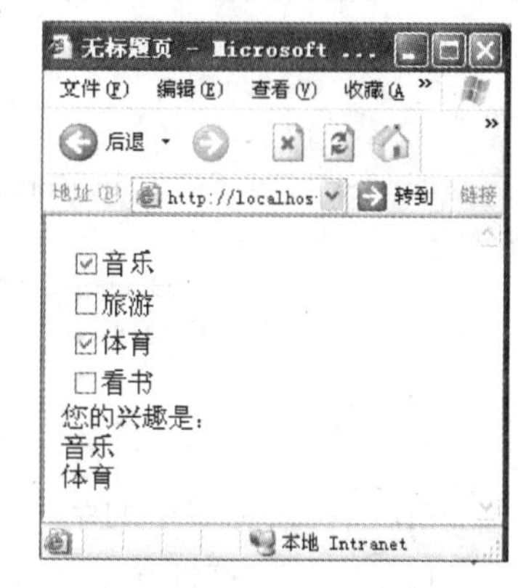

图 3.8　CheckBoxList 控件运行结果

```
<asp:CheckBoxList ID = "CheckBoxList1" runat = "server" AutoPostBack = "True"
OnSelectedIndexChanged = "CheckBoxList1_SelectedIndexChanged">
        <asp:ListItem>音乐</asp:ListItem>
        <asp:ListItem>旅游</asp:ListItem>
        <asp:ListItem>体育</asp:ListItem>
        <asp:ListItem>看书</asp:ListItem>
    </asp:CheckBoxList>
    <asp:Label ID = "Label3" runat = "server" Height = "54px" Width = "215px"></asp:Label>
protected void CheckBoxList1_SelectedIndexChanged(object sender, EventArgs e)
{
    int i;
    string str = "您的兴趣是:<br>";
    for (i = 0; i < CheckBoxList1.Items.Count; i++)
        if (CheckBoxList1.Items[i].Selected)
            str += CheckBoxList1.Items[i].Value + "<br>";
    Label3.Text = str;
}
```

10) RadioButton 控件和 RadioButtonList 控件

为用户提供从互相排斥的选项中进行选择的方法。RadioButton 控件与 CheckBox 控件相似，但在使用时通常与其他 RadioButton 控件组成一组，以提供一组相互排斥的选项，在一组中，每次只能选择一个单选按钮。RadioButtonList 控件与 CheckBoxList 控件相似，都提供一个单项选择列表，当有多个选项供用户进行单选时，使用 RadioButtonList 控件就很方便。

选择自己的职业：

```
< asp: RadioButtonList ID = " RadioButtonList1" runat = " server" AutoPostBack = " True"
OnSelectedIndexChanged = " RadioButtonList1 _ SelectedIndexChanged " RepeatDirection =
"Horizontal">
        < asp:ListItem >学生</asp:ListItem >
        < asp:ListItem >教师</asp:ListItem >
        < asp:ListItem >公务员</asp:ListItem >
    </asp:RadioButtonList >< br />
    < asp:Label ID = "Label4" runat = "server" Width = "228px"></asp:Label >
protected void RadioButtonList1_SelectedIndexChanged(object sender, EventArgs e)
{
    int i;
    for (i = 0; i < RadioButtonList1.Items.Count; i ++ )
    {
        if (RadioButtonList1.Items[i].Selected)
            Label4.Text = "您的职业是: " + RadioButtonList1.Items[i].Value;
    }
}
```

该程序在浏览器中的结果,如图 3.9 所示。

11）ListBox 控件和 DropDownList 控件

ListBox 控件提供的是单选或多重选择列表,允许用户从预定义的列表中选择一项或多项。使用 ListBox 控件时,只要改变它的 SelectionMode 属性值就能实现 CheckBoxList 控件和 RadioButtonList 控件的功能。ListBox 控件常用的属性和事件同 CheckBoxList 控件相似。属性 Rows 用于指定一次显示多少项。属性 SelectionMode,当设为 Single 时,表示单选；当设为 Multiple 时表示多选。如果将 ListBox 控件设置为多选,那么用户可以在按住 Ctrl 键或 Shift 键的同时,单击以选择多个项。DropDownList 控件是将选项显示为下拉列表框,并从中进行单项选择。该控件类似于 ListBox 控件。不同之处在于它是在框中显示选定项,同时还显示下拉按钮,若用户单击此按钮,将显示项的列表。在浏览器中结果,如图 3.10 所示。

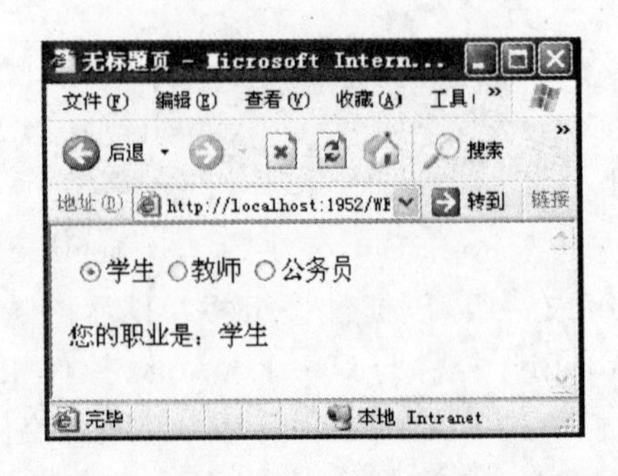

图 3.9 RadioButtonList 控件运行结果

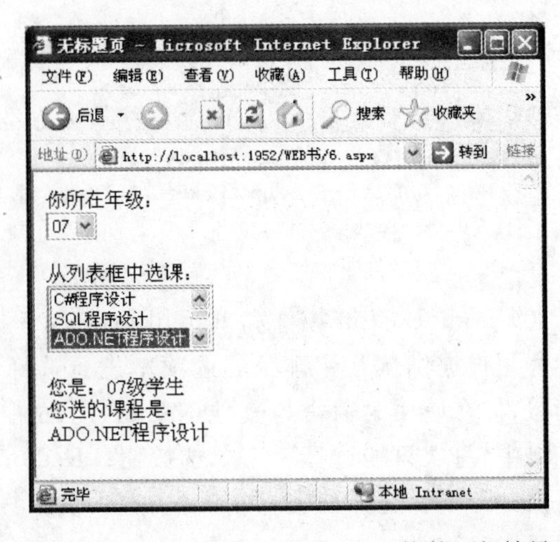

图 3.10 DropDownList、ListBox 控件运行结果

你所在年级：

```
< asp: DropDownList ID = " DropDownList1 " runat = " server " AutoPostBack = " True "
OnSelectedIndexChanged = "DropDownList1_SelectedIndexChanged">
    < asp:ListItem > 04 </asp:ListItem >
    < asp:ListItem > 05 </asp:ListItem >
    < asp:ListItem > 06 </asp:ListItem >
    < asp:ListItem > 07 </asp:ListItem >
</asp:DropDownList >< br />
```

从列表框中选课：

```
< asp:ListBox ID = "ListBox1" runat = "server" AutoPostBack = "True" OnSelectedIndexChanged =
"ListBox1_SelectedIndexChanged"
    Rows = "3" SelectionMode = "Multiple">
    < asp:ListItem > C# 程序设计</asp:ListItem >
    < asp:ListItem > SQL 程序设计</asp:ListItem >
    < asp:ListItem > ADO.NET 程序设计</asp:ListItem >
    < asp:ListItem > Web 程序设计</asp:ListItem >
    < asp:ListItem > Web 服务开发</asp:ListItem >
</asp:ListBox >< br />
< asp:Label ID = "Label5" runat = "server" Width = "161px"></asp:Label >< br />
< asp:Label ID = "Label6" runat = "server" Width = "159px"></asp:Label >
protected void DropDownList1_SelectedIndexChanged(object sender, EventArgs e)
{
    Label5.Text = "您是：" + DropDownList1.SelectedItem.Value + "级学生";
}
protected void ListBox1_SelectedIndexChanged(object sender, EventArgs e)
{
    string str = "";
    int i;
    for (i = 0; i < ListBox1.Items.Count; i ++ )
        if (ListBox1.Items[i].Selected)
            str += ListBox1.Items[i].Value + "  ";
    Label6.Text = "您选的课程是：" + str;
}
```

12）Table 控件

创建通用表。每个 Table 控件包含一个或多个 TableRow 对象。依次地，每个 TableRow 对象包含一个或多个 TableCell 对象。而每个 TableCell 对象中又包含其他的 HTML 或服务器控件。向 Table 控件动态添加行和列。程序在浏览器中运行结果，如图 3.11 所示。

```
输入表的行数：< asp:TextBox ID = "TextBox1" runat = "server"></asp:TextBox >< br />
输入表的列数：< asp:TextBox ID = "TextBox2" runat = "server"></asp:TextBox >< br />
< asp:Button ID = "Button1" runat = "server" Text = "生成表" OnClick = "Button1_Click" />
< asp:Table ID = "Table1" runat = "server" GridLines = "Both">
</asp:Table >
protected void Button1_Click(object sender, EventArgs e)
{
    int a, b, c, d;
    a = int.Parse(TextBox1.Text);
    b = int.Parse(TextBox2.Text);
```

```
            for(c = 1;c <= a;c ++ )
            {
                TableRow tr = new TableRow();
                Table1.Rows.Add(tr);
                for(d = 1;d <= b;d ++ )
                {
                  TableCell td = new TableCell();
                   td.Text = "第" + c + "行" + "第" + d + "列";
                     tr.Cells.Add(td);
                }
            }
        }
```

(1) 添加行，创建新的 TableRow 类型的对象。

```
TableRow tRow = new TableRow();
Table1.Rows.Add(tRow);
```

(2) 向行添加列，创建一个或多个 TableCell 类型的对象。

```
TableCell tCell = new TableCell();
tRow.Cells.Add(tCell);
```

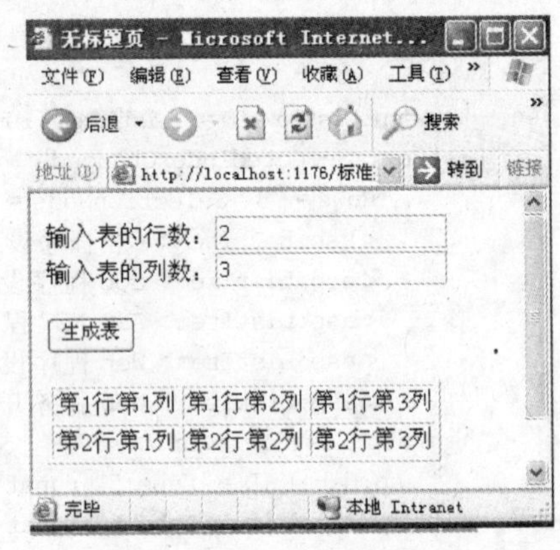

图 3.11 Table 控件运行结果

(3) 向新的单元格添加内容。

```
tCell.Text = "Row" + rowCtr + ",Cell" + cellCtr;
```

int.Parse 将输入的内容转换为整型。

13) Calendar 控件

它是日历控件，负责在页面上显示日历并接受用户选择日期的操作。当需要在网页中显示日期或者需要用户输入或确认日期时，就需要这样一个控件。和 AdRotator 控件相比，它是一个有更多功能的多信息控件，提供了多个属性、方法和事件。

使用 Calendar 控件可以有 4 种基本日期获取模式，以指定用户在控件中选定日、周或某个月份。通过控件的 SelectionMode 属性来实现。Day 表示用户只能选择一天；DayWeek 表示用户可以选择一天或一周；DayWeekMonth 表示用户可以选择一天、一周或一月；None 表示用户不能选择。

BackColor "日历"控件的背景颜色。

Day 月份中当前所选的日期。

DayFont 用于在"日历"控件中显示一星期内日期的字体。

DayFontColor 用于显示一星期内日期的颜色。

DayLength 用于显示一星期内日期的格式。

FirstDay 在"日历"控件中所显示的每星期的第一天。

GridCellEffect 用于日历的显示效果。

GridFont 用于在网格中显示的每月日期的字体。

GridFontColor 用于显示每月日期的字体颜色。

GridLinesColor "日历"控件的网格线颜色，并且它的 GridCellEffect 属性设置成"平面"(0)。

Month 在“日历”控件中显示的当前月。

MonthLength 用于显示一年中月份的格式。

ShowDateSelectors 月和年日期选定器的可见性。

ShowDays 每星期内日期的可见性。

ShowHorizontalGrid“日历”控件的水平网格线的可见性。在 GridCellEffect 属性设置成“平面”的情况下有效。

ShowTitle 月/年标题的可见性。

ShowVerticalGrid“日历”控件的垂直网格线的可见性。在 GridCellEffect 属性设置成“平面”的情况下有效。

TitleFont 用于显示日历网格上的月/年标题的字体。

TitleFontColor 用于显示月/年标题所使用的颜色。

Value 与“日历”控件中所选定的日期相对应的日期值。

ValueIsNull 当前日期外观的突出显示或不突出显示。

Year 当前选定的年份。

举例：日期获取模式的选择。

用下拉列表框选取获取日期的模式。程序运行结果，如图 3.12 所示。

```
<asp:DropDownList ID = "DropDownList1" runat = "server" Width = "300px" AutoPostBack = "True">
        <asp:ListItem Value = "None"></asp:ListItem>
        <asp:ListItem Value = "Day" Selected = "True"></asp:ListItem>
        <asp:ListItem Value = "DayWeek"></asp:ListItem>
        <asp:ListItem Value = "DayWeekMonth"></asp:ListItem>
    </asp:DropDownList><br />
<asp:Calendar ID = "Calendar1" runat = "server" BackColor = "#FFFFC0" BorderColor = "Red"
BorderWidth = "2px" CellSpacing = "2" Height = "213px" Width = "299px" NextMonthText = "下个月"
OnSelectionChanged = "Calendar1_SelectionChanged" PrevMonthText = "上个月"></asp:Calendar>
<br />
<asp:Label ID = "Label1" runat = "server" Height = "102px" Width = "309px"></asp:Label>
```

代码隐藏页里：

```
protected void Page_Load(object sender, EventArgs e)
{
    Calendar1.SelectionMode = (CalendarSelectionMode)DropDownList1.SelectedIndex;
    if (Calendar1.SelectionMode == CalendarSelectionMode.None)
        Calendar1.SelectedDates.Clear();
}
protected void Calendar1_SelectionChanged(object sender, EventArgs e)
{
    Label1.Text = "当前选择的日期是";
    //只显示一天
    Label1.Text += Calendar1.SelectedDate.ToLongDateString();
    //显示所选的每一天
    int i;
    for (i = 0; i< Calendar1.SelectedDates.Count; i++)
        Label1.Text += Calendar1.SelectedDates[i].ToLongDateString();
    //显示所选的第一天——最后一天
```

```
    Label1.Text += Calendar1.SelectedDates[0].ToLongDateString() + "--" + Calendar1
.SelectedDates[Calendar1.SelectedDates.Count - 1].ToLongDateString();
}
```

图 3.12 Calendar 控件运行结果

14) Image 控件和 ImageMap 控件

Image 控件用于在网页中显示图像，可将控件的 ImageUrl 属性设置为一个 gif、.jpg 或其他 Web 图形文件的 URL。和大多数其他服务器控件不同，Image 控件不支持任何事件，如不响应鼠标单击事件。如果需要创建交互式图像，可以通过 ImageButton 或 ImageMap 控件来实现。ImageMap 控件是图片地图控件，可以在一幅图片上设置很多热区，当用户单击不同热区时会有不同的反应，既可以让用户通过单击热区跳转到不同的 URL，也可以让用户通过单击热区运行不同的服务器代码。可以使用这个控件来制作网站地图、游戏地图和流程图等。

ImageMap 控件主要包括 ImageUrl、HotSpotMode 和 HotSpots 等属性，以及一个 Click 事件。

(1) ImageUrl 属性用于获取或设置图片的 URL。

(2) HotSpotMode 属性用于获取或设置单击热区后的默认行为方式，包括以下几点。

NotSet：默认项，指定定向操作，即链接到指定的 URL 地址。

Navigate：定向操作项，链接到指定的 URL 地址。

PostBack：回传操作项，单击热区后，将触发控件的 Click 事件。

Inactive：无任何操作，即此时形同一张没有热区的普通图片。

(3) HotSpots 属性表示作用点控件集合，有 3 种类型的作用点(CircleHotSpot、RectangleHotSpot 和 PolygonHotSpot)，对于每个作用点要定义其形状，指定作用点的位置和大小的坐标。

(4) Click 事件指定在用户单击 ImageMap 控件上的某个作用点时发生的事件。

```
请选择喜欢的网站投票：<br />
<asp:ImageMap ID = "ImageMap1" runat = "server" Height = "130px" HotSpotMode = "Navigate"
    ImageUrl = "~/images/hotspot.bmp" OnClick = "ImageMap1_Click" Width = "200px">
<asp:RectangleHotSpot Bottom = "65" NavigateUrl = "~/1.aspx" Right = "155" />
<asp:RectangleHotSpot Bottom = "130" NavigateUrl = "~/2.aspx" Right = "155" Top = "65" />
<asp:RectangleHotSpot Bottom = "65" HotSpotMode = "PostBack" Left = "155"PostBackValue = "新
浪" Right = "200" />
<asp:RectangleHotSpot Bottom = "130" HotSpotMode = "PostBack" Left = "155"
            PostBackValue = "和讯" Right = "200" Top = "65" />
</asp:ImageMap><br />
<asp:Label ID = "Label7" runat = "server" Height = "69px" Width = "213px"></asp:Label>
protected void ImageMap1_Click(object sender, ImageMapEventArgs e)
{
    int arcount = ((ViewState["arcount"]!= null)?(int)ViewState["arcount"]:0);
    int cacount  =  ((ViewState["cacount"] != null) ? (int)ViewState["cacount"] : 0);
    if (e.PostBackValue.Contains("新浪"))
    {
        arcount += 1;
        Label7.Text = "新浪的点击数是: " + arcount + "<br>" + "和讯的点击数是: " +
        cacount;
    }
    else if (e.PostBackValue.Contains("和讯"))
    {
        cacount += 1;
        Label7.Text = "新浪的点击数是: " + arcount + "<br>" + "和讯的点击数是: " +
        cacount;
    }
    ViewState["arcount"] = arcount;
    ViewState["cacount"] = cacount;
}
```

ImageMap控件中定义了4个矩形热区。当用户单击上下两个“新浪”和“和讯”的图标时，会自动链接到指定的URL。当用户单击“投票”热区时，会触发控件的Click事件，根据“投票”热区定义的PostBackValue值，进行投票数的统计，并将结果在Label控件中显示出来。程序运行结果，如图3.13所示。

图3.13　ImageMap控件运行结果

15）MultiView控件和View控件

View控件是视图控件，MultiView控件是多视图控件，两个控件都属于容器控件，通常一起使用，提供一种可以方便显示信息的替换视图的方式。View控件是一个Web控件的容器，其中包含了任何需要显示在页面中的内容，如HTML代码、服务器控件等。而MultiView控件是为了显示View控件而定制的工具，包含多个View控件，可以在一个页面上设置几个View控件，以显示不同的视图，但页面一次只能显示一个视图，通过MultiView控件来选择把什么样的视图呈现给用户。

```
public enum searchtype
{
    name = 0,
    number = 1
}
protected void RadioButton_CheckedChanged(object sender, EventArgs e)
{
    if (RadioButton1.Checked)
        MultiView1.ActiveViewIndex = (int)searchtype.name;
    else if (RadioButton2.Checked)
        MultiView1.ActiveViewIndex = (int)searchtype.number;
}
```

```
根据姓名或学号查询成绩：<br />
<asp:RadioButton ID = "RadioButton1" runat = "server" AutoPostBack = "True" GroupName =
"search"  Text = "姓名" OnCheckedChanged = "RadioButton_CheckedChanged" />
<asp:RadioButton ID = "RadioButton2" runat = "server" AutoPostBack = "True" GroupName =
"search" Text = "学号" OnCheckedChanged = "RadioButton_CheckedChanged" />
<asp:MultiView ID = "MultiView1" runat = "server">
<asp:View ID = "View1" runat = "server">
   输入您的姓名：<asp:TextBox ID = "TextBox3" runat = "server"></asp:TextBox>
</asp:View><br />
<asp:View ID = "View2" runat = "server">
       输入您的学号：<asp:TextBox ID = "TextBox4" runat = "server"></asp:TextBox>
</asp:View>
</asp:MultiView>
```

通过 RadioButton_CheckedChanged 事件来设置 ActiveViewIndex 属性来显示选定的 View 控件。MultiView 控件就像一个综合容器，里面可以包含很多 View 控件，可以将不同的视图封装在不同的 View 控件中，呈现给用户不同视图，再用 MultiView 控件将这些 View 控件包含起来，根据用户的选择决定呈现怎样的视图。程序运行结果，如图 3.14 所示。

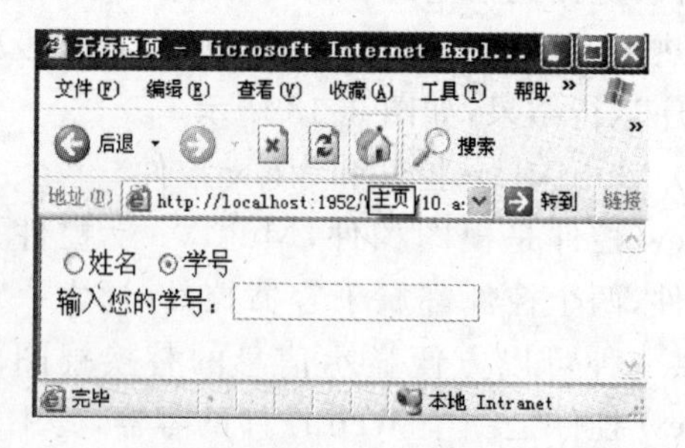

图 3.14　MultiView、View 控件运行结果

16) Wizard 控件

可以使用分离的步骤来收集用户输入数据，即允许用户在各步骤之间自主导航，从而获得更完美的用户体验。不必担心如何跨页保存数据的问题，Wizard 控件会在用户完成各个步骤时自动维护状态。

（1）向导步骤：Wizard控件使用多个步骤来描绘用户数据输入的不同部分。该控件内的每个步骤均会给定一个StepType，用于指示这一步骤是开始步骤、中间步骤还是完成步骤。向导可以根据需要带有任意数量的中间步骤。可以添加不同的控件来收集用户输入。当到达Complete步骤时，所有数据都可供访问。

（2）向导导航：Wizard控件具有线性导航和非线性导航的功能。该控件的状态管理功能允许用户在各个步骤之间前后移动，并且在显示有侧栏的情况下，还允许用户在任何时候任意选择步骤。通过使用StepNextButtonText、StepPreviousButtonText和FinishCompleteButtonText属性，可以自定义该控件的根asp：Wizard元素中用于导航的文本。

```
<asp:Wizard ID = "Wizard1" runat = "server" ActiveStepIndex = "0" Height = "134px" Width = "
421px" OnFinishButtonClick = "Wizard1_FinishButtonClick">
    <WizardSteps>
      <asp:WizardStep runat = "server" Title = "Step 1"><br />
      你喜欢的颜色: <asp:TextBox ID = "TextBox5" runat = "server"></asp:TextBox>
      </asp:WizardStep>
      <asp:WizardStep runat = "server" Title = "Step 2">
      你喜欢的样式: <asp:TextBox ID = "TextBox6" runat = "server"></asp:TextBox>
      </asp:WizardStep>
    <asp:WizardStep runat = "server" EnableViewState = "False" StepType = "Complete" Title =
"Step 3">
        <asp:Label ID = "Label9" runat = "server" Text = "label" />
    </asp:WizardStep>
  </WizardSteps>
</asp:Wizard>
protected void Wizard1_FinishButtonClick (object sender, EventArgs e)

    Label9.Text = "你选择的颜色是: " + TextBox5.Text + "<br>你选择的样式是: " +
TextBox6.Text;
}
```

程序运行第一步Step1时，在TextBox1中填入你喜欢的颜色，如图3.15所示。当单击“下一步”按钮时跳到第二步Step2中，在TextBox2中填入你喜欢的样式，如图3.16所示。当单击“完成”按钮时跳转页面，如图3.17所示。

图3.15 Wizard控件Step1设计视图

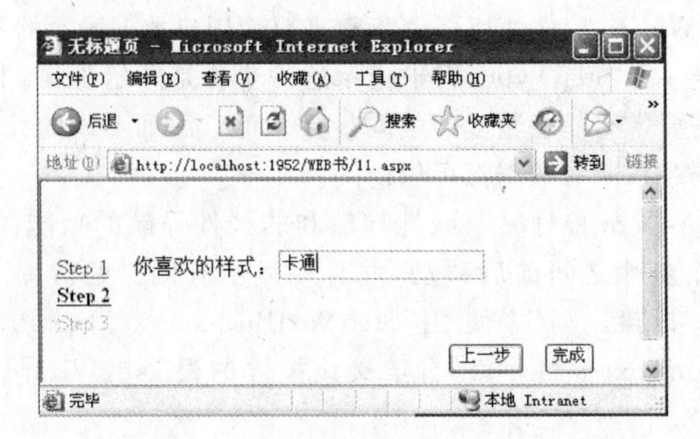

图 3.16 Wizard 控件 Step2 设计视图

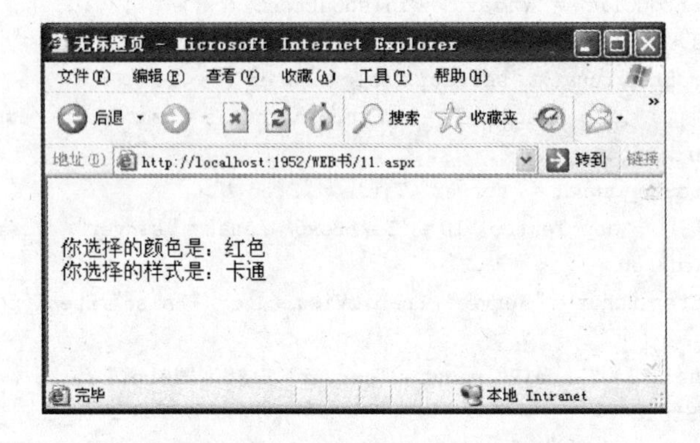

图 3.17 Wizard 控件最后显示的视图

17) BulletedList 控件

使用 BulletedList 服务器控件可以创建无序或有序(编号的)的项列表，它们分别呈现为 HTML ul 和 ol 元素。若要在该列表中指定单个项，在 BulletedList 控件的开始标记和结束标记之间为每个列表项放置一个 ListItem 控件。可以指定项、项目符号或编号的外观，静态定义列表项或通过将控件绑定到数据来定义列表项，也可以在用户单击项时作出响应。可以通过将控件的 AppendDataBoundItems 属性设置为 true，将静态列表项与绑定数据的列表项组合起来。

为 BulletedList 控件定义项时，要定义两个属性：Text 属性和 Value 属性。Text 属性定义控件在页上显示的内容。Value 属性定义第二个值，该值不会显示，但可能希望在用户选择某个项时能返回该值。BulletedList 控件可呈现项目符号或编号，具体取决于 BulletStyle 属性的设置。通过设置 FirstBulletNumber 属性，还可以为序列指定一个起始编号。

BulletedList 控件可以通过以下任一方式显示列表项。

(1) 静态文本：由控件所显示的文本不是交互式的。

(2) T:System.Web.UI.WebControls.HyperLink 控件，用户可以单击链接定位到其他页。必须提供一个目 URL 作为单个项的 Value 属性。

(3) LinkButton 控件：用户可以单击单个项，然后控件将执行一次回发。

```
<asp:BulletedList ID = "BulletedList1" runat = "server" BulletStyle = "UpperAlpha" DisplayMode =
"HyperLink">
            <asp:ListItem Value = "Calendar.aspx">日历</asp:ListItem>
            <asp:ListItem Value = "AdRotator.aspx">广告</asp:ListItem>
</asp:BulletedList>
```

如果将 BulletedList 控件配置为将单个项显示为 LinkButton 控件，则当用户单击某项时，该控件会执行一次回发。回发将引发 BulletedList 控件的 Click 事件，可以在其中提供逻辑以执行特定于应用程序的任务。该事件将为用户传递所单击的项的索引号。

在事件处理程序中，获取传递给处理程序的 BulletedListEventArgs 值的 Index 属性。使用索引从控件中获取合适的项，然后获取该项的 Text 和 Value 属性。

```
protected void BulletedList1_Click(object sender, BulletedListEventArgs e)
{
    ListItem li = BulletedList1.Items[e.Index];
    Label1.Text = "You selected = " + li.Text + ", with value = " + li.Value;
}
```

18) FileUpload 控件

使用 FileUpload 控件，可以为用户提供一种将文件从用户的计算机发送到服务器的方法。该控件在允许用户上传图片、文本文件或其他文件时很有用。用户选择要上传的文件并提交页面后，该文件作为请求的一部分上传。文件将被完整地缓存在服务器内存中。文件完成上传后，页代码开始运行。

对上传文件的保存位置，没有固有限制。但是，若要保存文件，ASP.NET 进程必须具有在指定位置创建文件的权限。将应用程序配置为要求使用绝对路径（而不是相对路径）来保存文件，这是一种安全措施。如果 httpRuntime 元素配置的 requireRootedSaveAsPath 属性设置为 true，则在保存上传的文件时必须提供绝对路径。可上传的最大文件的大小取决于 MaxRequestLength（以 KB 为单位）配置设置的值。如果用户试图上传大于最大允许值的文件，则上传会失败。

通过测试 FileUpload 控件的 HasFile 属性，检查该控件是否有上传的文件。检查该文件的文件名或类型以确保用户已上传了您要接收的文件。若要检查类型，获取作为 FileUpload 控件的 PostedFile 属性公开的 HttpPostedFile 对象。然后，通过查看已发送文件的 ContentType 属性，就可以获取该文件的类型。将该文件保存到指定的位置。可以调用 HttpPostedFile 对象的 SaveAs 方法。

在 web.config 文件中设置，表示上传文件的大小不大于 50MB。

```
        <system.web>
        <httpRuntime maxRequestLength = "51200"/>
        </system.web>
<asp:Label ID = "Label1" runat = "server" Text = "Label" ></asp:Label>
<asp:FileUpload ID = "FileUpload1" runat = "server" /><br />
<asp:Button ID = "Button1" runat = "server" Text = "Button" /><br />
protected void Page_Load(object sender, EventArgs e)
    {
        if (IsPostBack)
```

```
    {
        Boolean fileOK = false;
        String path = Server.MapPath("Upload/");
        if (FileUpload1.HasFile)
        {
            String fileExtension = Path.GetExtension(FileUpload1.FileName).ToLower();
            String[] allowedExtensions = { ".gif", ".png", ".jpeg", ".jpg", ".bmp" };
            for (int i = 0; i < allowedExtensions.Length; i++)
            {
                if (fileExtension == allowedExtensions[i])
                {
                    fileOK = true;
                }
            }
        }
        if (fileOK)
        {
            try
            {
                FileUpload1.PostedFile.SaveAs(path + FileUpload1.FileName);
                Label1.Text = "File uploaded!";
            }
            catch(Exception ex)
            {
                Label1.Text = "File could not be uploaded.";

            }
        }
        else
        {
            Label1.Text = "Cannot accept files of this type.";
        }
    }
}
```

19）HiddenField 控件

该控件可以在 ASP.NET 网页中保留信息而不向用户显示这些信息。该控件提供了一种在页面中存储信息但不显示信息的方法。控件中的信息在回发期间可用。这些信息在该页之外无法保留。当浏览器呈现页面时，不会显示控件中的信息，但用户可以通过查看页面的源文件看到此控件的内容。因此，不要在控件中存储敏感信息，如用户 ID、密码或信用卡信息。在页面回发到服务器之前，用户可以更改控件的值，这可能会危及信息的安全。如果在两次回发之间控件的值发生了更改，则控件会引发 ValueChanged 事件。如果控件的值包含敏感信息，或者这些值是应用程序正常运行所必需的，就应该为此页面上的所有控件处理此事件。

20）Literal 控件

控件可在无须添加任何 HTML 元素的情况下将静态文本呈现在网页上。可以通过服务器代码以编程方式控制文本。只有在需要更改服务器代码中的内容时才应使用该控件。可以将该控件作为页面上其他内容的容器。Literal 最常用于向页面中动态添加内容。

Literal 控件与 Label 控件的区别在于 Literal 控件不向文本中添加任何 HTML 元素。(Label 控件呈现一个 span 元素)。Panel 和 Placeholder 控件呈现为 div 元素,这将在页面中创建离散块,与 Label 和 Literal 控件进行内嵌呈现的方式不同。通常情况下,当希望文本和控件直接呈现在页面中而不使用任何附加标记时,可使用 Literal 控件。

Literal 控件支持 Mode 属性,该属性用于指定控件对用户所添加的标记的处理方式。可以将 Mode 属性设置为以下值。

(1) Transform:添加到控件中的任何标记都将进行转换,以适应请求浏览器的协议。如果向使用 HTML 外的其他协议的移动设备呈现内容,此设置非常有用。

(2) PassThrough:添加到控件中的任何标记都将按原样呈现在浏览器中。

(3) Encode:添加到控件中的任何标记都将使用 HtmlEncode 方法进行编码,该方法将把 HTML 编码转换为其文本表示形式。

下面的示例显示如何以编程方式设置 Literal 控件的文本和编码。该页包含一组单选按钮,允许用户在编码文本和传递文本之间选择。

```
<asp:RadioButton ID = "RadioButton1" runat = "server" AutoPostBack = "True" Checked = "True"
            GroupName = "LiteralMode" Text = "Encode" />
<asp: RadioButton  ID = " RadioButton2 "  runat = " server "  AutoPostBack = " True "  GroupName =
"LiteralMode"
            Text = "PassThrough" /><br />
<asp:Literal ID = "Literal1" runat = "server"></asp:Literal>
protected void Page_Load(object sender, EventArgs e)
    {
        Literal1.Text  =  "This <b> text </b>  is inserted dynamically.";
        if (RadioButton1.Checked  ==  true)
            Literal1.Mode  =  LiteralMode.Encode;
        if (RadioButton2.Checked  ==  true)
            Literal1.Mode  =  LiteralMode.PassThrough;
    }
```

21) Panel 控件

该控件在页面上作为其他控件的容器。通过将多个控件放入 Panel 控件,可将它们作为一个单元进行控制,例如,隐藏或显示它们。还可以使用 Panel 控件为一组控件创建独特的外观。可以通过设置面板的 Visible 属性来隐藏或显示该面板中的一组控件。有些控件(如 TreeView 控件)没有内置的滚动条。通过在 Panel 控件中放置滚动条控件,可以添加滚动行为。若要向 Panel 控件添加滚动条,设置 Height 和 Width 属性,将 Panel 控件限制为特定的大小,然后再设置 ScrollBars 属性(面板滚动条外观)。

可使用 Panel 控件在页上创建具有自定义外观和行为的区域。

(1) 创建一个带标题的分组框,可设置 GroupingText 属性来显示标题。呈现页时,Panel 控件的周围将显示一个包含标题的框,其标题是用户指定的文本。不能在 Panel 控件中同时指定滚动条和分组文本。如果设置了分组文本,其优先级高于滚动条。

(2) 在页上创建具有自定义颜色或其他外观的区域,Panel 控件支持外观属性(例如 BackColor 和 BorderWidth),可以设置外观属性为页上的某个区域创建独特的外观。设置 GroupingText 属性将自动在 Panel 控件周围呈现一个边框。程序运行结果,如图 3.18

所示。

```
<asp:Panel ID = "Panel1" runat = "server" Height = "92px" Width = "430px">
    请输入用户名: <asp:TextBox ID = "TextBox1" runat = "server"></asp:TextBox><br />
    请输入密码:   <asp:TextBox ID = "TextBox2" runat = "server"></asp:TextBox><br />
    请输入确认密码: <asp:TextBox ID = "TextBox3" runat = "server"></asp:TextBox><br />
    <asp:Button ID = "Button2" runat = "server" OnClick = "Button2_Click" Text = "下一步" />
</asp:Panel>
<asp:Panel ID = "Panel2" runat = "server" GroupingText = "你好" Height = "77px" ScrollBars =
"Both"
        Visible = "False" Width = "406px">
    <asp:Label ID = "Label2" runat = "server" Height = "25px" Text = "Label" Width = "418px">
    </asp:Label>
</asp:Panel>
    protected void Button2_Click(object sender, EventArgs e)
    {
        string str;
        str = TextBox1.Text + "<br>" + TextBox2.Text + "<br>" + TextBox3.Text;
        Panel1.Visible = false;
        Panel2.Visible = true;
        Label2.Text = str;
    }
```

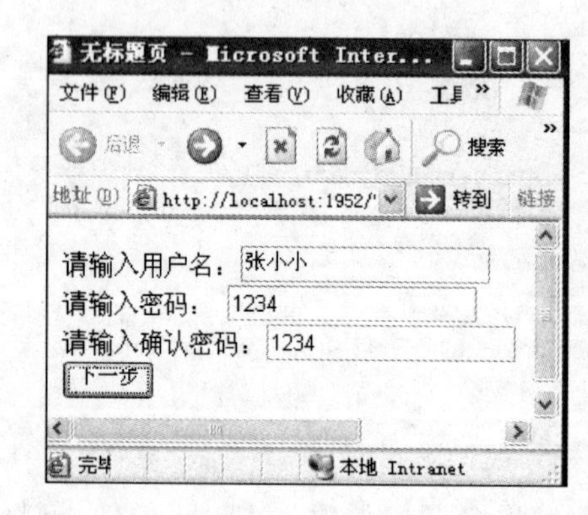

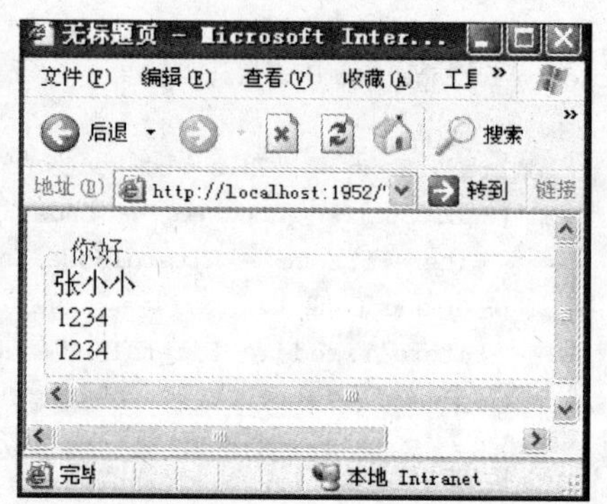

图 3.18 Panel 控件运行结果

22) PlaceHolder 控件

PlaceHolder 控件使您可以将空容器控件放置到页上,然后在运行时动态添加、删除或依次通过子元素。该控件只呈现其子元素,它不具有自己的基于 HTML 的输出。在运行时向 PlaceHolder 控件添加子控件,创建要添加到 PlaceHolder 控件中的某个控件的实例。调用 PlaceHolder 控件的 Controls 属性的 Add 方法,并将在上一步中所创建的实例传递给它。下面演示如何添加两个 Button 控件作为 PlaceHolder 控件的子级。此代码还添加了 Literal 控件,以便在按钮之间添加一个
标记。

```
<asp:PlaceHolder ID = "PlaceHolder1" runat = "server" Visible = "False"></asp:PlaceHolder>
protected void Page_Load(object sender, EventArgs e)
{
    Button Button1 = new Button();
    Button1.Text = "Button 1";
```

```
    PlaceHolder1.Controls.Add(Button1);
    Literal Literal1 = new Literal();
    Literal1.Text = "<br>";
    PlaceHolder1.Controls.Add(Literal1);
    Button Button2 = new Button();
    Button2.Text = "Button 2";
    PlaceHolder1.Controls.Add(Button2);
    PlaceHolder1.Visible = true;
}
```

23）Substitution 控件

用在配置为需要进行缓存的 ASP.NET 网页上。该控件允许用户在页上创建一些区域，这些区域可以用动态方式进行更新，然后集成到缓存页。

缓存某个 ASP.NET 页时，默认情况下会缓存该页的全部输出。在第一次请求时，该页将运行并缓存其输出。对于后续的请求，将通过缓存来完成，该页上的代码不会运行。可以使用 Substitution 控件将动态内容插入到缓存页中。Substitution 控件不会呈现任何标记。

使用 Substitution 控件在缓存页上创建动态更新的内容。页的 Load 事件中的代码用当前时间来更新 Label 控件。因为页的缓存持续时间已设置为 60 秒，所以 Label 控件的文本不会更改，即使在 60 秒的时间内多次请求了该页。页上的 Substitution 控件调用静态方法 GetTime，该方法将以字符串的形式返回当前时间。每次刷新页时，Substitution 控件表示的值都会更新。

OutputCache 指示将页放入缓存，参数 Duration 设置以秒为单位的缓存有效期，VaryByParam 设置缓存随查询字符串中的名称/值对值变化的请求。

```
<%@ OutputCache Duration = 60 VaryByParam = "None" %>
<asp:Label ID = "Label1" runat = "server" Height = "28px" Width = "264px"></asp:Label><br />
<asp:Substitution ID = "Substitution1" runat = "server" MethodName = "GetTime" />
<asp:Button ID = "Button1" runat = "server" Text = "Button" />
protected void Page_Load(object sender, EventArgs e)
{
    Label1.Text = DateTime.Now.ToString();
}
public static String GetTime(HttpContext context)
{
    return DateTime.Now.ToString();
}
```

编译指令 OutputCache 指示页被缓存 60 秒，VaryByParam 的值为 none 表示该页不随任何 GET 或 POST 参数而改变。在缓存有效期内对该页的请求由缓存服务，60 秒后从缓存中移除该页，将显式处理下一个请求并再次缓存页。就本例而言，在缓存 60 秒内无论如何刷新，当前时间都不会改变，这充分说明在缓存期内页并没有真正执行，它只是直接将缓存页读取出来以响应客户端的请求。只有当缓存过期后再次请求时页才会重新被执行并生成新的当前时间。参数 VaryByParam 的值是 name，作用是指示页根据 name 值进行缓存处理。

24）XML 控件

读取 XML 并将其写入该控件所在位置的 Web 窗体页。如果将 XSL 转换（XSLT）应用到 XML，则最终转换的输出将呈现在 Web 窗体页中。

XML 和 XSLT 信息可以在外部文档中，或者可以内联方式包括 XML。有两种方式可以通过使用 XML Web 服务器控件中的属性设置来引用外部文档。可以在控件标记中提供 XML 文档的路径，或者将 XML 和 XSLT 文档作为对象加载，然后将它们传递到控件上。如果喜欢以内联方式包括 XML，在控件的开始和结束标记之间写入 XML。若要在网页中显示 XML 信息，需要提供格式设置和显示信息。另外，必须说明 XML 文件中的数据如何适当地放入这些标记中。

使用 Xml 服务器控件显示使用 XSL 转换的 XML 信息。具有以下对象：包含多个虚构电子邮件的 XML 文件；两个 XSL 转换：一个只显示电子邮件的日期、发件人和主题；另一个显示整个电子邮件。该页包含一个“仅标题”复选框，该复选框是默认选中的。因此，默认的转换只显示电子邮件的标题。如果用户清除该复选框，则重新显示具有完整电子邮件内容的 XML 信息。

（1）创建 XML 且文件名为 Emails.xml。

```
<?xml version = "1.0" encoding = "utf - 8" ?>
< MESSAGES >
  < MESSAGE id = "101">
    < TO >张三</TO >
    < FROM >李四</FROM >
    < DATE > 04 March 2008 </DATE >
    < SUBJECT >你好</SUBJECT >
    < BODY >你好吗?</BODY >
  </MESSAGE >
  < MESSAGE id = "102">
    < TO >李四</TO >
    < FROM >张三</FROM >
    < DATE > 04 March 2008 </DATE >
    < SUBJECT >我很好</SUBJECT >
    < BODY >我很好,你好吗?</BODY >
  </MESSAGE >
  < MESSAGE id = "103">
    < TO >张三</TO >
    < FROM >李四</FROM >
    < DATE > 05 March 2008 </DATE >
    < SUBJECT > re: 我很好</SUBJECT >
    < BODY >我也很好,谢谢关心!</BODY >
  </MESSAGE >
</MESSAGES >
```

（2）将两个 XSL 转换添加到您的项目中。创建 Email_headers.xslt。

```
<?xml version = '1.0'?>
< xsl:stylesheet xmlns:xsl = "http://www.w3.org/1999/XSL/Transform" version = "1.0">
< xsl:template match = "/">
< HTML >
```

```
<BODY>
<TABLE cellspacing="3" cellpadding="8">
    <TR bgcolor="#AAAAAA">
        <TD class="heading"><B>Date</B></TD>
        <TD class="heading"><B>From</B></TD>
        <TD class="heading"><B>Subject</B></TD>
    </TR>
    <xsl:for-each select="MESSAGES/MESSAGE">
    <TR bgcolor="#DDDDDD">
        <TD width="25%" valign="top">
          <xsl:value-of select="DATE"/>
        </TD>
        <TD width="20%" valign="top">
          <xsl:value-of select="FROM"/>
        </TD>
        <TD width="55%" valign="top">
          <B><xsl:value-of select="SUBJECT"/></B>
        </TD>
    </TR>
    </xsl:for-each>
</TABLE>
</BODY>
</HTML>
</xsl:template>
</xsl:stylesheet>
```

(3) 创建 Email_all. xslt 文件。

```
<?xml version="1.0" encoding="utf-8" ?>
<xsl:stylesheet xmlns:xsl="http://www.w3.org/1999/XSL/Transform" version="1.0">
  <xsl:template match="/">
    <HTML>
      <BODY>
        <FONT face="Verdana" size="2">
          <TABLE cellspacing="10" cellpadding="4">
            <xsl:for-each select="MESSAGES/MESSAGE">
              <TR bgcolor="#CCCCCC">
                <TD class="info">
                  Date: <B>
                    <xsl:value-of select="DATE"/>
                  </B><BR></BR>
                  To: <B>
                    <xsl:value-of select="TO"/>
                  </B><BR></BR>
                  From: <B>
                    <xsl:value-of select="FROM"/>
                  </B><BR></BR>
                  Subject: <B>
                    <xsl:value-of select="SUBJECT"/>
                  </B><BR></BR>
                  <BR></BR><xsl:value-of select="BODY"/>
```

```
                </TD>
              </TR>
            </xsl:for-each>
          </TABLE>
        </FONT>
      </BODY>
    </HTML>
  </xsl:template>
</xsl:stylesheet>
```

向窗体页添加 Xml 控件，设置 DocumentSource 值为～/App_Data/Emails.xml，设置 TransformSource 值为～/App_Data/Email_headers.xslt，这将使 XML 控件在默认情况下只显示电子邮件标题。将一个 CheckBox 控件拖到 XML 控件之上的窗体中。设置 CheckBox 控件的 Text 属性为“仅标题”，Checked 属性为 True，AutoPostBack 属性为 True。双击 CheckBox 控件，进入处理程序，名为 CheckBox1_CheckedChanged。添加根据复选框的状态在 Email_headers.xslt 和 Email_all.xslt 之间转换的代码。

```
<asp:CheckBox ID="CheckBox1" runat="server" AutoPostBack="True" Checked="True"
OnCheckedChanged="CheckBox1_CheckedChanged" Text="仅标题" /><br />
<asp:Xml ID="Xml1" runat="server" DocumentSource="～/App_Data/Emails.xml"
TransformSource="～/App_Data/Email_headers.xslt"></asp:Xml>
protected void CheckBox1_CheckedChanged(object sender, EventArgs e)
{
    if (CheckBox1.Checked)
    {
        Xml1.TransformSource = "～/App_Data/email_headers.xslt";
    }
    else
    {
        Xml1.TransformSource = "～/App_Data/email_all.xslt";
    }
}
```

将 XML Web 服务器控件添加到页中要显示输出的位置。

有 3 种方式将 XML 数据加载到 XML Web 服务器控件中：

(1) 使用 DocumentSource 属性，提供外部 XML 文档的路径。

(2) 将 XML 文档作为 XmlDocument 对象加载，并将其传递给控件。方法是使用 Load 方法事件，并将文档指定给 XML 控件的 Document 属性。

(3) 以内联方式在控件的开始和结束标记之间包括 XML 内容。

将 XML 文档作为对象加载并将其传递到控件上。向 Web 窗体页添加一个 XML 控件，添加代码以加载 XML 源文档，并且将该源文档分配给控件的 Document 属性。例如，

```
private void Page_Load(object sender, System.EventArgs e)
    {
    System.Xml.XmlDocument doc = new System.Xml.XmlDocument();
    doc.Load(Server.MapPath("～/App_Data/Emails.xml"));
    System.Xml.Xsl.XslTransform trans = new System.Xml.Xsl.XslTransform();
    trans.Load(Server.MapPath("～/App_Data/Email_headers.xslt"));
```

```
        Xml2.Document = doc;
        Xml2.Transform = trans;
    }
```

以内联方式包括 XML 内容。向 Web 窗体页添加一个 XML 控件，查找<asp:Xml>和</asp:Xml>标记。

```
<asp:Xml ID = "Xml3" runat = "server" TransformSource = "~/App_Data/Email_headers.xslt">
      <MESSAGES>
          <MESSAGE>
                  <DATE>15 March 2008</DATE>
                  <FROM>Peter</FROM>
                  <SUBJECT>今天开会</SUBJECT>
            </MESSAGE>
          </MESSAGES>
   </asp:Xml>
```

XSLT 用于将源 XML 文档的内容转换为专门适合特定用户、媒介或客户端的表现形式。有两种方式转换 XML Web 服务器控件中的 XML 数据：指向外部.xslt 文件，这会自动向 XML 文档应用转换；将作为 XslTransform 类型的对象的转换应用到 XML 文档。

25）Localize 控件

该控件使用户可以在 ASP.NET 网页的特定区域中显示本地化后的文本。Localize 控件与 Literal 控件完全相同，并与 Label 控件相似。Label 控件允许向显示的文本应用样式，而 Localize 控件则不允许这样做。可以以编程方式控制在 Localize 控件中显示的文本。

3.4　页面提交处理流程

3.4.1　回发处理流程

回发处理过程，如图 3.19 所示。

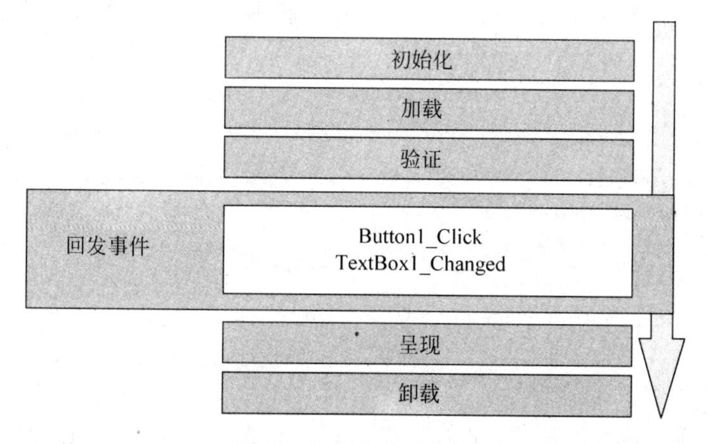

图 3.19　回发处理流程

由图 3.18 可以看出，每次页面回发到服务器，首先初始化页面，将设置页面控件的UniqueID属性；然后加载页面，即从提交上来的 Form 中的视图状态和控件状态中读取值并恢复控件的属性；接下来，如果页面需要验证，则将调用所有（或某一验证组）的验证事件的 Validate 方法，如果数据通过验证，则控件的 IsValid 属性值为 true，当所有验证通过则 Page 的 IsValid 属性值为 true，否则为 false，也就是没有通过验证；通过验证后才执行回发事件，即执行所编写的服务器控件的提交事件代码；然后呈现页面，将视图状态保存到页，并调用所有控件将控件呈现的输出传递给 Response 的输出流；最后完全呈现页面并发送至客户端时，调用卸载，卸载页面属性和执行清理。

3.4.2 跨页提交处理流程

在某些情况下，可能需要将一个网页发送到其他页。例如，你正在创建一个手机每个页上不同信息的多页窗体。在此情况下，可以将页中的某些控件配置发送至不同的目标页，这就是跨页提交。

```
<asp:Button ID = "Button1" runat = "server" Text = "提交" PostBackUrl = "～/Page.aspx"/>
```

从上面的代码中可以看出，通过将“提交”按钮的 PostBackUrl 属性设为"～/Page.aspx"，在运行页面并单击“提交”按钮后，页面将被提交到 Page.aspx 页。

由于跨页发送是针对各个控件配置的，所以可以创建一个用户单击按钮而发送至不同目的地的页。

1. 从源页获取信息

当配置为跨页发送时，通常需要从源页中获取信息，可能包括来自源页上的控件的信息（即由浏览器发送的信息）以及源页的公共属性。

1）获取源页的控件的值

Page 类公开一个名为 PreviousPage 的属性，如果源页和目标页位于同一个 ASP.NET 应用程序中，则目标页中的 PreviousPage 属性包含对源页的引用。如果该页不是跨页发送的目标或者这些页位于不同的应用程序中，则不会初始化 PreviousPage 属性。

因此，调用 Page 类的 FindControl 方法，便可获得页上的控件。下面的代码演示如何才能获取源页中 TextBox1 控件的值。

```
If(Page.PreviousPage!= null)
{
    TextBox SourceTextBox = (TextBox)Page.PreviousPage.FindControl("TextBox1");
    If(SourceTextBox!= null)
    {
        Response.Write("跨页提交的值：" + SourceTextBox.Text);
    }
}
```

2）从源页获取公共属性值

从上面的示例代码可以看出，虽然这样可以获得源页上控件的值，但是代码却显得烦琐，因为不是用强名称来访问的，因此不具有强名称的优点。

若要获取源页的公共成员，必须先获取对源页的强类型引用。那么如何获得对源页的强类型引用呢？ASP.NET 通过 PreviousPageType 指令来实现。代码示例如下：

```
<%@PreviousPageType VirtualPath="~/SourcePage.aspx" %>
```

包含此指令时，PreviousPage 属性被强类型化为被引用的源页的类。因此，可以直接引用源页的公共成员。

那么可以在源页上通过公开属性来提供访问，同样访问该页面上 TextBox1 控件的值。代码如下：

```
public String CurrentCity
{
    get
    {
        return TextBox1.Text;
    }
}
```

因此，可以利用下面的代码来访问源页上的公开属性，也就是访问源页中控件的值。代码如下：

```
Response.Write("跨页提交的值：" + PreviousPage.CurrentCity);
```

获取对源页的强类型引用的另一种方法是在引用源页的目标页中包含一个@Reference 指令，同引用要在页中使用的任何类型一样。在此情况下，可以在目标页中获取目标页的 PreviousPage 属性并将其强制转换为源页类型。代码如下：

```
ASP.sourcepage_aspx srcPage;
srcPage = (ASP.sourcepage_aspx)PreviousPage;
if(srcPage!= null)
    Response.Write("跨页提交的值：" + srcPage.CurrentCity);
```

2. 检查目标页中的回发

在跨页回发过程中，源页控件的内容被发送至目标页，并且浏览器执行 HTTP POST 操作（不是 GET 操作）。但在跨页发送之后，目标页中的 IsPostBack 属性便立即变为 false。尽管该行为是 POST 的行为，但跨页发送并不是到目标页的回发。

通过对 PreviousPage 属性返回的页引用的 IsCrossPagePostBack 属性进行测试，可以确定目标页是否由于跨页发送而正在运行。代码如下：

```
if(PreviousPage!= null)
{
    if(PreviousPage.IsCrossPagePostBack == true)
    {
        Label1.Text = "跨页提交";
    }
}
else
{
```

```
    Label1.Text = "非跨页提交";
}
```

3.5 习题

1. 填空题

(1) Web 服务器控件的前缀是________。

(2) 设置属性________可决定 Web 服务器控件是否可用。

(3) 当需要将 TextBox 控件作为密码输入框时,应设置________。

(4) 如果需要将多个单独的 RadioButton 控件形成一组具有 RadioButtonList 控件的功能,可以通过将属性________设置成相同的值实现。

(5) 在 HTML 中<textarea>元素是用来________,其中 rows 属性表示________,cols 表示________。

(6) Image 控件的 src 属性表示________。

(7) ASP.NET 中大致将 Web 服务器控件分为 6 大类,它们分别是________、________、________、________、________和________。

(8) HyperLink 控件作用________,NavigateUrl 属性________。Text 属性表示________。ImageUrl 属性表示________。Target 属性表示________。_blank 表示________。_parent 表示________。

(9) TextBox 控件的 TextMode 属性有三个取值分别是________、________、________。

(10) CheckBox 控件的 AutoPostBack 属性用于________,其默认值属性为________,即用户单击控件时________。

2. 选择题

(1) Web 服务器控件不包括(　　)。

A. Wizard　　B. Input　　C. AdRotator　　D. Calendar

(2) 下面的控件不能执行鼠标单击事件的是(　　)。

A. ImageButton　　B. ImageMap

C. Image　　D. LinkButton

(3) 单击 Button 类型控件后能执行客户端脚本的属性是(　　)。

A. OnClientClick　　B. OnClick

C. OnCommandClick　　D. OnClinetCommand

(4) 下面不属于容器控件的是(　　)。

A. Panel　　B. CheckBox　　C. Table　　D. PlaceHolder

(5) 在 HTML 标记中,用来表示空格的标记是(　　)。

A. &nbs;　　B. 　　C. &nbp;　　D. nbsp;

(6) 当需要用控件输入性别时,应选择的控件是(　　)。

A. CheckBox　　B. CheckBoxList

C. Label　　D. RadioButtonList

(7) 页面上有一个 DropDownList 控件，如果要实现当用户对 DropDownList 控件中选项的选择发生变化时重新加载页面的功能，则需要设置该控件的(　　)属性值为 True。

A. AutoPostBack　B. Enabled　C. IsPostBack　D. Visible

(8) Textarea 属性之 Rows 用于设置(　　)。

A. 多行文本框名称　　B. 每次最多可以显示的行数

C. 设置每行可以输入的字符数　　D. 设置每列可以输入的字符数

(9) 文件上传控件的 .FileName 属性表示的是(　　)。

A. 服务器端文件的物理路径　　B. 客户端文件的物理路径

C. 服务器端文件的名称　　D. 客户端文件的名称和扩展名

(10) ImageMap 控件的 HotSpotMode 属性中的 PostBack 属性值的意思是(　　)。

A. 默认项，指定定向操作　　B. 链接到指定的 URL 地址

C. 单击热区后，触发 Click 事件　　D. 无任何操作

(11) 在 ASP.NET 程序设计中，要将文本输入框转变为密码输入框，需要设置 Web 服务器控件 TextBox 的(　　)属性。

A. TextMode　　B. MaxLength

C. AutoPostBack　　D. ID

(12) @Import 指令是用来指定(　　)。

A. ASP.NET 用户控件　　B. 引用的命名空间

C. 特定的母版页　　D. 页面实现.NET 接口

(13) 下列选项中，(　　)不是 Image 控件的属性。

A. width　B. height　C. src　D. selected

(14) 下列选项中，(　　)不是 TextBox 的 TextMode 的可以取的值。

A. SingleLine　B. Password　C. Wrap　D. MultiLine

(15) 密码框的 HTML 代码是(　　)。

A. <input type="text" name="namel">

B. <input type="password" name="namel">

C. <input type="checkbox" name="namel">

D. <input type="radio" name="namel">

(16) 要将 textbox 控件设置成对应于 html<textarea>的文本框，textmode 属性须设置成(　　)。

A. singleline　B. multiline　C. password　D. textarea

(17) 如果要在新窗体中打开链接，则需要将 Target 属性设置为(　　)。

A. _self　B. _blank　C. _top　D. _parent

3. 判断题

(1) 单击 Button 类型控件会形成页面往返处理。(　　)

(2) 当页面往返时，在触发控件的事件之前会触发 Page_Load 事件。(　　)

(3) 不能在服务器端访问 HTML 服务器控件。(　　)

(4) Image 控件可以有单击事件。(　　)

4. 简答题

(1) 说明 Image、ImageButton 和 ImageMap 控件的区别。

(2) 说明<a>元素、LinkButton 和 HyperLink 控件的区别。

(3) 简述标记<hr>同
的区别。

(4) Web 窗体有两种模型，代码隐藏页模型和单文件页模型，简述二者的区别。

(5) ASP.NET 2.0 默认上传文件大小是多少？若当前上传文件为 50M 时，需要如何更改配置？

(6) 简述 InnerHtml 和 InnerText 的区别。

(7) 简述如何将 HTML 控件转变成 HTML 服务器控件。

(8) AdRotator 控件是一个横幅广告控件，主要属性有 ImageUrl、NavigateUrl、AlternateText、Keyword 和 Impressions，分别表示什么意思？

(9) HTML 控件在客户端被触发的事件中，onmousedown、onmouseup、onmouseover、onmouseout 事件分别表示什么意思？

(10) Calendar 控件有 4 种基本日期获取模式，分别表示什么意思？用什么属性来实现？

5. 编程题

用哪 3 种方式将 XML 数据加载到 XML Web 服务器控件中？

第4章 使用验证控件

4.1 验证概述

4.1.1 为什么要验证用户输入

输入验证是检验 Web 窗体中用户的输入是否和期望的数据值、范围或格式相匹配的过程。它可以减少等待错误信息的时间，降低发生错误的可能性，从而改善用户访问 Web 站点的体验。因此，概括起来，验证具有以下几点好处：

1）验证控件的值

在很多情况下，我们期望用户输入的值应该符合某种类型、在一定范围内或符合一定的格式等。对于这些要求，通过验证控件能很容易地实现。

2）错误阻塞处理

当页面验证没有通过时，页面将不会被提交或不会被处理，直到验证通过，页面才能被提交处理。

3）对欺骗和恶意代码的处理

验证还会保护 Web 页面避免两种威胁：欺骗和恶意代码。当恶意用户修改收到的 HTML 页面，并返回一个看起来输入有效或已通过授权检查的值时，就发生了欺骗。由此可以看出，欺骗往往是通过绕过客户端验证来达到目的的，因此，持续运行 ASP.NET 服务器端验证就能有效地阻止欺骗。

当恶意用户向 Web 页的无输入验证的控件添加无限制的文本时，就有可能输入了恶意代码。当这个用户向服务器发送下一个请求时，已添加的代码可能对 Web 服务器或任何与之连接的应用程序造成破坏。这类问题大致包括：

(1) 通过输入一个包含几千个字符的名字，造成缓冲区溢出从而使服务器崩溃。

(2) 通过发送一个 SQL 注入脚本，来获取一些敏感信息。

4.1.2 验证过程

验证总是运行在服务器端，如果客户端浏览器支持 ECMAScript(JavaScript)，它也可以在客户端运行，那么在数据发送到服务器端之前，验证控件会在浏览器内执行错误检查，并立即给出错误提示，如果发生错误，则不能提交网页。出于安全考虑，任何在客户端进行的输入验证都会在服务器端再次进行验证。

在服务器端处理请求之前，验证控件会对该请求中输入控件的数据合法性进行验证，行使一个类似数据过滤器的角色，在处理 Web 页或服务器逻辑之前对数据进行验证。如果有不符合验证逻辑的数据，则中断执行并返回错误信息。

如图 4.1 所示说明了验证控件的过程。

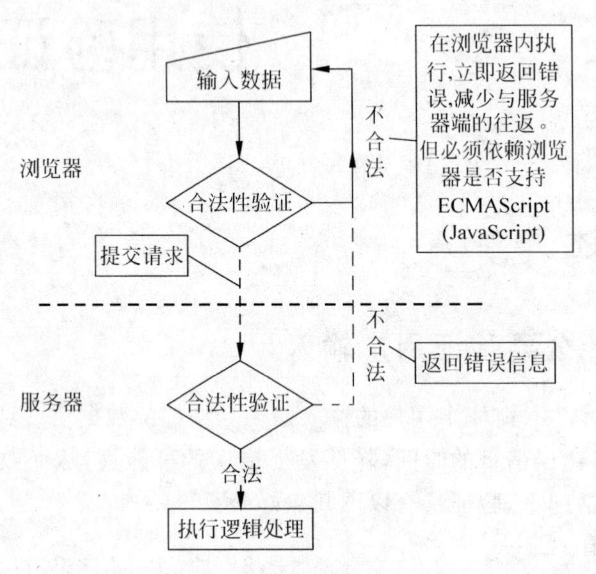

图 4.1 验证控件的过程

4.2 验证的对象模型

验证控件在客户端上呈现的对象模型与在服务器上呈现的对象模型几乎完全相同(如表 4.1 所示)，但是与在页级别上公开的验证信息有所不同。例如，在服务器上，页支持属性；在客户端，它包含全局变量。

表 4.1 客户端和服务器端对象模型

客户端页变量	服务器端页属性
Page_IsValid	IsValid
Page_Validators(数组)，包含对页上所有验证控件的引用	Validators(集合)，包含对所有验证控件的引用
Page_ValidationActive，表示是否应进行验证的布尔值。通过编程方式将此变量设置为 false 以关闭客户端验证	(无等效项)

在服务器端，通过使用由各个验证控件和页面公开的对象模型，可以与验证控件进行交互。每个验证控件都会公开自己的 IsValid 属性，可以测试该属性以确定该控件是否通过验证测试。页面也公开一个 IsValid 属性，该属性总结页面上所有验证控件的 IsValid 状态，该属性允许用户执行单个测试，以确定是否可以继续执行处理。页面还公开一个包含页面上所有验证控件的列表 Validators 集合。用户可以依次通过这一集合来检查单个验证控件的状态。

在客户端，网页将包含对执行客户端验证所用的脚本库的引用，除此之外，还包含客户端方法，以便在网页提交前截获并处理 Click 事件。

4.3 ASP.NET 的验证类型

在 ASP.NET 中，输入验证是通过向 ASP.NET 网页添加验证控件来完成的。验证控件为所有常用的标准验证类型（如测试某范围内的有效日期或值，如表 4.2 所示）提供了一种易于使用的机制以及自定义验证的方法。此外，验证控件还允许自定义向用户显示错误消息的方法。验证控件可与 ASP.NET 网页上的任何控件（包括 HTML 和 Web 服务器控件）一起使用。

表 4.2 ASP.NET 的常规验证类型

验证类型	使用的控件	说　　明
必需项	RequiredFieldValidator	要求用户必须输入某一项
与某值的比较	CompareValidator	将用户输入与一个常数值、另一个控件或特定数据类型的值进行比较（使用小于、等于或大于等比较运算符）
范围检查	RangeValidator	检查用户的输入是否在指定的上下限之内。可以检查数字对、字母对和日期对限定的范围
模式匹配	RegularExpressionValidator	检查项与正则表达式定义的模式是否匹配。此类验证能够检查可预知的字符序列，如电子邮件地址、电话号码、邮政编码等内容中的字符序列
用户定义	CustomValidator	使用自己编写的验证逻辑检查用户输入。此类验证能够检查在运行时派生的值
总结控件	ValidationSummary	总结窗体上所有验证控件的错误消息

4.4 使用验证控件

4.4.1 验证控件的对象模型

所有验证控件的对象模型基本一致，并且它们都具有一些用于验证的常见属性，如表 4.3 所示。

表 4.3 验证控件的常见属性

属　　性	说　　明
Display	获取或设置验证控件中错误信息的显示行为
ErrorMessage	获取或设置验证失败时 ValidationSummary 控件中显示的错误信息的文本
Text	获取或设置验证失败时验证控件中显示的文本
ControlToValidate	获取或设置要验证的输入控件
EnableClientScript	获取或设置一个值，该值指示是否启用客户端验证
SetFocusOnError	获取或设置一个值，该值指示在验证失败时是否将焦点设置到 ControlToValidate 属性指定的控件上

续表

属性	说明
ValidationGroup	获取或设置此验证控件所属的验证组的名称
IsValid	获取或设置一个值，该值指示关联的输入控件是否通过验证

4.4.2 错误信息的布局与显示

当错误信息出现在页上时，它成为页布局的一部分。因此，需要设计页的布局以放置可能出现的任何错误文本。可以通过设置验证控件的 Display 属性来控制布局，该属性的选项，如表 4.4 所示。

表 4.4 Display 属性的选项

布局选项	说明
Static	即使没有可见错误信息文本，每个验证控件也将占用空间，这允许用户为页定义固定的布局。多个验证控件无法在页上占用相同空间，因此用户必须在页上给每个控件留出单独的位置。这一设置只在 Internet Explorer 4.0 或更高版本中有效，在其他浏览器中该布局将变成 Dynamic
Dynamic	除非显示错误信息，否则验证控件不会占用空间，这允许控件共用同一个位置（例如表的单元格）。但在显示错误信息时，页的布局将会更改，有时将导致控件更改位置
None	验证控件不在页上出现

在显示错误信息时，可以通过如表 4.5 所示的几种方式来控制显示。

表 4.5 显示错误信息的方式

显示方式	说明
内联	在控件旁边验证控件所在的位置显示错误信息
摘要	在一个涵盖所有错误的单独摘要中显示错误信息，该方式只在用户提交页时可用。或者可以在消息框中显示错误信息，但是此选项仅在支持动态 HTML 的浏览器中可用
内联和摘要	同一个错误信息的摘要显示和内联显示可能会有所不同。用户可以使用此选项内联显示较为简短的错误信息，而在摘要中显示较为详细的信息，也可以在输入字段旁显示错误标志符号，而在摘要中显示错误信息
自定义	用户可以创建自己的错误信息显示

如果要显示错误信息的摘要，需要将 ValidationSummary 控件添加到页面中需要显示错误信息摘要的地方，并且设置单个验证控件的 ErrorMessage 和 Display 属性。如果将单个验证控件与验证组关联，则需要对每个验证组使用一个 ValidationSummary 控件。

4.4.3 使用验证控件

1. RequiredFieldValidator 控件

在没有提交之前，默认情况下验证控件并不会显示。但是，在文本输入框和按钮之间空了一段距离，这是因为验证控件的 Display 属性为 Static，验证控件占用了一定的空间。如果将属性值设置为 Dynamic，文本输入框和按钮之间就不会有距离，动态地改变控件的显示布局，这种显示错误信息的方式就是内联方式。再使用一个 ValidationSummary 控件，可以看到在输入框的右边和 ValidationSummary 控件中都显示错误信息，这是内联和摘要一起显示的方式。这种显示方式在实际应用中比较常用，通常是将验证控件的 Text 属性设置为简要信息或标记(如 *)，而在 ErrorMessage 中设置详细的错误信息，发生错误时在被验证控件旁边显示简要信息或标记，并在摘要中显示详细信息。RequiredFieldValidator 控件还具有一个属性(InitialValue)，用来获取或设置关联的输入控件的初始值，仅当关联的输入控件在失去焦点时的值与此 InitialValue 匹配时，验证才失败。

2. CompareValidator 控件

该验证控件有几个重要属性：ControlToCompare、Operator、ValueToCompare 和 Type。ControlToCompare 用来指定需要和该验证控件所验证的空间的内容进行比较的控件。该属性可选，例如，当指定和某个常数进行比较或对验证数据进行数据类型检查时就不用设置该属性。Operator 用来指定比较规则，包括等于、不等于、大于、大于等于、小于、小于等于和数据类型检查。ValueToCompare 用来指定将输入控件的值同某个常数值相比较，而不是比较两个输入控件的值。Type 用来指定比较值的数据类型，包括 String、Integer、Double、Date 和 Currency。

3. RangeValidator 控件

该控件有几个关键属性：MaximumValue、MinimumValue 和 type。type 属性用来指定被验证控件中的值的范围类型(包括字符串、整数、双精度、日期和货币)；MaximumValue 和 MinimumValue 两个属性则用来指定被验证控件中的值的范围。

RangeValidator 控件可检测日期。要检查的日期范围是动态指定的，所以在 Page_Load 事件中通过编程给 MaximumValue 和 MinimumValue 属性赋值。

例如：用户从 Calendar 控件中选择一个日期，再填充到 TextBox 中。用户单击窗体的按钮时，系统会通知用户所选的日期是否有效。若有效，就在 Label 中显示。

Page_Load 事件中：

```
RangeValidator1.MinimumValue = DateTime.Now.ToShortDateString();
RangeValidator1.MaximumValue = DateTime.Now.AddDays(14).ToShortDateString();
```

Calendar1_SelectionChanged 事件中：

```
TextBox1.Text = Calendar1.SelectedDate.ToShortDateString();
```

Botton1_Click 事件中：

```
if(Page.IsValid)
{
    Label1.EnableViewState = false;
    Label1.Text = "你到达的日期是: " + TextBox1.Text.ToString();
}
```

4. RegularExpressionValidator 控件

通常要求用户输入值要匹配预定义的模式，如电话号码、邮编、电子邮件地址等。要进行这一验证，需要通过使用正则表达式和 RegularExpressionValidator 控件结合起来实施验证。通过设置 ValidationExpression 属性，即验证的表达式，该属性通过使用正则表达式来设置要比较的模式。

正则表达式提供了功能强大、灵活而又高效的方法来处理文本。正则表达式的全面模式匹配表示法使用户可以快速分析大量文本以找到特定的字符模式；提取、编辑、替换或删除文本子字符串；将提取的字符串添加到集合以生成报告。对于处理字符串的许多应用程序而言，正则表达式是不可缺少的工具。正则表达式语言由两种基本字符类型组成：原义（正常）文本字符和元字符。元字符使正则表达式具有处理能力。表 4.6 列出了常用的控制字符集，以供用户创建自定义的正规表达式。

表 4.6 常用的控制字符集

字 符	定 义
a	必须使用小写字母 a。任何之前没有"\"或不作为某个范围表达式的一部分的字母，都是符合要求的字面值
1	必须使用数字 1。任何之前没有"\"或不作为某个范围表达式的一部分的数字，都是符合要求的字面值
?	零次或一次匹配前面的字符或子表达式
*	零次或多次匹配前面的字符或子表达式
+	一次或多次匹配前面的字符或子表达式
[0～n]	零到 n 之间的整数值
{n}	长度是 n 的字符串
|	分隔多个有效的模式
\	后面是一个命令字符
\w	匹配任何单词字符
\d	匹配数字字符
\.	匹配点字符

例如：要求用户输入一个以 1 个大写字母开头，再加 5 位阿拉伯数字的格式化数据，该表达式应该为"[A-Z]\d{5}"。

5. ValidationSummary 控件

ValidationSummary 是一个总结控件，直接放在窗体上的任意位置即可，该控件会自动显示窗体上所有其他验证控件所显示的错误消息。

举例：5 个验证控件的综合应用，用户注册成功时，如图 4.2 所示。

```
<body background = "images/15.JPG" bgproperties = "fixed">
    <form id = "form1" runat = "server">
    <div >
     <table style = "width: 100 % ; height: 100 % ">
      <tr style = "width: 100 % ">
```

```
        <td style = "width: 22 % "></td>
        <td style = "width: 41 % ">
        <marquee direction = "left" style = " font - size:16pt; color:Red ">请先注册成为会
员!!!</marquee></td>
        <td style = "width: 19 % "> </td>
      </tr>
      <tr style = "width: 100 % ; text - align:center">
        <td style = "width: 22 % "></td>
        <td style = "width: 41 % "><h1 style = "text - align: center">用户注册信息</h1></td>
        <td style = "width: 19 % "></td>
    </tr>
    <tr style = "width: 100 % ">
    <td style = "width: 22 % ; text - align: left;"><a style = "text - align:left; font - size:
18pt ">请输入用户名: </a>
    </td>
    <td style = "width: 41 % ">
    <asp:TextBox ID = "TextBox1" runat = "server" Height = "26px" Width = "502px" BackColor =
"Transparent"></asp:TextBox></td>
    <td style = "width: 19 % "><asp: RequiredFieldValidator ID = " RequiredFieldValidator1
" runat = "server" ControlToValidate = " TextBox1" ErrorMessage = " 此项为必填项" Display =
"Dynamic" ValidationGroup = "AllValidators"> * </asp:RequiredFieldValidator></td>
    </tr>
    <tr style = "width: 100 % ">
      <td style = "width: 22 % ;"><a style = "text - align:right; "><span style = "font - size:
18pt">请输入密码: </span></a></td>
      <td style = "width: 41 % ;"><asp:TextBox ID = "TextBox2" runat = "server" Height = "26px"
Width = "502px" BackColor = "Transparent" TextMode = "Password"></asp:TextBox></td>
      <td style = "width: 19 % ;"><asp:RequiredFieldValidator ID = "RequiredFieldValidator2"
runat = " server" ControlToValidate = " TextBox2" ErrorMessage = " 此项为必填项" Display =
"Dynamic" ValidationGroup = " AllValidators" > * </asp: RequiredFieldValidator > < asp:
RegularExpressionValidator ID = " RegularExpressionValidator1 " runat = " server "
ControlToValidate = " TextBox2 " ErrorMessage = " 密码必须为 6 - 12 位的字符"
ValidationExpression = "\w{6,12}" Display = "Dynamic" ValidationGroup = "AllValidators"> *
</asp:RegularExpressionValidator></td>
    </tr>
    <tr>
        <td style = "width: 22 % "><a style = "text - align:right "><span style = "font - size:
18pt">请输入确认密码: </span></a> </td>
    <td style = "width: 41 % "> <asp:TextBox ID = "TextBox3" runat = "server" Height = "26px"
Width = "502px" BackColor = "Transparent" TextMode = "Password"></asp:TextBox></td>
     <td style = "width: 19 % "><asp:RequiredFieldValidator ID = "RequiredFieldValidator3"
runat = "server" ControlToValidate = "TextBox3"  ErrorMessage = "此项为必填项" Display =
"Dynamic" ValidationGroup = "AllValidators"> * </asp:RequiredFieldValidator>
        <asp:CompareValidator ID = "CompareValidator1" runat = "server" ControlToCompare =
"TextBox2" ControlToValidate = "TextBox3" ErrorMessage = "密码不一致" Display = "Dynamic"
ValidationGroup = "AllValidators"> * </asp:CompareValidator></td>
</tr>
<tr>
  <td style = "width:22 % "><a style = "text - align:right "><span style = "font - size: 18pt">
请输入您的年龄: </span></a></td>
  <td style = "width:41 % "><asp:TextBox ID = "TextBox4" runat = "server" Height = "26px" Width =
```

```
"502px" BackColor = "Transparent"></asp:TextBox></td>
  <td style = "width: 19 %"><asp:RequiredFieldValidator ID = "RequiredFieldValidator4" runat =
"server" ControlToValidate = "TextBox4" ErrorMessage = "此项为必填项" Display = "Dynamic"
ValidationGroup = "AllValidators"> * </asp:RequiredFieldValidator>
  <asp:RangeValidator ID = "RangeValidator1" runat = "server" ControlToValidate = "TextBox4"
ErrorMessage = "年龄必须在 18～100 岁" Display = "Dynamic" MaximumValue = "100" MinimumValue =
"18" Type = "Integer" ValidationGroup = "AllValidators"> * </asp:RangeValidator></td>
</tr>
<tr>
    <td style = "width:22 %"><a style = "text - align:right "><span style = "font - size:
18pt">请输入电子邮箱：</span></a> </td>
    <td style = "width:41 %"><asp:TextBox ID = "TextBox5" runat = "server" Height = "26px"
Width = "502px" BackColor = "Transparent"></asp:TextBox></td>
    <td style = "width: 19 %"><asp:RequiredFieldValidator ID = "RequiredFieldValidator5"
runat = "server" ControlToValidate = "TextBox5" ErrorMessage = "此项为必填项" Display =
"Dynamic" ValidationGroup = "AllValidators"> * </asp:RequiredFieldValidator>
    <asp:RegularExpressionValidator ID = "RegularExpressionValidator2" runat = "server"
ControlToValidate = "TextBox5" ErrorMessage = "邮箱的地址不正确" ValidationExpression =
"\w+([ - +.']\w+) * @\w+([ - .]\w+) * \.\w+([ - .]\w+) * " Display = "Dynamic"
ValidationGroup = "AllValidators"> * </asp:RegularExpressionValidator></td>
</tr>
<tr>
    <td style = "width:22 % ; height: 49px;"> </td>
    <td style = "width: 41 % ; height: 49px;">   <asp:Button ID = "Button1" runat =
"server" Height = "26px" Width = "100px" Text = "注册" OnClick = "Button1_Click"></asp:Button>
<asp:Button ID = "Button2" runat = "server" Height = "26px" Width = "100px" Text = "放弃"
OnClick = "Button2_Click"></asp:Button></td>
    <td style = "width: 19 % ; height: 49px;"></td>
</tr>
<tr>
    <td style = "width:22 % ; height: 49px;"></td>
    <td style = "width:41 % ; height: 49px;"><asp:ValidationSummary ID = "ValidationSummary1"
runat = "server" BackColor = "Transparent" ShowMessageBox = "True" ValidationGroup =
"AllValidators" />
    <asp:Label ID = "Label1" runat = "server" Height = "26px" Width = "322px"></asp:Label>
</td>
    <td style = "width: 19 % ; height: 49px;"></td>
</tr></table></div></form></body>
protected void Button1_Click(object sender, EventArgs e)
{
    if (Page.IsValid)
    {
        Label1.Text = "用户" + TextBox1.Text + ",您已经注册成功!";
        Label1.Text += "<br>您的密码为" + TextBox2.Text;
        Label1.Text += "<br>您的注册邮箱为" + TextBox5.Text;

    }
    else
        Label1.Text = "Page is not valid.";
}
protected void Button2_Click(object sender, EventArgs e)
```

```
{
    Response.Write("<script>window.close();</script>");
}
```

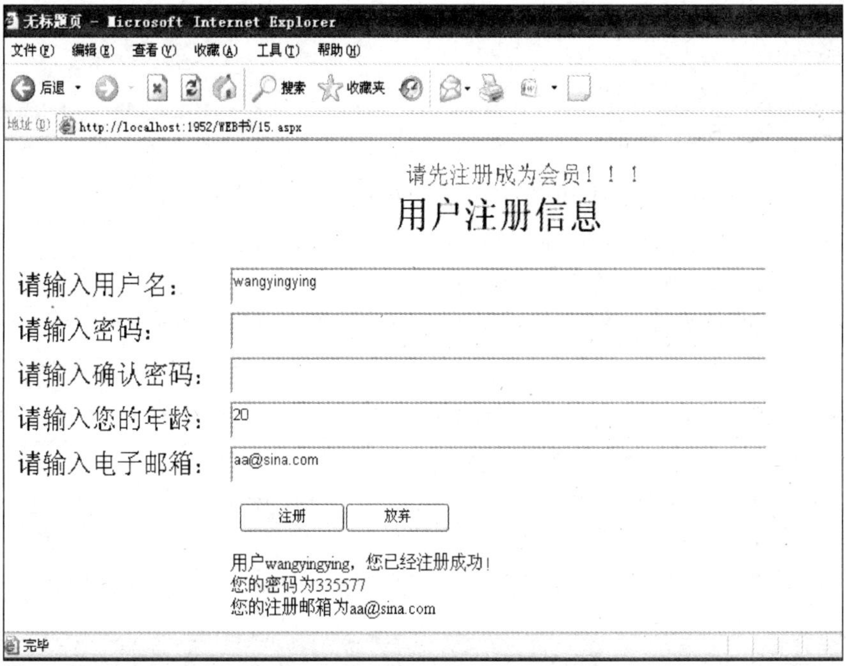

图 4.2 注册成功时页面视图

6. CustomValidator 控件

通过使用 CustomValidator 控件来完成自定义验证。用户在服务器端自定义一个验证函数，然后使用该控件来调用它从而完成服务器端验证；还可以通过编写函数，重复服务器端验证函数的逻辑，在客户端进行验证，即在提交页面之前检查用户输入内容。

```
protected void ValidationFunctionName(object source, ServerValidateEventArgs args)
{    }
```

source 参数是对引发此事件的自定义验证控件的引用。Args 的 Value 属性将包含要验证的用户输入内容，如果值是有效的，则将 args.IsValid 设置为 true；否则设置为 false。

举例：事件处理程序确定用户输入是否为 8 个字符或更长。程序运行结果，如图 4.3 所示。

```
<asp:TextBox ID = "TextBox1" runat = "server"></asp:TextBox>
<asp:CustomValidator ID = "CustomValidator1" runat = "server" ControlToValidate = "TextBox1"
ErrorMessage = "输入是否为 8 个字符或更长" OnServerValidate = "CustomValidator1_
ServerValidate">*</asp:CustomValidator><br />
<asp:Button ID = "Button1" runat = "server" OnClick = "Button1_Click" Text = "Button" /><br />
<asp:Label ID = "Label1" runat = "server" Height = "44px" Width = "208px"></asp:Label>
protected void CustomValidator1_ServerValidate(object source, ServerValidateEventArgs args)
    {
        args.IsValid = (args.Value.Length >= 8);
```

```
    }
    protected void Button1_Click(object sender, EventArgs e)
    {
        if (Page.IsValid)
            Label1.Text = "输入的字符大于 8 个字符!";
    }
```

4.4.4 使用验证组

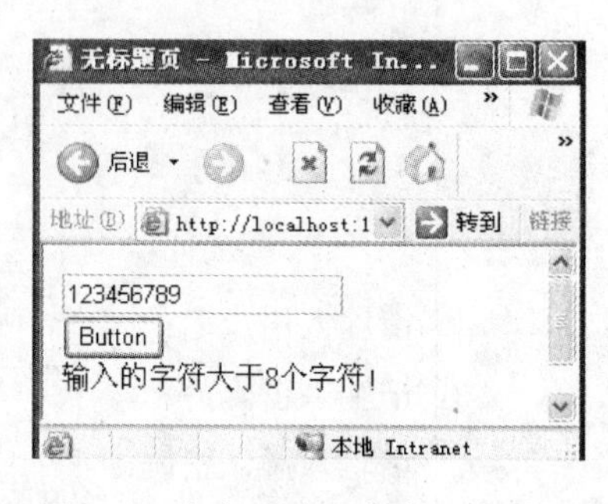

图 4.3 自定义验证控件运行结果

由于页面上控件比较多，可以将不同的控件归为一组。ASP.NET 在对每个验证组进行验证时，与网页的其他组无关。通过将要分在同一组的所有控件的 ValidationGroup 设置为同一个名称（字符串）即可创建验证组。

在回发过程中，只根据当前验证组中的验证控件来设置 Page 类的 IsValid 属性。当前验证组则是由导致验证发生的控件确定的。例如，单击验证组为 LoginForm 的按钮，并且 ValidationGroup 属性设置为 LoginForm 的所有验证控件都有效，则 IsValid 属性将返回 true。对于其他控件，如果控件的 CausesValidation 属性设置为 true，并且 AutoPostBack 属性设置为 true，也可以触发验证。

若以编程方式进行验证，可以调用 Validate 方法重载，使其采用 ValidationGroup 参数来强制只为该验证组进行验证。请注意，在调用 Validate 方法时，IsValid 属性反映到目前为止已验证的所有组的有效性。这可能包括作为回发结果验证的组以及以编程方式验证的组。如果任一组中的任何控件无效，则 IsValid 属性返回 false，也就是说验证未通过。

4.4.5 禁用验证

在特定条件下，可能需要禁用验证。例如，可能有一个页面，即使用户没有正确填写所有验证字段，也可以提交。

在实际应用中，禁用验证大致有以下几种情况：

(1) 可以设置 ASP.NET 服务器控件的属性（CausesValidation＝"false"）来禁止客户端和服务器的验证，而不只是客户端验证。示例代码如下：

```
<asp:Button ID = "Button1" runat = "server" Text = "Cancel" CausesValidation = "false">
</asp:Button>
```

(2) 禁用验证控件，即将控件的属性 Enabled 设置为 false，使它根本不在页面上呈现并且不进行使用该控件的验证。

(3) 如果要执行服务器上的验证，而不执行客户端的验证，则可以将单独验证控件设置为不生成客户端脚本，即将其属性 EnableClientScript 设为 false。

4.5 习题

1. 填空题

(1) 窗体验证包括________和________两种形式。

(2) 判断页面的属性________值可确定整个页面的验证是否通过。

(3) 若页面中包含验证控件,可设置按钮的属性________,使得单击该按钮后不会引发验证过程。

(4) 若要对页面中包含的控件分成不同的组进行验证,则应设置这些控件的属性________为相同值。

(5) 通过正则表达式定义验证规则的控件是________。

(6) 设置属性________指定被验证控件的 ID。

(7) 验证控件在________代码中执行输入检查。当用户向________提交页面之后,服务器将逐个调用验证控件检查用户输入。如果任意输入控件中检测到验证错误,则该页面自行设置为________状态,以便在________之前测试其有效性。

(8) RangeValidator 控件,________属性用来指定被验证控件中的值的范围类型,________和________两个属性则用来指定被验证控件中的值的范围。

(9) 通过设置验证控件的 Display 属性来控制布局,该属性有 3 个选项,分别是________、________和________。

2. 选择题

(1) 下面对 CustomValidator 控件说法错误的是(　　)。

A. 能使用自定义的验证函数

B. 可以同时添加客户端验证函数和服务器端验证函数

C. 指定客户端验证的属性是 ClientValidatorFunction

D. 属性 runat 用来指定服务器端验证函数

(2) 使用 ValidationSummary 控件需要以对话框形式显示错误信息,则应(　　)。

A. 设置属性 ShowSummary 值为 true

B. 设置属性 ShowMessageBox 值为 true

C. 设置属性 ShowSummary 值为 false

D. 设置属性 ShowMessageBox 值为 false

(3) 如果需要确保用户输入大于 100 的值,应该使用(　　)验证控件。

A. RequireFieldValidator　　B. RangeValidator

C. CompareValidator　　D. RegularExpressionValidator

(4) 在使用输入验证控件时,可以使用(　　)属性来把输入的控件同验证控件相关。

A. Text　　B. ControlToValidate

C. Validate　　D. ErrorMessage

(5) 下面(　　)不是 ValidationSummary 控件验证摘要的显示模式。

A. BulletList　　B. List

C. Wrap　　D. SingleParagraph

(6) 在使用验证控件时,可以使用什么属性来把需验证的控件同验证控件相关联?(　　)

A. Text　　　　B. ControlToValidate

C. Validate　　　　D. ErrorMessage

3. 判断题

(1) 服务器端验证是为了保证给用户较快的响应速度。(　　)

(2) 要执行客户端验证必须设置验证控件的属性 EnableClientScript 值为 true。(　　)

(3) CompareValidator 控件不能用于验证数据类型。(　　)

(4) 使用 CompareValidator 控件时,可以同时设置属性 ControlToCompare 和 ValueToCompare 的值。(　　)

4. 综合题

(1) 下面的问题,你将为每一个场景选择适当的验证控件的类型。

考虑下面的用户输入字段,应该使用什么类型的验证控件?当页面回发时,要求进行所有的验证。

```
RequriedFieldValidator
CompareValidator
CustomValidator
ValidationSummary
RegularExpressionValidator
RangeValidator
```

① 用户的年龄。

② 用户的电话号码。

③ 用户的密码(需要输入两次)。

④ 检查输入的数字是否为素数。

⑤ 是否窗体里面所有的输入框都被正确填写?

(2) 编写代码,使用自定义验证控件 CustomValidator1 判断 TextBox1 控件中输入的值是否能被 5 整除。

第5章 使用母版页

5.1 什么是母版页

ASP.NET 2.0 提供的母版页为应用程序的页创建一致的布局，可以为应用程序中的所有页定义所需要的外观和标准行为，然后创建要显示内容的各个内容页，并将内容页与母版页关联起来。因此，当用户请求内容页时，这些内容页与母版页合并，并将母版页的布局与内容页的内容组合在一起输出且呈现到浏览器。

在站点设计和制作中要牢记以下 3 点：

(1) 站点中网页的外观设计和内容应相互独立。这样，如果一个网页的外观设计(标题、布局或格式)要修改，或内容要修改，就不会相互影响。

(2) 站点要有统一的风格和布局。整个站点可以有同样的颜色、图标和布局，以便给访问者一致的感觉。

(3) 站点要为用户提供方便的站点导航。

设计这个词有两个含义。第一是颜色和布局的选择，这是由网站设计人员决定的；第二是网站要有统一的风格和布局。

网站应该有统一的风格和布局。例如，整个网站要有相同的网页头尾、导航栏和功能条等，这样可以给访问者一致性的感觉。ASP.NET 2.0 提供了母版页和内容页功能来帮助开发人员创建页面模板，实现网站一致性的要求。这个过程可总结为"两个包含，一个结合"。"两个包含"是指将页面内容分为公共部分和非公共部分，且两者分别包含在两个文件中，公共部分包含在母版页中，非公共部分包含在内容页中。"一个结合"是指通过控件应用和属性设置等行为，将母版页和内容页结合起来，最后将结果发给客户端浏览器。

母版页是具有扩展名为.master 的 ASP.NET 文件，它可以包括静态文本、HTML 元素和服务器控件。母版页通常是用于布局的，即定义网站中不同网页的相同部分。例如，整个网站都包括同样的格局、同样的页头和页脚、同样的导航栏，或在同样的位置放置同样的标志等。可以将这些一致共用元素定义在一个母版页中，其他网页只需要继承这个母版页即可，这样其他网页就包含母版页中公有的部分了。

母版页不能单独被执行，即不能在浏览器中直接请求母版页。

母版页代码和普通的.aspx 文件代码格式很相近，最关键的不同是母版页由特殊的@Master 指令识别，该指令替换了用于普通.aspx 页的@Page 指令。

每个网页中不同的部分都可以在母版设计中体现出来。母版中可以包含一个或多个

ContentPlaceHolder 控件，这个控件起到一个占位符的作用，能够在母版页中标识出某个区域，该区域可以被其他页面继承，用来摆放其他页面自己的控件。

通过创建内容页来定义母版页的占位符控件的内容，并且这些内容页为绑定到特定母版页的 ASP.NET 页。内容页实际上就是普通的.aspx 文件，包含除母版页外的其他非公共部分。

内容页是以母版页为基础的，可以在内容页中添加网站中的每个网页的不同部分，即内容页中包含了页面中的非公共部分。对于页面的非公共部分，在母版页中使用一个或多个 ContentPlaceHolder 控件来占位，而具体内容则放在内容页中。

母版页的运行过程，在运行时，母版页是按照下面的步骤处理的：

(1) 用户通过输入内容页的 URL 来请求某页。

(2) 获取该页后，读取@Page 指令。如果该指令引用一个母版页，则也读取该母版页。如果这是第一次请求这两个页，则两个页都要进行编译。

(3) 包含更新的内容的母版页合并到内容页的控件树中。

(4) 各个 Content 控件的内容合并到母版页中相应的 ContentPlaceHolder 控件中。

(5) 浏览器中呈现得到的合并页。

从用户角度来看，合并后的母版页和内容页是一个完整的页面，并且其 URL 访问路径与内容页的路径相同。从编程的角度来看，这两个页用作其各自控件的独立容器。

5.2 使用母版页

5.2.1 创建母版页

新建一个 MasterPage.master 文件，其中有一个 ContentPlaceHolder 控件，注意不要在这个控件中写任何东西。保存后就可以用它来做其他页面的母版页了。

母版页的代码主要有 3 部分：

(1) 基本的网页标记。这部分内容在母版页里只出现一次。<! DOCTYPE>和 xmlns 标记用于告知服务器页面文档类型复合的定义标准。这些标记不会在内容页中出现。这部分可以看作是代码头。母版页文件代码头声明的是<%@ Master%>，而不是@Page。

(2) 在网页上运行的脚本代码，代码隐藏页。

(3) ContentPlaceHolder 控件，在母版页中可以包括一个或多个 ContentPlaceHolder 控件，用于在母版页中占位，控件本身不包含任何具体内容，仅是一个控件声明，具体内容放置在内容页中，两者通过 ContentPlaceHolder 控件的 ID 属性来绑定。

简单地说，每个母版页必须包含以下元素。基本的 HTML 和 XML 等 Web 标记；代码的第一行是<%@ Master%>；ContentPlaceHolder 控件和它的 ID 属性。

创建母版页后，创建内容页。内容页实际上是普通的.aspx 文件，包含除母版页外的其他非公共部分。对于内容页有两个概念，一是内容页中所有内容必须包含在 Content 控件中；二是内容页必须绑定到母版页上。

母版页具有下面的优点：

(1) 使用母版页可以集中处理页的通用功能,可以只在一个位置上进行更新。

(2) 使用母版页可以方便地创建一组控件和代码,并将结果应用于一组页。例如,可以在母版页上使用控件来创建一个应用于所有页的菜单。

(3) 通过允许控制占位符控件的呈现方式,母版页可以在细节上控制最终页的布局。

(4) 母版页提供一个对象模型,使用该对象模型可以从各个内容页自定义母版页。

5.2.2　实现内容页

创建内容页有两个方法:一是在母版页的任意位置单击右键添加内容页;二是在解决方案资源管理器上新建项目,生成.aspx页面时选择"选择母版页"。

内容页代码主要分成两个部分,代码头声明和Content控件。代码头中声明所绑定的母版页,利用@Page指令将内容页绑定到特定的母版页,属性MasterPageFile用来设定该内容页所绑定的母版页的路径,属性Title用于设置要绑定到母版页中的页定义标题。代码中还包括一个或多个Content控件,页面中所有非公共部分的具体内容就包含在Content控件中。通过此控件属性ContentPlaceHolderID和母版页中的ContentPlaceHolder控件相链接。

内容页应具有以下3个特点:

(1) 内容页中没有<! DOCTYPE HTML…>和<html xmlns…>标记,也没有<html>、<body>等Web元素,这些元素都被放置在母版页。

(2) 在代码的第一行应声明所绑定的母版页。

(3) 包含<content>控件。

5.2.3　母版页和内容页的应用

(1) 创建一个母版页MasterPage.master,对母版页进行布局。母版页设计视图,如图5.1所示。

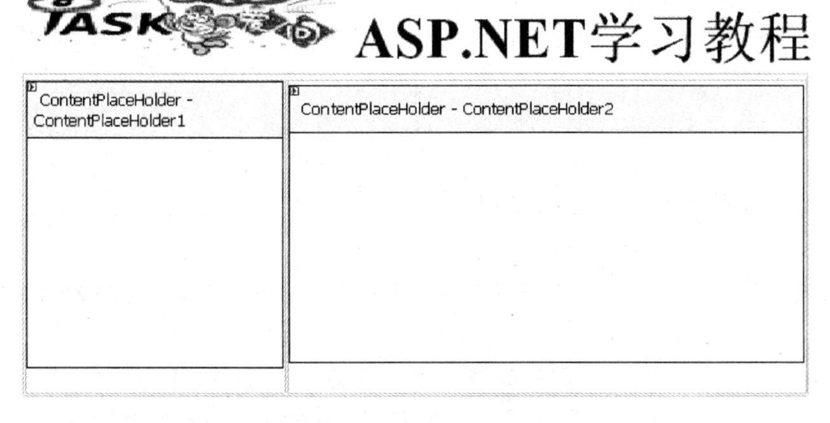

图5.1　母版页设计视图

设计的代码如下：

```
<body bgcolor="#ffff99">
    <form id="form1" runat="server">
    <div>
    <asp:Image ID="Image1" runat="server" ImageUrl="~/image/header.jpg" />
    <span style="font-size: 24pt; color: #0000ff"><strong>ASP.NET 学习教程</strong>
</span>
        <table>
          <tr>   </tr>
          <tr>
            <td style="width: 200px; height: 100px">
              <asp:ContentPlaceHolder ID="ContentPlaceHolder1" runat="server"></asp:
ContentPlaceHolder>
            </td>
            <td style="width: 400px; height: 100px">
              <asp:ContentPlaceHolder ID="ContentPlaceHolder2" runat="server"></asp:
ContentPlaceHolder>
            </td>
          </tr>
        </table>
    <span style="font-size: 14pt; font-family: 楷体_GB2312"><strong>欢迎光临本网站!
</strong></span>
    </div>
    </form>
</body>
```

(2) 创建两个内容页，分别为"母版页和内容页.aspx"和"主页.aspx"。

在创建这两个窗体时，选中"选择母版页"复选框，单击"添加"按钮后，可以选择MasterPage.master。

主页.aspx 的设计代码如下，主页.aspx 设计视图如图 5.2 所示。

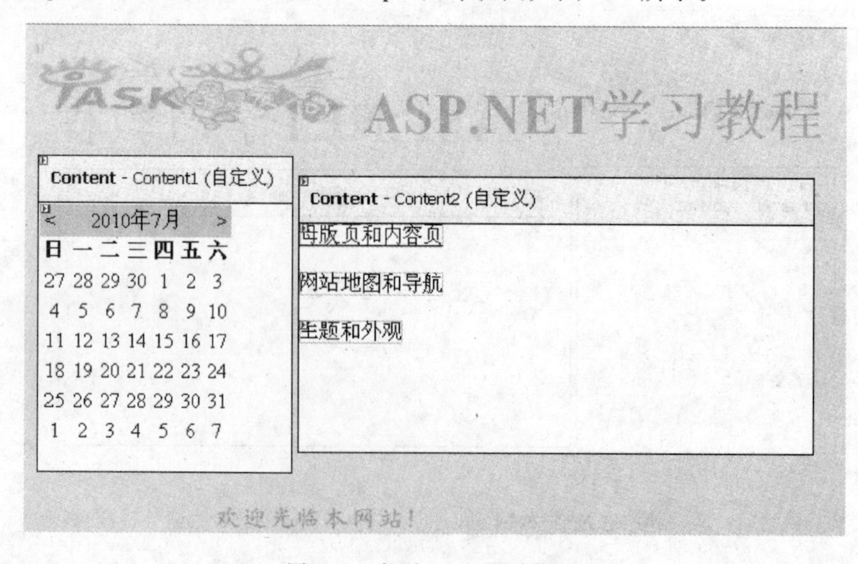

图 5.2 主页.aspx 设计视图

```
<%@ Page Language = "C#" MasterPageFile = "~/MasterPage.master" AutoEventWireup = "true"
CodeFile = "主页.aspx.cs" Inherits = "主页" Title = "Untitled Page" %>
<asp:Content ID = "Content1" ContentPlaceHolderID = "ContentPlaceHolder1" Runat = "Server">
    <asp:Calendar ID = "Calendar1" runat = "server"></asp:Calendar>
</asp:Content>
<asp:Content ID = "Content2" ContentPlaceHolderID = "ContentPlaceHolder2" Runat = "Server">
<asp:HyperLink ID = "HyperLink1" runat = "server" NavigateUrl = "~/母版页和内容页.aspx">母
版页和内容页</asp:HyperLink><br /><br />
    <asp:HyperLink ID = "HyperLink2" runat = "server">网站地图和导航
    </asp:HyperLink><br /><br />
    <asp:HyperLink ID = "HyperLink3" runat = "server">主题和外观
    </asp:HyperLink>
</asp:Content>
```

母版页和内容页.aspx的设计代码如下，母版页和内容页.aspx的设计视图，如图5.3所示。

```
<%@ Page Language = "C#" MasterPageFile = "~/MasterPage.master" AutoEventWireup = "true"
CodeFile = "母版页和内容页.aspx.cs" Inherits = "母版页和内容页" Title = "Untitled Page" %>
<asp:Content ID = "Content1" runat = "server" ContentPlaceHolderID = "ContentPlaceHolder1">
放置广告图片</asp:Content>
<asp:Content ID = "Content2" ContentPlaceHolderID = "ContentPlaceHolder2" Runat = "Server">
<h3><span style = "font-size: 16pt; font-family: 宋体">母版页和内容页</span></h3><br />
<span style = "font-family: 宋体; font-size: 10pt">网站应该有统一的风格和布局.</span>
</asp:Content>
```

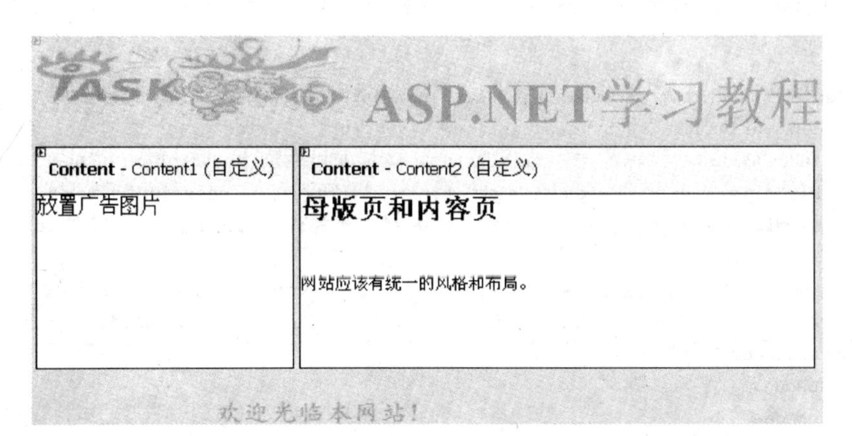

图5.3　母版页和内容页.aspx的设计视图

5.3　站点导航功能

5.3.1　建立站点地图

几乎所有网站中都具有站点导航功能，就是指当用户在访问一个网站时，可以很容易地了解到整个网站的布局结构，并能很方便地找到他想要的资源。而在一个网站中，由于站点导航几乎在所有网页当中的显示、布局基本一致，因此非常适合使用母版页来统一处理。另外，ASP.NET 还提供了几个导航控件（Menu、SiteMapPath 和 TreeView）和一个站点地图数据源控件（SiteMapDataSource），通过这些控件可以很容易地实现站点的导航功能。

站点地图并不是一个必需的元素，但在使用 ASP.NET 2.0 的新导航系统时，首先要进行的第一个步骤是应用程序站点地图。站点地图是对站点结构的 XML 描述。

网站地图是一种扩展名为.sitemap 的 XML 文件，其中包括了站点结构信息。默认情况下站点地图文件被命名为 Web.sitemap，并且存储在应用程序的根目录下。XML 是一种存储数据的标准，在这个 XML 文件中包含一个节点树，每个节点代表站点中的一个页面信息，有 3 个属性 title、URL 和 description。ASP.NET 可以根据这个节点树知道站点的结构、每个网页的上级页面是哪个及下级页面有哪些。默认情况下，ASP.NET 配置为阻止客户端下载具有已知文件扩展名的文件。可将文件扩展名不是.sitemap 的所有自定义站点地图数据文件放入 App_Data 文件夹中。

Title：表示网页名称，即导航条上所显示的导航文字信息。

URL：网页的链接地址，对应的是网页中文件在虚拟目录中的路径，也是网页访问时导航到网页的基础路径信息。

Description：网页内容的描述，这个属性是可选择的，如果填写了这个属性，则改属性内容会被作为 ALT 属性显示在网页上。

站点地图是基于 XML 的文件，它只包含一个直接位于 siteMap 元素下方的 siteMapNode 元素，然后在该元素下通过插入任意多的 siteMapNode 元素来构建站点的层次结构，但必须要求 siteMapNode 元素的 URL 属性不能有重复。

举例：创建一个站点地图，“添加新项”，“站点地图”，名为 Web.sitemap。

```
<?xml version = "1.0" encoding = "utf - 8" ?>
< siteMap xmlns = "http://schemas.microsoft.com/AspNet/SiteMap - File - 1.0" >
  < siteMapNode title = "主页" description = "主页" url = "Default.aspx" >
    < siteMapNode url = "标准控件.aspx" title = "标准控件"  description = "标准控件">
      < siteMapNode url = "Calendar.aspx" title = "日历控件"  description = "Calendar 控件" />
      < siteMapNode url = "AdRotator.aspx" title = "广告控件"  description = "AdRotator 控件" />
    </siteMapNode >
< siteMapNode url = "验证控件.aspx" title = "验证控件"  description = "验证控件">
  < siteMapNode url = " CustomValidator. aspx" title = " CustomValidator" description =
"CustomValidator 控件" />
</siteMapNode >
</siteMapNode >
</siteMap >
```

5.3.2 导航控件

SiteMapPath：此控件显示导航路径，向用户显示当前页面的位置，并以链接的形式显示返回主页的路径。

Menu：此控件显示一个可展开的菜单，让用户可以遍历访问站点中的不同页面。将光标悬停在菜单上时，将展开包含子节点的节点。

TreeView：此控件显示一个树状结构或菜单，让用户可以遍历访问站点中的不同页面。单击包含子节点的节点可将其展开或折叠。

利用 SiteMapPath 控件创建站点导航，既不用编写代码，也不用显示绑定数据，控件可自动读取和呈现站点地图信息。但是 SiteMapPath 控件不允许从当前页向前导航到层次结构中较深的其他页面。利用 TreeView 或 Menu 控件创建站点导航，用户可以打开节点并直接导航到特定的页。但这两个控件不能直接读取站点地图，需要在页上添加一个可读取站点地图的 SiteMapDataSource 控件。然后，将 TreeView 或 Menu 控件绑定到 SiteMapDataSource 控件，从而将站点地图呈现在该页上。

1. SiteMapPath 控件

SiteMapPath 控件：显示导航路径，向用户显示当前页面的位置，并以链接的形式显示返回主页的路径。此控件提供了许多可供自定义链接的外观的选项。使用 SiteMapPath 控件无须代码和绑定数据就能创建站点导航，此控件可自动读取和呈现站点地图信息。不过，只有在站点地图中列出的页才能在 SiteMapPath 控件中显示导航数据，如果将 SiteMapPath 控件放置在站点地图中未列出的页上，该控件将不会向客户端显示任何信息。由于该控件被专门设计为一个站点导航控件，因此该控件不需要 SiteMapDataSource 控件的实例；另外，默认情况下不需要为它指定 SiteMapProvider 属性，那么它将使用默认的站点地图提供程序。SiteMapPath 由节点组成。路径中的每个元素均称为节点，用 SiteMapNodeItem 对象表示。锚定路径并表示分层树的根的节点称为根节点；表示当前显示页的节点称为当前节点；当前节点与根节点之间的任何其他节点都为父节点，该类节点可能有多个。3 种不同的节点类型，如表 5.1 所示。

表 5.1　节点类型

节点类型	说　明
根节点	锚定节点分层组的节点
父节点	有一个或多个子节点但不是当前节点的节点
当前节点	表示但前显示页的节点

由于 SiteMapPath 显示的每个节点都是 HyperLink 或 Literal 控件，因此可以将模板或样式应用到这两种控件。对节点应用模板和样式需遵循两个优先级规则：

(1) 如果为节点定义了模板，它会重写为节点定义的样式；

(2) 特定于节点类型的模板和样式会重写为所有节点定义的常规模板和样式。

PathDirection 属性表示路径方向，其中 RootToCurrent 是从根节点到当前节点，CurrentToRoot 是从当前节点到根节点，Root 链接是显示中的第一个链接，通常是主页，Current 链接是当前显示的页面的链接。ShowToolsTips 属性表示是否显示工具提示功能。

将 SiteMapPath 控件放置在 AdRotator.aspx 页面上，即可查看，如图 5.4 所示。

图 5.4　SiteMapPath 控件显示

SiteMapPath 控件的 PathSeparator 控件可显示节点

与节点之间的分隔符,可用图片显示。

```
<asp:SiteMapPath ID = "SiteMapPath1" runat = "server" PathSeparator = " ——>>">
    <PathSeparatorTemplate>
        <asp:Image ID = "image1" runat = "server" ImageUrl = "~/image/P8080578.JPG"/>
    </PathSeparatorTemplate>
</asp:SiteMapPath>
```

2. Menu 控件

Menu 服务器控件可以开发 ASP.NET 网页的静态和动态显示菜单。我们既可以在 Menu 控件中直接配置其内容,也可通过将该控件绑定到数据源的方式来指定其内容。Menu 控件具有两种显示模式：静态模式和动态模式。静态显示意味着 Menu 控件始终是完全展开的,整个结构都是可视的,用户可以单击任何部位；在动态显示的菜单中,只有指定的部分是静态的,而只有用户将鼠标指针放置在父节点上时才会显示其子菜单项。Menu 控件还通过 Orientation 属性控制菜单静态部分的呈现方式：水平和垂直方式。

使用 Menu 控件的 StaticDisplayLevels 属性可控制静态显示行为,该属性指示从根菜单算起,静态显示的菜单的层数。例如,如果将 StaticDisplayLevels 设置为 3,菜单将以静态显示的方式展开其前 3 层。静态显示的最小层数为 1(默认值),如果将该值设置为 0 或负数,该控件将会引发异常。MaximumDynamicDisplayLevels 属性指定在静态显示层后应显示的动态显示菜单节点层数。例如,如果菜单有两个静态层和两个动态层,则菜单的前两层静态显示,后两层动态显示。如果将 MaximumDynamicDisplayLevels 设置为 0,则不会动态显示任何菜单节点。如果将 MaximumDynamicDisplayLevels 设置为负数,则会引发异常。

(1) 创建 Menu.aspx 页面,从工具箱中选取 Menu 控件。

```
<asp:Menu ID = "Menu1" runat = "server">
    <Items>
      <asp:MenuItem Text = "沈阳理工大学" Value = "沈阳理工大学" NavigateUrl = "~/defaul
.aspx" >
        <asp:MenuItem Text = "信息系" Value = "信息系" NavigateUrl = "~/inf.aspx">
          <asp:MenuItem Text = "软件工程" Value = "软件工程" NavigateUrl = "~/a.aspx" />
          <asp:MenuItem Text = "网络技术" Value = "网络技术" NavigateUrl = "~/b.aspx"/>
        </asp:MenuItem>
        <asp:MenuItem Text = "艺术系" Value = "艺术系" NavigateUrl = "~/art.aspx">
          <asp:MenuItem Text = "环境艺术" Value = "环境艺术" NavigateUrl = "~/c.aspx"/>
          <asp:MenuItem Text = "动画" Value = "动画" NavigateUrl = "~/d.aspx"/>
        </asp:MenuItem>
      </Items>
    </asp:Men>
```

Menu 控件由一个或多个 MenuItem 元素构成,通过<asp:MenuItem>标记的嵌套使用来显示菜单的层次化结构。要定义一个菜单项,只需要定义<asp:MenuItem>标记,并设置相关属性。重要的属性有 Text、Value、NavigateUrl 和 StaticEnableDefaultPopOutImage。

Text 属性用于设置菜单项显示的文字。

Value 属性用于设置菜单项表示的值。

NavigateUrl 属性用于设置菜单项链接到什么位置，如图 5.5 所示。

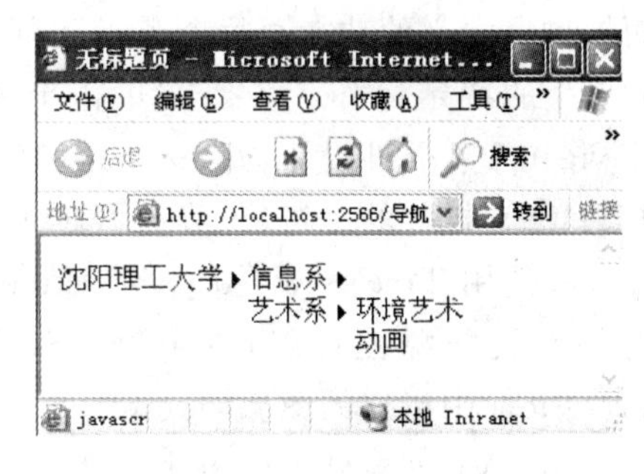

图 5.5　Menu 控件

StaticEnableDefaultPopOutImage 属性设置成 False，则不显示箭头。

(2) Menu 控件还有良好的数据绑定功能，该控件能够与多种数据源控件和数据对象集成。通过 Menu 控件绑定 Web.sitemap 文件。在 Default.aspx 窗体上拖放 Menu 控件。

```
<asp:Menu ID = "Menu1" runat = "server" DataSourceID = "SiteMapDataSource1"> </asp:Menu>
<asp:SiteMapDataSource ID = "SiteMapDataSource1" runat = "server" />
```

根据菜单项的显示方式，Menu 控件可分为静态显示模式（完全显示菜单）和动态显示模式（当鼠标指针滑过父菜单项时显示部分菜单）。该控件还提供静态和动态显示模式的组合，可将一系列根菜单项设置为静态的，而子菜单项动态显示。根据根菜单项的排列方向，Menu 控件分为水平菜单和垂直菜单。

3. TreeView 控件

TreeView 控件用于以树形结构显示分层数据，如目录或文件目录等。它支持以下功能：自动数据绑定，该功能允许将控件的节点绑定到分层数据；通过与 SiteMapDataSource 控件集成提供对站点导航的支持；可以显示为可选择文本或超链接的节点文本；可通过主题、用户定义的图像和样式自定义外观；通过编程访问 TreeView 对象模型，使用户可以动态地创建树，填充节点及设置属性等；通过客户端到服务器的回调填充节点；能够在每个节点旁边显示复选框。

TreeView 控件由一个或多个节点构成。树中的每一项被称为一个节点，由 TreeNode 对象表示。每个 TreeNode 还可以包含一个或多个 TreeNode 对象。包含 TreeNode 及其子节点的层次结构构成了 TreeView 控件所呈现的树结构。3 种不同的节点类型，如表 5.2 所示。

表 5.2　节点类型

节点类型	说　明
根节点	没有父节点，但具有一个或多个子节点的节点
父节点	具有一个父节点，并且有一个或多个子节点的节点
页节点	没有子节点的节点

一个典型的树结构只有一个根节点，但 TreeView 控件允许用户向树结构中添加多个根节点。每个节点都具有一个 Text 属性和一个 Value 属性。Text 属性的值显示在 TreeView 控件中，而 Value 属性则用于存储有关该节点的任何附加数据。单击 TreeView 控件的节点时，将引发选择事件（通过回发）或导航至其他页（使用 NavigateUrl）。未设置 NavigateUrl 属性时，单击节点将引发 SelectedNodeChanged 事件，用户可以处理该事件，从

而提供自定义的功能。每个节点还都具有 SelectAction 属性，该属性可用于确定单击节点时发生的特定操作。若要在单击节点时不引发选择事件而导航至其他页，可将节点的 NavigateUrl 属性设置为除空字符串之外的值。通过创建 TreeNode 元素集合，这些元素是 TreeView 控件的子级（子节点），在 TreeView 控件中显示静态数据。

在使用 TreeView 控件显示.sitemap 文件的内容时，必须使用一个数据源控件 SiteMapDataSource。ImageSet 属性设置 TreeView 中指定的图像样式。

TreeView 控件上的每个元素或每一项都称为节点。层次结构中最上面的节点是根节点。TreeView 控件可以有多个根节点。在层次结构中，任何节点，包括根节点在内，如果在它的下面还有节点，就称为父节点。每个父节点可以有一个或多个子节点，就称为叶节点。

TreeView 控件的属性 ShowCheckBoxes 表示显示复选框的节点类型；ShowLines 设为 True 表示显示链接树节点的线。

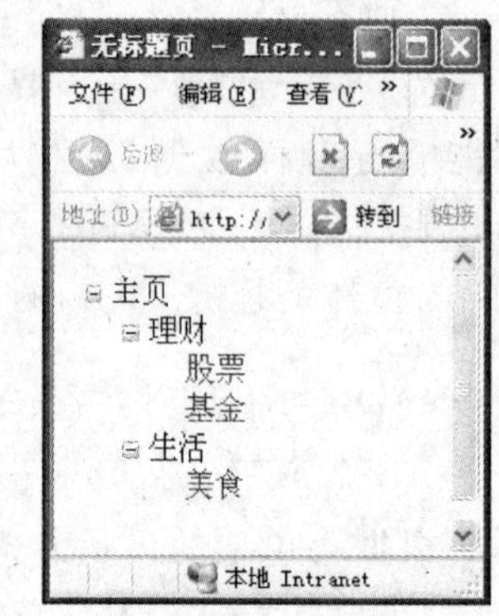

图 5.6 TreeView 控件

(1) 创建自定义绑定的 TreeView 控件，如图 5.6 所示。

```
<asp:TreeView ID = "TreeView1" runat = "server">
<Nodes>
    <asp:TreeNode NavigateUrl = "homepage.aspx" Text = "主页" Value = "主页">
        <asp:TreeNode NavigateUrl = "licai.aspx" Text = "理财" Value = "理财">
          <asp:TreeNode NavigateUrl = "1.aspx" Text = "股票" Value = "股票"></asp:TreeNode>
          <asp:TreeNode NavigateUrl = "2.aspx" Text = "基金" Value = "基金"></asp:TreeNode>
        </asp:TreeNode>
        <asp:TreeNode NavigateUrl = "shenghuo.aspx" Text = "生活" Value = "生活">
          <asp:TreeNode NavigateUrl = "3.aspx" Text = "美食" Value = "美食"></asp:TreeNode>
          </asp:TreeNode>
    </asp:TreeNode>
</Nodes>
</asp:TreeView>
```

(2) 将数据绑定到 TreeView 控件。

```
<asp:TreeView ID = "TreeView2" runat = "server" DataSourceID = "SiteMapDataSource1">
</asp:TreeView>
<asp:SiteMapDataSource ID = "SiteMapDataSource1" runat = "server" />
```

4. SiteMapDataSource 对象

SiteMapDataSource 控件是站点地图数据的数据源，站点数据则由为站点配置的站点地图提供程序进行存储。SiteMapDataSource 作为数据源控件，它的每个实例都与单个帮助器对象关联，该帮助器对象称为数据源视图（SiteMapDataSourceView）。SiteMapDataSourceView 是一个基于站点地图数据的视图，根据数据源的属性进行设置，并且通过调用 GetHierarchicalView 方法来检索此视图，它维护控件所绑定到的 SiteMapNodeCollection 对象。SiteMapDataSource 使那些并非专门作为站点导航控件的 Web 服务器控件能够绑定到分层的站点地图数据。因此，可以使用这些 Web 服务器控件将站点地图显示为一个目录，或者一个菜单。当然，也可以使用 SiteMapPath 控件来实现站点导航。

SiteMapDataSource 绑定到站点地图数据，并基于在站点地图层次结构中指定的起始节点显示其视图。默认情况下，起始节点是层次结构的根节点，但也可以是层次结构中的任何其他节点。起始节点由表 5.3 所示的几个 SiteMapDataSource 属性的值来标识。

表 5.3 起始节点的值

起始节点	属性值
层次结构的根节点(默认设置)	StartFromCurrentNode 为 false；未设置 StartingNodeUrl
标识当前正在查看的页的节点	StartFromCurrentNode 为 true；未设置 StartingNodeUrl
层次结构的特定节点	StartFromCurrentNode 为 false；已设置 StartingNodeUrl

如果 StartingNodeOffset 属性设置为非 0 的值，则它会影响起始节点及由 SiteMapDataSource 控件基于该节点公开的站点地图数据层次结构。StartingNodeOffset 的值为一个负整数或正整数时，该值标识从 StartFromCurrentNode 和 StartingNodeUrl 属性所标识的起始节点沿站点地图层次结构上移或下移的层级数，以便对数据源控件公开的子树的起始节点进行偏移。

如果 StartingNodeOffset 属性设置为负数－n，则由该数据源控件公开的子树的起始节点是所标识的起始节点上方 n 个级别的上级节点。如果 n 的值大于层次结构树中所标识起始节点上方的所有上级层级数，则子树的起始节点是站点地图层次结构的根节点。如果 StartingNodeOffset 属性设置为正数＋n，则公开的子树的起始节点是位于所标识的起始节点下方 n 个级别的子节点。由于层次结构中可能存在多个子节点的分支，因此，如果可能，SiteMapDataSource 会尝试根据所标识起始节点与表示当前被请求页的节点之间的路径，直接解析子节点。如果表示当前被请求页的节点不在所标识起始节点的子树中，则忽略 StartingNodeOffset 属性的值。如果表示当前被请求页的节点与位于其上方的所标识起始节点之间的层级差距小于 n 个级别，则使用当前被请求页作为起始节点。

5.3.3 站点地图的嵌套使用

对于具有多个子站点的大型站点，有时需要在父站点的导航结构中加入子站点的导航结构，对于每个子站点都有其独立的站点地图文件。这种情况，可以在需要显示子站点地图的位置创建一个 SiteMapNode 节点，并设置其属性 siteMapFile 指定到子站点的站点地图文件即可。siteMapFile 属性可以是以下任何一种形式：一个与应用程序相关的引用；一个虚拟路径；一个相当于当前站点地图文件位置的路径引用。ASP.NET 站点导航不允许访问应用程序目录结构之外的文件。如果站点地图包含引用另一站点地图文件的节点，该文件又位于应用程序之外，则会发生异常。

默认情况下，使用 ASP.NET 的默认站点地图提供程序(XmlSiteMapProvider)。但有时可能需要开发适合特定需要的站点地图提供程序。例如，我们的站点地图不是存放在 XML 文件，而是存放在 txt 文件或其他介质(如关系型数据库)，那么我们就需要开发自定义的站点地图提供程序，完成从 txt 文件中获取站点导航结构。要实现自定义站点地图提供程序，一般需要执行以下任务：创建自定义站点地图提供程序，配置自定义站点地图提供程序。若要实现自定义站点地图提供程序，必须创建一个派生自 System. Web.

SiteMapProvider 抽象类的类，然后实现由 SiteMapProvider 类公开的抽象成员。在完成自定义站点地图提供程序并编译成 dll 后，即可添加对它的使用。首先，在 Web.config 文件中修改设置。其中，Samples.AspNet.SimpleTextSiteMapProvider 即我们自定义的站点地图提供程序，并且指定站点地图文件为 siteMap.txt，并指定我们添加的自定义站点地图提供程序的引用名为 SimpleTextSiteMapProvider，这样我们就可以在站点地图文件中进行引用了。

在应用程序中包含两个站点地图文件 Web.sitemap 和 Web2.sitemap，如果想要嵌套使用站点地图文件，可以在 Web.sitemap 文件中添加如下代码：

```
<siteMapNode siteMapFile = "Web2.sitemap"/>
```

但是需要注意的问题是，在 Web.sitemap 和 Web2.sitemap 这两个文件中的节点的 URL 地址都不能相同。

5.4 使用母版页的高级技巧

5.4.1 实现母版页的嵌套

母版页可以嵌套，即让一个母版页引用另外的页作为其母版页。利用嵌套的母版页可以创建组件化的母版页。例如，大型网站可能包含一个用于定义站点外观的总体母版页，然后，不同的网站内容合作伙伴又可以定义各自的子母版页，这些子母版页引用网站母版页，并相应定义合作伙伴的内容的外观。

与任何母版页一样，子母版页也包含文件扩展名.master。子母版页通常会包含一些内容控件，这些控件将映射到父母版页上的内容占位符。就这方面而言，子母版页的布局方式与所有内容页类似。但是，子母版页还有自己的内容占位符，可用于显示其子页提供的内容。

5.4.2 设置应用级的母版页

通过在配置文件(Web.config)中进行设置应用程序级的母版页，网站的页面就可以引用该母版页。通过这种方式，当网站正式发布后，可以通过修改配置文件即可更改整个网站的布局外观。可以在 Web.config 文件的<system.web>节点下添加<pages>元素。

```
<configuration>
    <system.web>
        <pages masterPageFile = "~/Parent.master" />
    </system.web>
</configuration>
```

应用时，在页面的@Page 指令中并没有指定 MasterPageFile，而直接在<asp:Content>控件中引用它。因此，可以为一个站点添加多个母版页，每个母版页设置的风格和内容可各不相同，只要修改配置文件，就可以很方便地改变整个站点的布局外观了。

5.4.3 在程序中引用母版页

对于母版页的引用，可以在设计页面时进行引用，也可以在网页已经运行的情况下动态地更换母版页。例如，站点需要提供一个允许用户自动更改页面布局的功能。这种情况可以通过编程来实现。

在页面的 Page_PreInit 事件中通过修改 Page 类的 MasterPageFile 属性，来动态引用母版页。代码示例如下：

```
protected void Page_PreInit(object sender, EventArgs e)
{
    Page.MasterPageFile = "parent.master";
}
```

通过编程来动态地引用母版页具有一定的限制，主要有以下几点：

(1) MasterPage 的设置必须在页面生命周期事件 Page_PreInit 之中或之前的事件中进行。

(2) 动态引用的母版页必须拥有页面中＜asp:Content＞控件所引用的所有＜asp:ContentPlaceHolder＞控件，否则，ASP.NET 将引发异常。

5.5 习题

1. 填空题

(1) 母版页由特殊的________指令识别，该指令替换了用于普通.asp 网页的@page 指令。

(2) 母版页中可以包含一个或多个可替换内容占位符________。

(3) 内容页通过________和母版页建立联系。

(4) 网站地图文件的扩展名是________。

(5) ＜siteMapNode＞元素的 url 属性表示________。

(6) 若要使用网站导航控件，必须在________文件中描述网站的结构。

(7) SiteMapPath 控件的属性 PathDirection 功能是________。

(8) 导航控件一共有 3 个，分别为________、________、________。

2. 选择题

(1) 母版页文件的扩展名(　　)。

A. .aspx　　B. .master　　C. .cs　　D. .skin

(2) 关于嵌套网站地图文件的说法中，(　　)是正确的。

A. 网站地图文件必须在网站根目录下

B. 网站地图文件必须在 App_Data 子文件夹下

C. 网站地图文件必须和引用的网页在同一个文件夹中

D. Web.sitemap 必须在网站根文件夹下

(3) 网站导航控件(　　)不需要添加数据源控件。

A. SiteMapPath　　B. TreeView

C. Menu　　　　　　　　　　　　　　D. SiteMapDataSource

(4) 母版页中使用导航控件，要求(　　)。

A. 母版页必须在根文件夹下

B. 母版页名字必须为 Web.master

C. 与普通页一样使用，浏览母版页时就可以查看效果

D. 必须有内容页才能查看效果

3. 判断题

(1) 主题至少要有样式表文件。　(　　)

(2) 母版页只能包含一个 ContentPlaceHolder 控件。　(　　)

(3) 一个网站地图中只能有一个<siteMapNode>根元素。　(　　)

(4) 网站导航文件不能嵌套使用。　(　　)

(5) 网站导航控件都必须通过 SiteMapPath 控件来访问网站地图数据。　(　　)

(6) 母版页中不能添加导航控件。　(　　)

4. 简答题

(1) 简述包含 ASP.NET 母版页的页面运行的显示原理。

(2) 简述什么是母版页、内容页。

(3) 简述站点地图的作用。

第6章 数据访问和表示

6.1 在ASP.NET中的数据访问模型

在ASP.NET中，数据访问必须依赖于.NET Framework所提供的功能，ASP.NET通过对ADO.NET的引用，实现了获取数据和操作数据的目的。

6.1.1 关系数据库和数据存储

1. 关系数据库

关系数据库在企业应用中充当存储数据容器的角色。在关系数据库中，这些数据是由许多数据表(Table)所组成的，表又是由许多条记录(Row或Record)所组成的，而记录又是由许多字段(Column或Filed)所组成的。假设有一个电子商务网站，现在需要保存关系型数据，我们可能想到要保存使用者的账号、密码、姓名、电话、住址及E-mail等数据；这些要保存的项目，每一个项目就是一个字段。

经过近年来的发展，关系数据的技术已经非常成熟，应用也非常广泛。常见的关系数据库系统有Microsoft SQL Server、Oracle、Access、Sybase等，对于企业应用来讲，使用关系型数据库具有以下优势：

(1) 将程序与数据分离，实现数据的独立性。

(2) 支持大容量的数据和快速的数据检索。

(3) 支持并发和事务。

2. Microsoft SQL Server 2005

Microsoft SQL Server 2005是用于大型联机事务处理(OLTP)、数据仓库和电子商务应用的数据库和数据分析平台，包括SQL Server数据库引擎、SQL Server Analysis Services、SQL Server Integration Services等组件。其中SQL Server数据库引擎是最核心的组件，主要完成数据存储、处理和保护，利用数据库引擎可控制访问权限并快速处理事务，从而满足企业内要求极高而且需要处理大量数据的应用需要。数据库引擎还在保持高可用性方面提供了有力的支持。

具体来讲，SQL Server数据库引擎主要包括以下功能。

(1) SQL Server数据库引擎：数据库引擎是用于存储、处理和保护数据的核心服务。利用数据库引擎可控制访问权限并快速处理事务，从而满足企业内要求极高而且需要处理大量数据的应用需要。数据库引擎还在保持高可用性方面提供了有力的支持。

(2) SQL Server Analysis Services：Analysis Services为商业智能应用程序提供了联机分析处理(OLAP)和数据挖掘功能。Analysis Services允许用户设计、创建及管理其中包含其他数据源(如关系数据库)聚合而来的数据的多维结构，从而提供OLAP支持。对于数据挖掘应用程序，Analysis Services允许使用多种行业标准的数据挖掘算法来设计、创建和可视化从其他数据源构造的数据挖掘模型。

(3) SQL Server Integration Services：Integration Services是一种企业数据转换和数据集成解决方案，可以使用它从不同的源提取、转换及合并数据，并将其移至单个或多个目标。

(4) SQL Server复制：复制是在数据库之间对数据和数据库对象进行复制和分发，然后在数据库之间进行同步以保持一致性的一组技术。使用复制可以将数据通过局域网、广域网、拨号连接、无线连接和Internet分发到不同位置及分发给远程用户或移动用户。

(5) SQL Server Reporting Services：Reporting Services是一种基于服务器的新型报表平台，可用于创建和管理包含来自关系数据源和多维数据源的数据的报表、矩阵报表、图形报表和自由格式报表，并可以通过基于Web的连接来查看和管理报表。

(6) SQL Server Notification Services：Notification Services平台用于开发和部署可生成并发送通知的应用程序。Notification Services可以生成并向大量订阅方及时发送个性化的消息，还可以向各种各样的设备传递消息。

(7) SQL Server Service Broker：Service Broker是一种用于生成可靠、可伸缩且安全的数据库应用程序的技术。Service Broker是数据库引擎中的一种技术，它对队列提供了本机支持。Service Broker还提供了一个基于消息的通信平台，可用于将不同的应用程序组件连接成一个操作整体。Service Broker提供了许多生成分布式应用程序所必需的基础结构，可显著减少应用程序开发时间。Service Broker还可帮助用户轻松自如地缩放应用程序，以适应应用程序所要处理的流量。

(8) 全文搜索：SQL Server包含对SQL Server表中基于纯字符的数据进行全文查询所需要的功能。全文查询可以包括单词和短语，或者一个单词或短语的多种形式。

(9) SQL Server工具和实用工具：SQL Server提供了设计、开发、部署和管理关系数据库、Analysis Services多维数据集、数据转换包、复制拓扑、报表服务器和通知服务器所需要的工具。

6.1.2 在ASP.NET数据访问的原理和基本技术

对于.NET Framework中的Web应用程序，数据访问依赖于两个独立的体系结构层。第一层完全由Framework提供，直接跟数据源打交道，实现数据访问的基本框架；第二层由为程序员提供数据访问功能的API和控件组成。在实际应用中，常常对这些API进行引用，以实现特定的数据存取的功能。具体来看，数据访问涉及4个主要的组件：Web应用程序(ASP.NET)、数据层(ADO.NET)、数据提供程序及真正的数据源。这些组件构成了所有数据访问Web应用程序的基础结构，如图6.1所示。

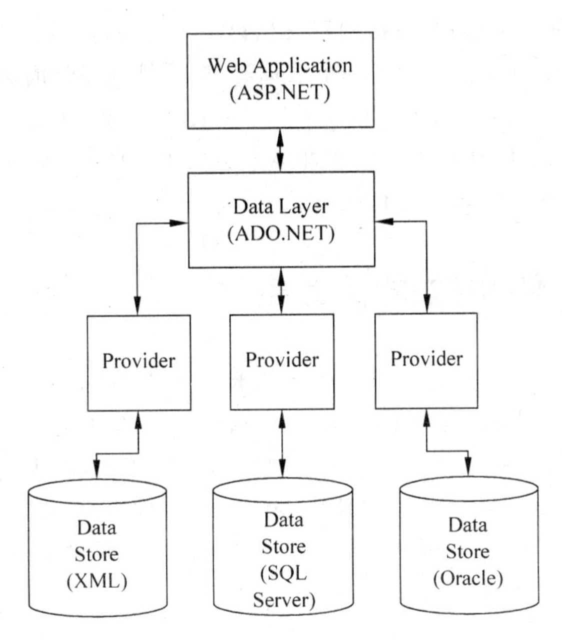

图 6.1 数据访问的主要组件

1. 数据存储(Data Store)

数据存储是数据存放的源头,通过 ADO.NET 2.0 和 ASP.NET 2.0 的新增控件,Web 应用程序能够访问多种数据存储中的数据,包括关系数据库、XML 文件、Web 服务、平面文件,或诸如 Microsoft Excel 这样的电子数据表程序中的数据。

2. 数据提供程序(Provider)

为什么可以通过 ADO.NET 来访问许多不同的数据源呢?这是由于 ASP.NET 具有提供程序模型的功能,这些 Provider 相当于一个适配器,它将对不同的数据源的数据操作细节隐藏起来,这种模型的灵活性使开发人员只需要编写一组数据访问代码(使用 ADO.NET)就能够访问多种类型的数据。

在 ASP.NET 2.0 中,除了基本的数据访问之外,提供程序模型实际上还用于多种不同的任务。这些任务包括个性化配置(Profile)、Web 部件等。

3. 数据操作层(Data Layer)

在 ADO.NET 中,通过 ADO.NET API 定义的抽象层,使所有的数据源看起来都是相同的。不论何种数据源,提取信息的过程都具有相同的关键类和步骤。

4. Web 应用程序层

ASP.NET 提供一系列控件,这些控件的设计意图是为了减少数据访问的代码量。例如,开发人员能使用数据源向导自动创建和配置一个数据源,使用这个数据源发布查询和检索结果。此外,由于不同的控件能够绑定到一个数据源,因此,控件能够依据从数据源检索到的信息,自动设置控件的外观和内容。

这些控件具有多种表现形式，包括网格、树、菜单和列表等，其大小也不同。数据绑定控件通过它的 DataSourceID 属性连接到一个数据源，此属性在设计时或运行时声明。

数据源控件通过提供程序(如 ADO.NET 中的提供程序)绑定到下层的数据存储。使用数据源控件的好处是能够在页面中声明性地表示出来。此外，能够直接使用诸如分页、排序和更新操作等功能，而无须编写一行代码。

6.2 数据源控件和数据绑定控件

在 ASP.NET 2.0 中，数据访问系统的核心是数据源(DataSource)控件。一个数据源控件代表数据(数据库、对象、XML、消息队列等)在系统内存中的映像，能够在 Web 页面上通过数据绑定控件展示出来。为了适应对不同数据源的访问，ASP.NET 提供了多种不同的数据源，包括 SqlDataSource 控件、XMLDataSource 控件等。同时为了使用不同的方式来呈现和操作数据，ASP.NET 也提供了多种不同的数据绑定控件，包括 GridView、DetailsView、FormView 和 Repeater 等。

6.2.1 数据源控件

数据源控件：一个数据源控件就是一组.NET 框架类，它有利于数据存储和数据绑定控件之间的双向绑定。

ASP.NET 包含几种类型的数据源控件，这些数据源控件允许用户使用不同类型的数据源，如数据库、XML 文件或中间层业务对象。数据源控件没有呈现形式，即在运行时是不可见的，而是用来表示特定的后端数据存储，如数据库、业务对象、XML 文件或 XML Web 服务。数据源控件还支持针对数据的各种处理(包括排序、分页、筛选、更新、删除和插入等)，数据绑定控件能够轻易地使用这些功能。

ASP.NET 2.0 中内置的数据源控件，如表 6.1 所示。

表 6.1 数据源控件

数据源控件	说　明
ObjectDataSource	支持绑定到中间层对象来管理数据的 Web 应用程序。支持对其他数据源控件不可用的高级排序和分页方案
SqlDataSource	支持绑定到 ADO.NET 提供程序所表示的 SQL 数据库。与 SQL Server 一起使用时支持高级缓存功能。当数据作为 DataSet 对象返回时，此控件还支持排序、筛选和分页
AccessDataSource	支持绑定到 Microsoft Access 数据库。当数据作为 DataSet 对象返回时，支持排序、筛选和分页
XmlDataSource	允许使用 XML 文件，特别适用于分层的 ASP.NET 服务器控件。支持使用 XPath 表达式来实现筛选功能，并允许对数据应用 XSLT 转换。它还可以更新整个 XML 文档的数据
SiteMapDataSource	支持绑定到 ASP.NET 2.0 站点导航提供程序公开的层次结构，结合 ASP.NET 站点导航一起使用

6.2.2　数据绑定控件

数据绑定控件把数据源提供的数据作为标记，发送给请求的客户端浏览器，然后将数据呈现在浏览器页面上。数据绑定控件能够自动绑定到数据源公开的数据，并在页请求生命周期中的适当时间获取数据。这些控件还可以选择利用数据源功能，如排序、分页、筛选、更新、删除和插入。大多数 Web 服务器控件可以作为数据绑定控件来使用，如将 Label 和 TextBox 控件绑定到数据库表中的一个字符串字段。这种绑定可以通过修改该控件的 DataSourceID 属性使之连接到数据源控件上。

ASP.NET 的数据绑定控件，如表 6.2 所示。

表 6.2　数据绑定控件

名　称	说　明
GridView	以网格格式呈现数据。此控件是 DataGrid 控件的演变形式，并且能够自动利用数据源功能
DetailsView	在标签/值对的表格中呈现单个数据项，类似于 Access 中的窗体视图。此控件页能自动利用数据源功能
FormView	在由自定义模板定义的窗体中一次呈现单个数据项。在标签/值对的表格中呈现单个数据项，类似于 Access 中的窗体视图。此控件也能自动利用数据源功能
TreeView	在可展开节点的分层树视图中呈现数据
Menu	以分层动态菜单(包括弹出式菜单)来呈现数据

6.2.3　数据源控件和数据绑定控件的应用

1. GridView 控件

GridView 控件是 DataGrid 的接替者，它完全支持数据源组件，能够自动处理诸如分页、排序和编辑等数据操作，前提是绑定的数据源对象支持这些操作。另外，GridView 控件有一些比 DataGrid 优越的功能上的改进。特别是，它支持多个主键字段，公开了一些用户界面的改进功能和一个处理与取消事件的新模型。GridView 附带了一对互补的视图控件，DetailsView 和 FormView。通过这些控件的组合，能够轻松地建立主/详细视图，而只需少量代码，有时甚至根本不需要代码。

GridView 控件支持以下功能：

(1) 绑定到数据源控件。

(2) 内置的排序功能。

(3) 内置的更新和删除功能。

(4) 内置的分页功能。

(5) 内置的行选择功能。

(6) 对 GridView 对象模型进行编程访问以动态设置属性和处理事件。

(7) 诸如 CheckBoxField 和 ImageField 等新的列类型。

(8) 用于超链接列的多个数据字段。

(9) 用于选择、更新和删除的多个数据键字段。

(10) 可通过主题和样式自定义的外观。

GridView 的主要属性,如表 6.3 所示。

表 6.3 GridView 的主要属性

属 性	描 述
AutoGenerateColumns	获取或设置一个值,该值表明是否为数据源中的每个字段自动创建绑定字段
AutoGenerateDeleteButton	获取或设置一个值,该值表明是否为每个数据行产生一列"删除"按钮,是的用户可以删除选择的记录
AutoGenerateEditButton	获取或设置一个值,该值表明是否为每个数据行产生一列"编辑"按钮,是的用户可以编辑选择的记录
AutoGenerateSelectButton	获取或设置一个值,该值表明是否为每个数据行产生一列"选择"按钮,是的用户可以选择所选一行的记录
BottomPagerRow	返回一个 GridViewRow 对象,该对象表示 GridView 控件中的底部页导航行
Columns	获取表示 GridView 控件中列字段的 DataControlField 对象的集合。注意:如果自动生成,该集合总是空的
DataKeyNames	获取或设置一个数组,该数组包含了显示在 GridView 控件中的项的主键字段的名称。该属性扩展并替代了 DataKeyField 属性
DataKeys	获取一个 DataKey 对象集合,这些对象表示 GridView 控件中的每一行的数据键值
EmptyDataText	获取或设置在 GridView 控件绑定到不包含任何记录的数据源时所呈现的空数据行中显示的文本
EnableSortingAndPagingCallbacks	获取或设置一个值,该值表示客户端回调是否用于排序和分页操作,默认值为 False
PagerSettings	获取对 PagerSettings 对象的引用,使用该对象可以设置 GridView 控件中的页导航按钮的属性。PagerSettings 对象把所有与分页相关的属性包含在一起
Rows	获取表示 GridView 控件中数据行的 GridViewRow 对象的集合。用来代替 DataGrid 中的 Items 属性
SelectedDataKey	返回 DataKey 对象,该对象包含 GridView 控件中当前选中行的数据键值
SelectedRow	获取对 GridViewRow 对象的引用,该对象表示控件中的选中行。替代 GridView 控件中的 SelectedItem 属性
SelectedValue	获取 GridView 控件中选中行的数据键值。类似于 SelectedDataKey
SortDirection	获取正在排序的列的排序方向,是一个只读属性
SortExpression	获取与正在排序的列关联的排序表达式,是一个只读属性
TopPagerRow	获取一个 GridViewRow 对象,该对象表示 GridView 控件中的顶部页导航行
UserAccessibleHeader	获取或设置一个值,该值指示 GridView 控件是否以易于访问的格式呈现其标题。提供此属性的目的是使辅助技术设备的用户更易于访问控件。确定是否用＜TH＞标记替换默认的＜TD＞标记

GridView 控件中的每一列都由一个 DataControlField 对象表示。默认情况下，AutoGenerateColumns 属性被设置为 True，为数据源中的每一个字段创建一个 AutoGenerateField 对象。每个字段然后作为 GridView 控件中的列呈现，其顺序同于每一字段在数据源中出现的顺序。

通过将 AutoGenerateColumns 属性设置为 False，可以定义自己的列字段集合，也可以手动控制那些列字段显示在 GridView 控件中。不同的列字段类型决定控件中各列的行为。

GridView 控件的列字段类型，如表 6.4 所示。

表 6.4　GridView 控件的列字段类型

列字段类型	说　明
BoundField	显示数据源中某个字段的值。这是 GridView 控件的默认列类型
ButtonField	为 GridView 控件中的每个项显示一个命令按钮。因此可以创建一列自定义按钮控件，如"添加"按钮或"移除"按钮
CheckBoxField	为 GridView 控件中的每一项显示一个复选框。此列字段类型通常用于显示具有布尔型的字段
CommandField	显示用来执行选择、编辑或删除操作的预定义命令按钮
HyperLinkField	将数据源中某个字段的值显示为超链接。此列字段类型允许将另一个字段绑定到超链接的 URL
ImageField	为 GridView 控件中的每一项显示一个图像
TemplateField	根据指定的模板为 GridView 控件中的每一项显示用户定义的内容。此列字段类型允许创建自定义的列字段

若以声明的方式定义列字段集合，应首先在 GridView 控件的开始和结束标记之间添加<Columns>开始和结束标记。接着，列出想包含在<Columns>之间的列字段。指定的列将以所列出的顺序添加到 Columns 集合中。Columns 集合存储该控件中的所有列字段，并允许以编程方式管理 GridView 控件中的列字段。

显式声明的列字段可与自动生成的列字段结合在一起显示。两者同时使用时，先呈现显式声明的列字段，再呈现自动生成的列字段。不过，自动生成的列字段不会添加到 Columns 集合中。

举例：使用 GridView 控件进行数据显示、分页和排序等操作。

选择 SqlDataSource 控件，在 Web 窗体中插入该控件。单击"配置数据源"，如图 6.2 所示，"新建连接"，"服务器名"为(local)，使用 SQL Server 身份验证，选择的数据库名为 pubs，如图 6.3 所示，可以单击"测试连接"，确认已经连接到数据库，如图 6.4 所示。

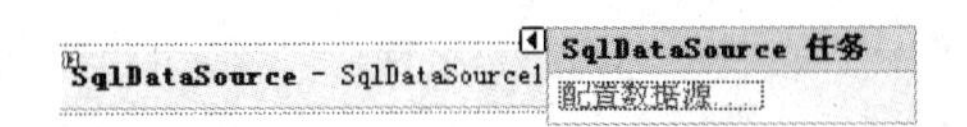

图 6.2　SqlDataSource 控件

单击"确定"按钮返回"配置数据源"向导，可以查看连接字符串，"Data Source=(local);Initial Catalog=pubs;User ID=sa"。单击"下一步"按钮，确认将连接字符串保存在配置文件中，另存为 pubsConnectionString，这样在下一次连接时就可以直接使用该字符串了。单击“下一步”按钮，在“配置 Select 语句”对话框中指定需要检索的数据表及其字段，选择 authors 表及其所有字段（*），如图 6.5 所示。单击“下一步”按钮，可以测试刚才配置 select 语句的效果，如图 6.6 所示。单击“完成”按钮完成数据源的配置。

添加连接

输入信息以连接到选定的数据源，或单击“更改”选择另一个数据源和/或提供程序。

数据源(S)：Microsoft SQL Server (SqlClient) 更改(C)...

服务器名(E)：(local) 刷新(R)

登录到服务器

使用 Windows 身份验证(W)

使用 SQL Server 身份验证(Q)

用户名(U)：

密码(P)：

保存密码(S)

连接到一个数据库

选择或输入一个数据库名(D)：pubs

附加一个数据库文件(H)： 浏览(B)...

逻辑名(L)：

高级(V)...

测试连接(T) 确定 取消

图 6.3 “添加连接”对话框

图 6.4 连接成功对话框

配置数据源 - SqlDataSource1

配置 Select 语句

希望如何从数据库中检索数据？

指定自定义 SQL 语句或存储过程(S)

指定来自表或视图的列(T)

名称(M)：authors

列(O)：

* city au_id state au_lname zip au_fname contract phone address

只返回唯一行(E)

WHERE(W)...

ORDER BY(R)...

高级(V)...

SELECT 语句(L)：

SELECT * FROM [authors]

< 上一步(P) 下一步(N) > 完成(F) 取消

图 6.5 “配置 select 语句”对话框

选择 GridView 控件，在“选择数据源”下拉列表中选择 SqlDataSource1，如图 6.7 所示，即可浏览。其结果，如图 6.8 所示。

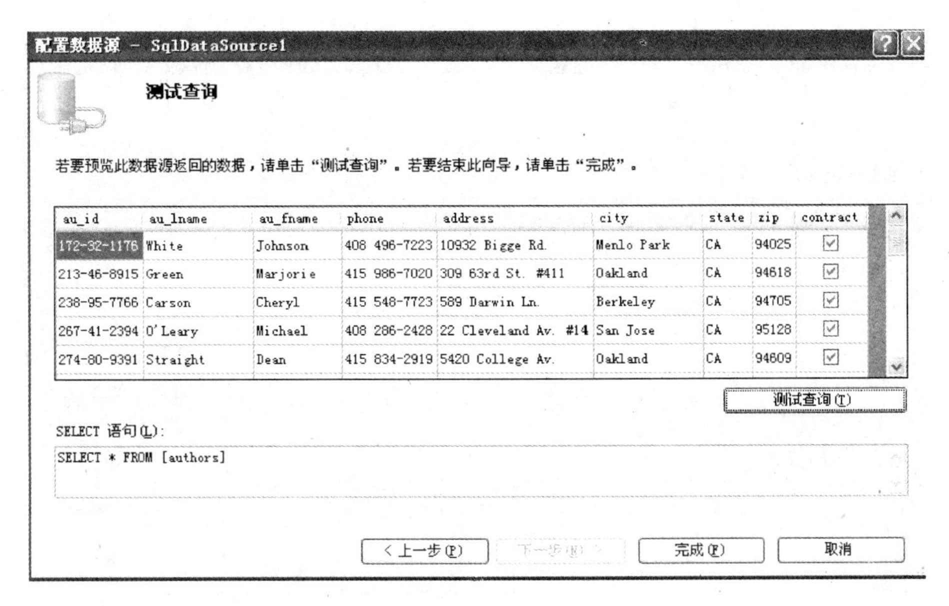

图 6.6　“测试查询”对话框

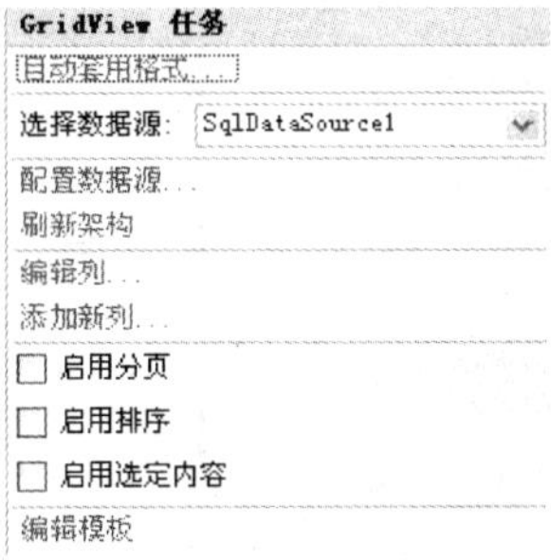

GridView 任务
自动套用格式...
选择数据源: SqlDataSource1
配置数据源...
刷新架构
编辑列...
添加新列...
☐ 启用分页
☐ 启用排序
☐ 启用选定内容
编辑模板

图 6.7　GrideView 控件的任务

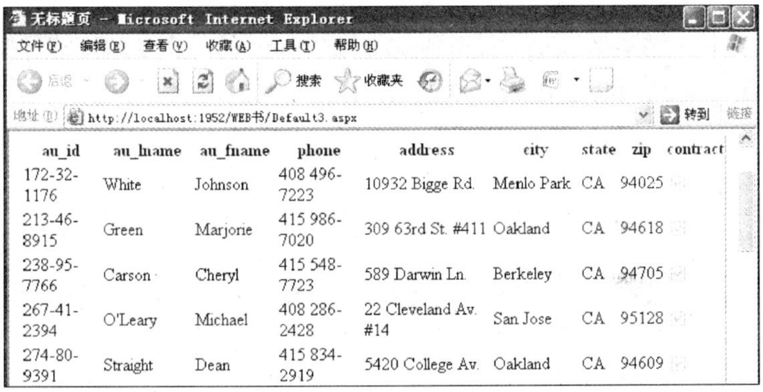

无标题页 - Microsoft Internet Explorer

地址(D) http://localhost:1952/WEB书/Default3.aspx

au_id	au_lname	au_fname	phone	address	city	state	zip	contract
172-32-1176	White	Johnson	408 496-7223	10932 Bigge Rd.	Menlo Park	CA	94025	
213-46-8915	Green	Marjorie	415 986-7020	309 63rd St. #411	Oakland	CA	94618	
238-95-7766	Carson	Cheryl	415 548-7723	589 Darwin Ln.	Berkeley	CA	94705	
267-41-2394	O'Leary	Michael	408 286-2428	22 Cleveland Av. #14	San Jose	CA	95128	
274-80-9391	Straight	Dean	415 834-2919	5420 College Av.	Oakland	CA	94609	

图 6.8　GridView 控件显示数据

选中 SqlDataSource1 控件，选择“配置数据源”，单击“下一步”按钮，在“配置 Select 语句”对话框中的“列”列表中选中 au_id、au_lname、au_fname 和 phone 这 4 个列，如图 6.9 所示。单击 WHERE 按钮添加 Where 子句。在“添加 Where 子句”对话框中，“列”选择 state，“运算符”选择“=”，“源”选择 None；然后在“参数属性”中填写 CA。单击“添加”按钮将 WHERE 子句添加到 SQL 表达式中，单击“确定”按钮返回“配置 Select 语句”对话框，如图 6.10 所示。单击“下一步”按钮，再单击“完成”按钮即可。

```
<asp:SqlDataSource ID = "SqlDataSource1" runat = "server" ConnectionString = "<% $
ConnectionStrings:pubsConnectionString %>"SelectCommand = "SELECT [au_id], [au_lname], [au_
fname], [phone] FROM [authors] WHERE ([state] = @state)">
        <SelectParameters>
            <asp:Parameter DefaultValue = "CA" Name = "state" Type = "String" />
        </SelectParameters>
</asp:SqlDataSource>
```

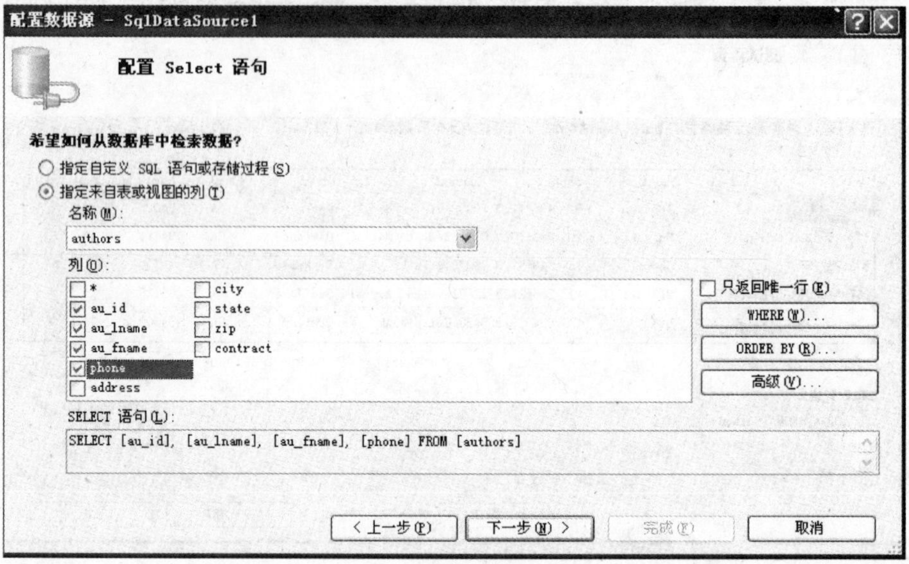

图 6.9 配置 Select 语句

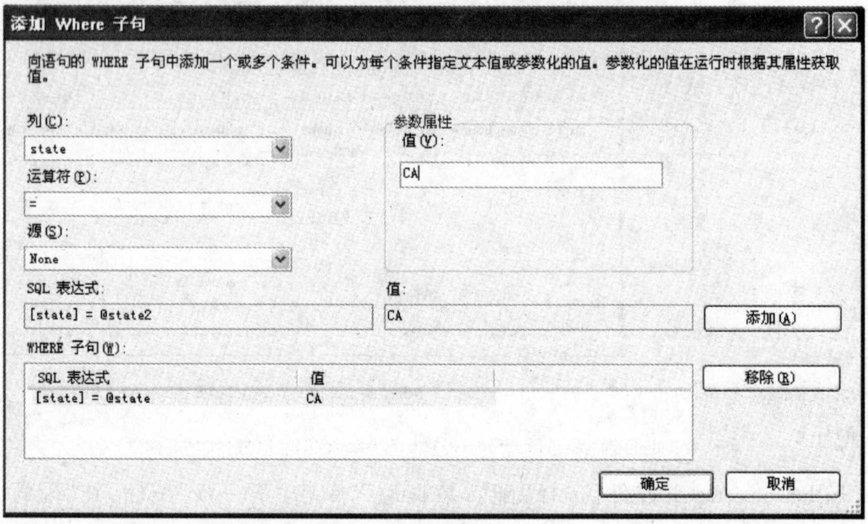

图 6.10 配置 Where 语句

其中 Select 语句表明从 authors 表中选择 au_id、au_lname、au_fname 和 phone 这 4 个字段，而返回的记录是 state 字段为 CA 的所有记录。这里的 Where 子句采用了参数传递的方式，用的是类型为 String 的参数，参数名为 state，默认为 CA。

单击 GridView 控件，选中“启用分页”和“启用排序”两项，如图 6.11 所示。这样配置的 GridView 就可以自动分页和排序了。但是，网页网格中显示的数据仍然会以 au_id、

图 6.11 启用分页、启用排序

au_lname、au_fname 和 phone 这样的标题为列标题。因此，还需要对列进行编辑，使之能够显示为更具有意义的标题。

选择 GridView 任务菜单中的“编辑列”，打开“字段”对话框，分别双击“可用字段”列表中的 au_id、au_fname、au_lname 和 phone，将 4 个字段全部添加到“选定的字段”列表中。分别在“选定的字段”列表中选择这 4 个字段，将对话框中右侧的“BoundField 属性”中的 HeaderText 属性分别改为“作者 ID”、“作者姓氏”、“作者名字”和“电话号码”，如图 6.12 所示。

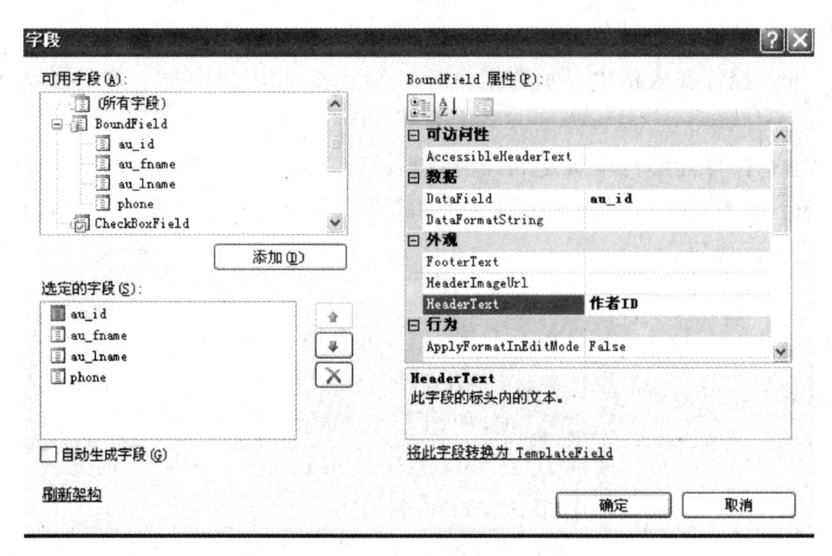

图 6.12 GridView 控件的编辑列

单击“确定”按钮。最后，将 GridView 控件的 PageSize 的值改为 5，使页面显示为每页 5 行。

单击页面中的“作者姓氏”、“作者名字”和“电话号码”标题都可以使显示的数据按照相对应的列进行排序。单击 1、2、3 可以直接跳到相应的分页，如图 6.13 所示。

图 6.13 运行结果

2. DetailsView 控件

许多应用程序需要一次作用于一条记录。一种方法是创建单条记录的视图，但是这需要自己编写代码。首先，需要获取记录，然后，将字段绑定到数据绑定表单，选择性地提供分页按钮来浏览记录。

当生成主/详细视图时，经常需要显示单条记录的内容。通常，用户从网格中选择一条主记录，让应用程序追溯所有可用字段。通过组合 GridView 和 DetailsView 控件，编写少量代码，就能够生成有层次结构的视图。

DetailsView 控件在表格中显示数据源的单个记录，此表格中每个数据行表示记录中的一个字段。此控件经常在主控/详细方案中与 GridView 控件一起使用。

DetailsView 控件能够自动绑定到任何数据源控件，使用其数据操作集。控件能够自动分页、更新、插入和删除底层数据源的数据项，只要数据源支持这些操作。多数情况下，建立这些操作无须编写代码。

举例：主/详细信息和 DetailsView 控件。

在上个例子中，再添加一个 SqlDataSource 和 DetailsView 控件。选择 GridView 控件的任务菜单，选中菜单中的"启用选定内容"项，如图 6.14 所示。修改 GridView 的 DataKeyNames 属性为 au_id，这样就可以把 GridView 的选择值与第二个 SqlDataSource 关联了。

图 6.14 启用选定内容

GridView 控件支持一个 SelectedValue 属性，该属性指示 GridView 中当前选择的行。SelectedValue 属性值为 DataKeyNames 属性中指定的第一个字段的值。通过将 AutoGenerateSelectButton 设置为 True，或者通过向 GridView Columns 集合添加 ShowSelectButton 设置为 True 的 CommandField，可以启用用于 GridView 上的选择的用户界面。然后 GridView 的 SelectedValue 属性可以与数据源中的 ControlParameter 关联以用于查询详细信息记录。

配置 SqlDataSource2 控件，可以直接选择 SqlDataSource1 所创建的连接 pubsConnectionString，单击"下一步"按钮。在"配置 Select 语句"对话框的"列"列表中选中"*"，即所有字段，如图 6.5 所示；单击 WHERE 按钮添加 Where 子句。在"添加 WHERE 子句"对话框中，将"列"、"运算符"、"源"及"控件 ID"分别选择"au_id"、"="、Control 和"GridView1"，如图 6.15 所示。这样就使 SqlDataSource2 与 GridView1 控件中所选择的记录关联在一起。单击"添加"按钮，将 WHERE 子句添加到 SQL 表达式中。单击"确定"按钮。单击"配置 Select 语句"对话框中的"高级"按钮，在弹出的对话框中选中"生成 INSERT、UPDATE 和 DELETE 语句"项，这样就可以启用 DetailsView 控件的编辑、删除和更新功能了。即完成数据源 SqlDataSource2 的配置。经过上述步骤，SqlDataSource2 就与 GridView1 的选择关联在一起。每次在 GridView1 中选择一个记录时，SqlDataSource2 就会返回该记录的数据。

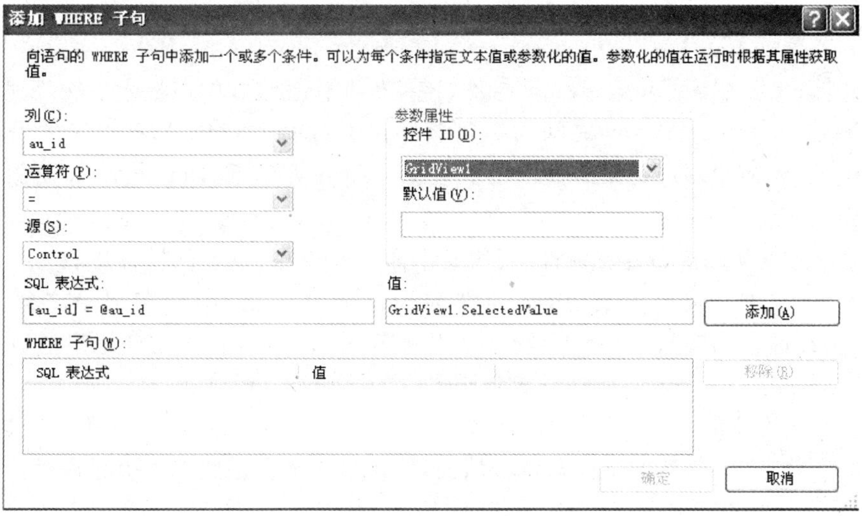

添加 WHERE 子句

向语句的 WHERE 子句中添加一个或多个条件。可以为每个条件指定文本值或参数化的值。参数化的值在运行时根据其属性获取值。

列(C): au_id

运算符(P): =

源(S): Control

参数属性

控件 ID(D): GridView1

默认值(V):

SQL 表达式: [au_id] = @au_id

值: GridView1.SelectedValue

添加(A)

WHERE 子句(W):

SQL 表达式 值

移除(R)

确定 取消

图 6.15 指定 SELECT 语句的参数为 GridView1.SelectedValue

配置 DetailsView 控件，使之能够对 GridView 控件的选择做出反应，并且可以编辑数据。在 DetailsView 任务菜单中，选择其数据源为 SqlDataSource2。选中 DetailsView 任务菜单中的“启用插入”、“启用编辑”和“启用删除”项，如图 6.16 所示。

图 6.16 DetailsView 控件显示详细信息

3. FormView 控件

ASP.NET 2.0 引入了 FormView 控件，该控件在任意形式的模板中一次呈现单个数据项。DetailsView 和 FormView 之间的主要差异在于 DetailsView 具有内置的表格呈现方式，而 FormView 需要用户定义的模板用于呈现。FormView 和 DetailsView 对象模型在其他方面非常类似。

FormView 是新的数据绑定控件，使用起来像是 DetailsView 的模板化版本。它每次从相关数据源中选择一条记录显示，选择性地提供分页按钮，用于在记录之间移动。与 DetailsView 控件不同的是，FormView 不使用数据控件字段，而是允许用户通过模板定义每个项目的显示。FormView 支持其数据源提供的任何基本操作。

FormView 控件是作为通常使用的更新和插入接口而设计的，它不能验证数据源架构，不支持高级编辑功能，如外键字段下拉。然而，使用模板来提供此功能很容易。

FormView 和 DetailsView 有两方面的功能差异。首先，FormView 控件具有 ItemTemplate、EditItemTemplate 和 InsertItemTemplate 等属性，而 DetailsView 一个也没有。其次，FormView 缺少命令行。

与 GridView 和 DetailsView 控件不同的是，FormView 没有自己默认的显示布局。同时，它的图形化布局完全是通过模板自定义的。因此，每个模板都包括特定记录需要的所有命令按钮。大多数模板是可选的；但是，必须为该控件的配置模式创建模板。例如，要插入记录，必须定义 InsertItemTemplate。

FormView 控件的模板，如表 6.5 所示。

表 6.5 FormView 控件的模板

模板类型	说明
EditItemTemplate	编辑数据时的显示模板，此模板通常包含用户可以用来编辑现有记录的输入控件和命令按钮
EmptyDataTemplate	数据集为空时显示的模板，通常包含一些警告或提示信息，以告知用户数据源不包含任何内容
FooterTemplate	定义脚注行的内容
HeaderTemplate	定义标题行的内容
ItemTemplate	呈现只读数据时的模板，通常包含用来显示现有记录的值
InsertItemTemplate	插入记录时的模板，通常包含用户可以用来添加新记录的输入控件和命令按钮
PagerTemplate	启用分页功能时的模板，通常包含导航至另一个记录的控件

举例：使用 FormView 控件呈现数据。

在网页上添加 GridView 控件。选择“GridView 任务”菜单中的“选择数据源”，选择“＜新建数据源＞”。在数据类型中选择“数据库”，自动命名为 SqlDataSource1。在“配置数据源”向导中单击“新建连接”按钮。在弹出的“添加连接”对话框中，服务器名填写(local)，数据库名选择 Northwind，单击“确定”按钮，完成新建连接。单击“下一步”按钮，将连接字符串保存为 NorthwindConnectionString。在“配置 Select 语句”对话框中选择 Products 表，列选择 ProductID 和 ProductName。单击“下一步”按钮，完成数据源配置。

设置 GridView 控件的属性。选择“GridView 任务”菜单中的“启用选定内容”项。设定

GridView1 的 AllowPaging 和 AllowSorting 属性为 True，这就相当于选中了“启用分页”和“启用排序”项。设定 DataKeyNames 属性为 ProductID，PageSize 为 5。这样就设定好了 GridView1 控件，在选择数据记录时，就返回该记录的 ProductID 字段的值。接下来，将 ProductID 与 FormView 控件的数据源关联。

在网页上添加一个 FormView 控件，选择“FormView 任务”菜单中的“选择数据源”，选择“＜新建数据源＞”。在数据类型中选择“数据源”，自动命名为 SqlDataSource2。配置 SqlDataSource2 控件，可以直接选择 SqlDataSource1 所创建的连接 NorthwindConnectionString，单击“下一步”按钮。在“配置 Select 语句”对话框的“数据库表”下拉列表中选择 Products，在“列”列表中选中 ProductID、ProductName 和 UnitPrice 3 个字段，如图 6.17 所示。单击“配置 Select 语句”对话框中的“高级”按钮，在弹出的对话框中选中“生成 INSERT、UPDATE 和 DELETE 语句”项，如图 6.18 所示。这样就可以启用 DetailsView 控件的编辑、删除和更新功能了。单击 WHERE 按钮添加 Where 子句。在“添加 WHERE 子句”对话框中，将“列”、“运算符”、“源”及“控件 ID”分别选择“ProductID”、“＝”、Control 和 GridView1，如图 6.19 所示。单击“添加”按钮，这样就使 SqlDataSource2 与 GridView1 控件中所选择的记录关联在一起。

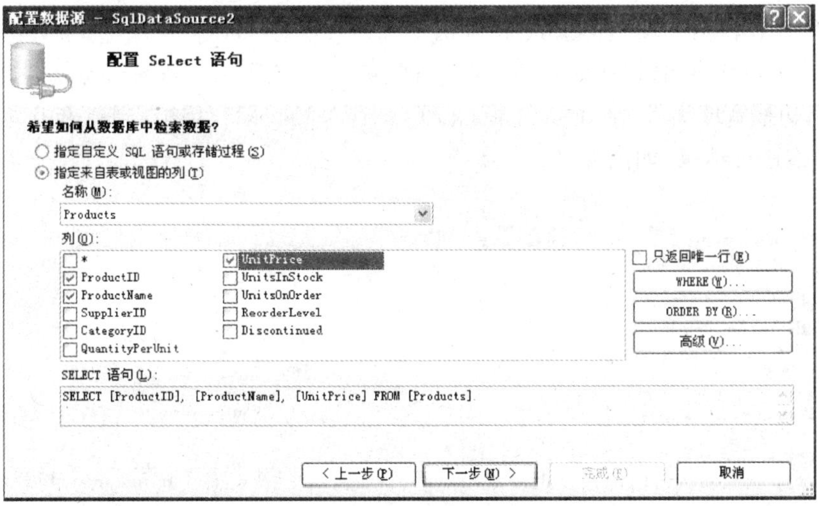

图 6.17　配置 Select 语句

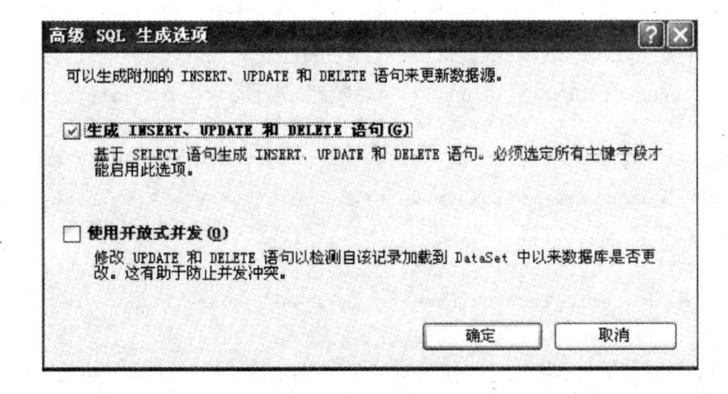

图 6.18　高级选项

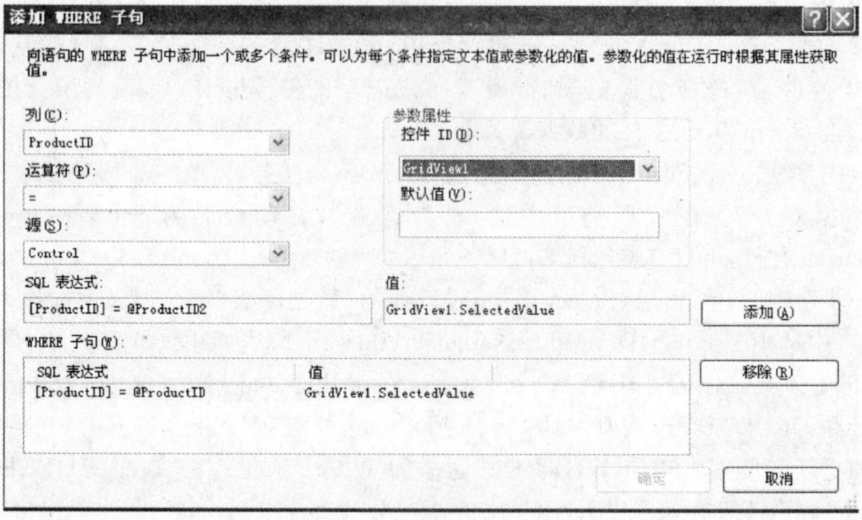

图 6.19 配置 Where 语句

配置好 SqlDataSource2 之后，对 FormView 控件的模板进行编辑。选择“FormView 任务”菜单中的“编辑模板”项，如图 6.20 所示。选择模板编辑“显示”中选择 ItemTemplate，在 ItemTemplate 模板编辑框中，插入一个表格(选择主菜单→布局→插入表)，表格为 3 行 2 列带标题栏，边框宽度为 1。将 ItemTemplate 中原有的 Label 控件移动到表格中，如图 6.21 所示。程序最终运行结果，如图 6.22 所示。

图 6.20 ItemTemplate 模板

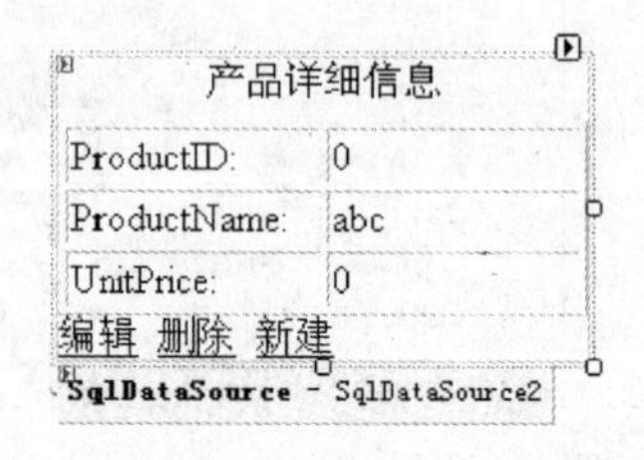

图 6.21 ItemTemplate 模板编辑

```
<asp:FormView ID = "FormView1" runat = "server" DataKeyNames = "ProductID" DataSourceID =
"SqlDataSource2">
   <EditItemTemplate>
     ProductID:
<asp:Label ID = "ProductIDLabel1" runat = "server" Text = '<%# Eval("ProductID") %>'></asp:
Label>
     ProductName:
<asp:TextBox ID = "ProductNameTextBox" runat = "server" Text = '<%# Bind("ProductName") %>'>
</asp:TextBox>
     UnitPrice:
<asp:TextBox ID = "UnitPriceTextBox" runat = "server" Text = '<%# Bind("UnitPrice") %>'>
</asp:TextBox>
<asp:LinkButton ID = "UpdateButton" runat = "server" CausesValidation = "True" CommandName =
"Update" Text = "更新"> </asp:LinkButton>
```

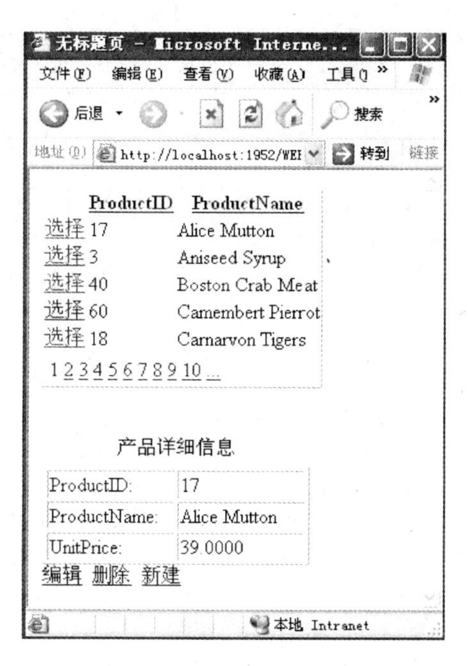

图 6.22　FormView 运行结果

```
<asp:LinkButton ID = "UpdateCancelButton" runat = "server" CausesValidation = "False"
CommandName = "Cancel" Text = "取消"> </asp:LinkButton>
</EditItemTemplate>
<InsertItemTemplate>
    ProductName:
<asp:TextBox ID = "ProductNameTextBox" runat = "server" Text = '<% # Bind("ProductName") %>'
> </asp:TextBox>
    UnitPrice:
<asp:TextBox ID = "UnitPriceTextBox" runat = "server" Text = '<% # Bind("UnitPrice") %>'>
</asp:TextBox>
<asp:LinkButton ID = "InsertButton" runat = "server" CausesValidation = "True" CommandName = "
Insert" Text = "插入"></asp:LinkButton>
<asp:LinkButton ID = "InsertCancelButton" runat = "server" CausesValidation = "False"
CommandName = "Cancel" Text = "取消"></asp:LinkButton>
</InsertItemTemplate>
<ItemTemplate>
    <table border = "1">
        <caption>产品详细信息</caption>
            <tr>
                <td style = "width: 100px"> ProductID: </td>
                <td style = "width: 100px">
                    <asp:Label ID = "ProductIDLabel" runat = "server" Text = '<% #
                            Eval("ProductID") %>'></asp:Label>
                </td>
            </tr>
            <tr>
                <td style = "width: 100px"> ProductName:</td>
                <td style = "width: 100px">
```

```
                <asp:Label ID="ProductNameLabel" runat="server" Text='<% #
                        Bind("ProductName") %>'></asp:Label>
            </td>
        </tr>
        <tr>
            <td style="width: 100px">UnitPrice: </td>
            <td style="width: 100px">
                <asp:Label ID="UnitPriceLabel" runat="server" Text='<% #
                        Bind("UnitPrice") %>'></asp:Label>
            </td>
        </tr>
    </table>
    <asp:LinkButton ID="EditButton" runat="server" CausesValidation="False"
CommandName="Edit" Text="编辑"></asp:LinkButton>
    <asp:LinkButton ID="DeleteButton" runat="server" CausesValidation="False"
CommandName="Delete" Text="删除"></asp:LinkButton>
    <asp:LinkButton ID="NewButton" runat="server" CausesValidation="False"
CommandName="New" Text="新建"></asp:LinkButton>
    <br />
  </ItemTemplate>
</asp:FormView>
```

4. Repeater 和 DataList 控件

Repeater 和 DataList 控件可以用来呈现数据源提供的数据。有一些不同的是，这两个控件都以自定义的格式显示数据库记录的信息。

Repeater 控件是一个数据绑定容器控件，它生成一系列单个项。在呈现数据之前，使用模板定义网页上单个项的布局。页运行时，该控件为数据源中的每个项重复相应布局。

使用 Repeater 控件创建基本的模板数据绑定列表。Repeater 控件没有内置的布局或样式；必须在此控件的模板内显示声明所有的 HTML 布局、格式设置和样式标记。

Repeater 控件不同于其他数据列表控件之处在于它允许用户在其模板中放置 HTML 代码和标记。这样就可以创建复杂的 HTML 结构(如表格)。例如，若要在 HTML 表中创建一个列表，需要通过在 HeaderTemplate 中放置<table>标记来开始此表。然后，通过在 ItemTemplate 中放置<tr>标记、<td>标记和数据绑定项来创建该表的行和列。如果要使表中的交替项呈现不同的外观，使用与 ItemTemplate 相同的内容创建 AlternatingItemTemplate。最后，通过在 FooterTemplate 中放置</table>标记完成该表。

Repeater 控件的模板及其作用，如表 6.6 所示。

所有这些模板必须包含在 Repeater 控件的声明语句之中，而且必须是以手动填写代码的方式输入。

DataList 控件可以自定义数据库记录的呈现格式。显示数据的格式在创建的模板中定义。可以为项、交替项、选定项和编辑项创建模板。标头、脚注和分隔符模板也用于自定义 DataList 的整体外观。通过在模板中包括 Button 控件，可将列表项连接到代码，这些代码使用户得以在显示、选择和编辑模式之间进行切换。

表 6.6 Repeater 控件的模板及其作用

模　　板	说　　明
AlternatingItemTemplate	与 ItemTemplate 元素类似，但在 Repeater 控件中隔行交替呈现。通过设置 AlternatingItemTemplate 元素的样式属性，可以为其指定不同的外观
FooterTemplate	脚注显示的模板，在所有数据呈现后呈现一次的元素。主要用于关闭在 HeaderTemplate 项中代开的元素（使用如＜/table＞的标记）。注意：FooterTemplate 不能是数据绑定的
HeaderTemplate	标题现实的模板，在所有数据呈现之前呈现一次的元素。典型的用途是开始一个容器元素（如表）。注意：HeaderTemplate 项也不能是数据绑定的
ItemTemplate	为数据源中的每一行呈现一次的元素。若要显示 ItemTemplate 中的数据，必须声明一个或多个 Web 服务器控件并设置其数据绑定表达式，以使其计算为 Repeater 控件（即容器控件）的 DataSource 中的字段
SeperatorTemplate	在各行之间呈现的分隔元素，通常是分页符（＜br＞标记）、水平线（＜hr＞标记）等。注意：SeperatorTemplate 项不能是数据绑定的

举例：Repeater 和 DataList 控件的使用。

在窗体上添加一个 SqlDataSource 控件，“配置数据源”，选中 NorthwindConnectionString，单击“下一步”按钮，选中 Products 表中的 ProductID 和 ProductName 两个字段，单击“WHERE”按钮，在“列”、“运算符”、“源”中分别选中 ProductName、Like 和 None，参数属性值设置为 Cha，表示只返回 Products 数据表中 ProductName 字段中包含 Cha 字符串的记录行。

添加一个 DataList 控件，设定其 DataSourceID 为 SqlDataSource1，单击“DataList 任务”中“编辑模板”项。选择 ItemTemplate，编辑 DataList 的项模板，改成以下样式，如图 6.23 所示。

```
<asp:DataList ID = "DataList1" runat = "server" DataKeyField = "ProductID"
DataSourceID = "SqlDataSource1">
    <ItemTemplate>
    产品 ID:<asp:Label ID = "ProductIDLabel" runat = "server"
          Text = '<%# Eval("ProductID") %>'>
          </asp:Label>
    产品名称:<asp:Label ID = "ProductNameLabel" runat = "server"
          Text = '<%# Eval("ProductName") %>'>
          </asp:Label>
    <hr />
    <br />
    </ItemTemplate>
</asp:DataList>
```

DataList1 - 项模板

ItemTemplate

产品ID: [ProductIDLabel]　产品名称: [ProductNameLabel]

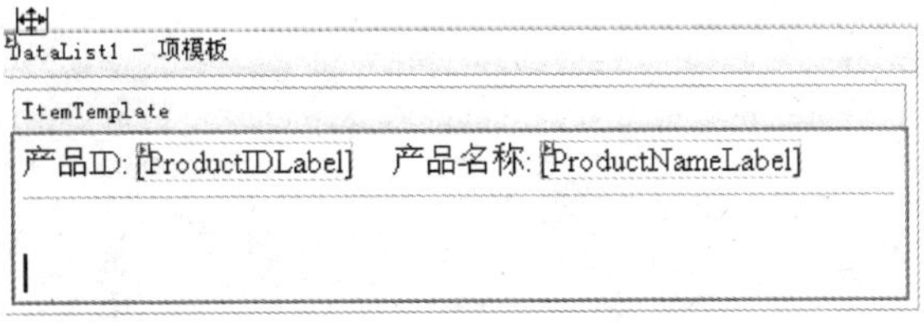

图 6.23 DataList 设计视图

插入 Repeater 控件，必须注意的是，Repeater 控件任务中没有提供对数据呈现格式的编辑功能，所有数据显示的格式代码必须在源代码中自行输入。设定 Repeater 控件的 DataSourceID 为 SqlDataSource1，切换到源视图，在 Repeater 控件的声明语句中添加如下代码：

```
<asp:Repeater ID="Repeater1" runat="server" DataSourceID="SqlDataSource1">
<ItemTemplate>
    <asp:Label runat="Server" ID="Label1" Text='<%# Eval("ProductID") %>' />
     
    <asp:Label runat="server" ID="Label2" Text='<%# Eval("ProductName") %>' />
    <br />
    <hr />
</ItemTemplate>
</asp:Repeater>
```

这样通过 Eval 方法将 ProductID 和 ProductName 字段值分别绑定到 Label1 和 Label2 两个标签控件上，如图 6.24 所示。程序运行结果，如图 6.25 所示。

图 6.24　Repeater 的设计视图

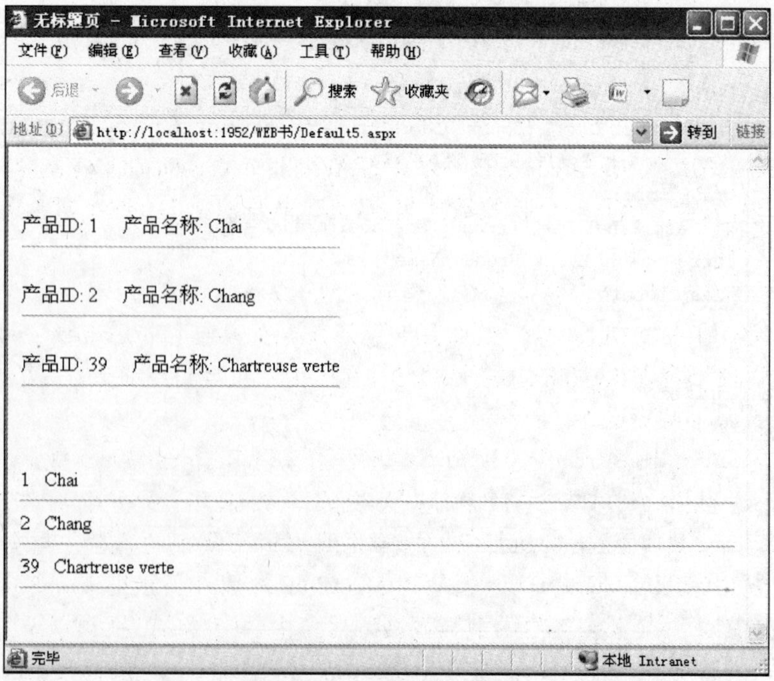

图 6.25　运行结果

6.3 数据绑定和数据提供程序(Provider)

6.3.1 数据绑定

1. 数据绑定机制

数据绑定是指通过ASP.NET提供的数据感应机制，在数据绑定控件上通过DataSourceID自动关联相关的数据源控件，并将数据源中的相关数据呈现出来，有时页可以对数据进行编辑、修改和删除。通过数据绑定，可有效减少代码，提高开发效率。但同时也会丧失一些灵活性，因为必须遵循绑定机制带来的约束。

BaseDataBoundControl是所有数据绑定控件类的根。它定义了DataSource和DataSourceID属性，并且验证它们被分配的内容。DataSource接收一个可枚举对象。

```
Mycontrol1.DataSource = dataSet;
Mycontrol1.DataBind();
```

DataSourceID是一个字符串，并且是绑定数据源组件的ID。一旦将控件绑定到数据源，则二者之间的任何进一步的交互(无论是读还是写)都将脱离控制范围，并且不可见。ASP.NET框架能够保证正确的代码得以执行，并且按照公认的最佳方法编写代码。我们的工作效率会更高，因为可以完全确信在工作过程中不会出现令人难以捉摸的错误，从而更有效地创作页。如果不喜欢这种情况，则可以继续使用通过DataSource属性和DataBind方法完成旧样式的编程。而且，在这种情况下，基类自动实现了一些常见的工作，即使这种效果在代码中体现得不是那么明显。

DataBoundControl类用于与现有控件没有多少共同点的标准的自定义数据绑定控件。如果必须处理自己的数据项集合、管理视图状态和样式、创建简单但量身定制的用户界面，则该类可以提供一个良好的起点。最为有趣的是，DataBoundControl类将控件连接到数据源组件，并且在API级别隐藏了可枚举数据源和特别组件之间的任何差异。简而言之，当从该类继承时，只需要重写一个接收数据集合(无论数据源是DataSet对象还是较新的数据源组件)的方法即可。

BaseDataBoundControl重写了DataBind方法，并且使它调用PerformSelect方法(该方法被标记为受保护的和抽象的)。正如其名称所暗示的那样，PerformSelect能够检索有效的数据集合以使绑定发生。该方法是受保护的，因为它包含实现细节；它是抽象的，因为它的行为只能由派生类确定。

那么，DataBoundControl需要进行哪些工作以重写PerformSelect呢?

它连接到数据源对象并获得默认视图。数据源对象(如SqlDataSource或ObjectDataSource之类的控件)执行它的选择命令并返回得到的集合。它支持操作数据检索的受保护方法(名为GetData)，以便检查DataSource属性。如果DataSource为非空，则将绑定对象包装到一个动态创建的数据源视图对象中，并且将其返回。

迄今为止，基类已经以一种完全自动的方式从ADO.NET对象或数据源组件中检索数据。根据控件需要完成的任务，可重写PerformDataBinding方法。以下代码片段显示了

DataBoundControl 中对该方法的实现。注意，由框架传递给该方法的 IEnumerable 参数只包含要绑定的数据。

```
protected virtual void PerformDataBinding(Ienumerable data)
{
}
```

在自定义数据绑定控件中，只需要重写该方法，并且填充任何特定于控件的集合，如包含很多个列表控件的 Items 集合(如 CheckBoxList)。控件的用户界面的呈现发生在 Render 方法或 CreateChildControls 中，具体取决于该控件的性质。Render 适用于列表控件；而 CreateChildControls 则非常适合复合控件。

有一件事情尚未解释：由谁启动数据绑定过程？在 ASP.NET 2.0 中，如果使用 DataSource 属性将数据绑定到控件，则需要显式调用 DataBind 方法。如果通过 DataSourceID 属性使用数据源组件，则可以不显式调用 DataBind 方法，数据绑定过程由 DataBoundControl 中定义的内部 OnLoad 事件处理程序自动触发，如下面的伪代码所示。

```
protected override void OnLoad(EventArgs e)
{
    this.ConnectToDataSourceView();
    if(!Page.IsPostBack)
        base.RequiresDataBinding = true;
    base.OnLoad(e);
}
```

每当该控件被加载到页中时(回发或首次加载)，都会检索和绑定数据。这需要由数据源决定是再次运行查询还是使用一些缓存数据。

如果该页是首次显示，就会启用 RequiresDataBinding 属性以要求绑定数据。当分配的值为 true 时，该属性的设置程序会在内部调用 DataBind。下面的伪代码显示了 RequiresDataBinding 设置程序的内部实现方法。

```
protected void set_RequiresDataBinding(bool value)
{
    if(value&&(DataSourceID.Length > 0))
        DataBind();
    else
        _requiresDataBinding = value;
}
```

正如我们看到的那样，为了向后兼容，仅当 DataSourceID 不为空(即绑定到 ASP.NET 2.0 数据源控件)时，才会发生对 DataBind 的自动调用。正是因为这一点，如果还显式调用 DataBind，则会导致双重数据绑定。

最后，稍微提一下，EnsureDataBound 这一受保护的方法。该方法是在 BaseDataBoundControl 类上定义的，它能够确保控件已经被正确地绑定到必需的数据。如果 RequiresDataBinding 为 true，则该方法调用 DataBind，如下面的代码片段所示。

```
protected void EnsureDataBound()
{
```

```
    if(RequiresDataBinding&&(DataSourceID.Length > 0))
        DataBind();
}
```

在 ASP.NET 2.0 中，每当在控件的生存期中发生要求绑定数据时，都需要将 RequiresDataBingding 设置为 true。设置该属性会触发相应的数据绑定机制，从而重新创建该控件的内部基础结构的更新版本。内置的 OnLoad 事件处理程序还会将该控件连接到数据源。为了确实有效，该技术必须依赖于能够将它们的数据缓存在某个位置的智能数据源控件。例如，SqlDataSource 控件支持很多属性，以便在给定期限内将任何绑定结果集存储到 ASP.NET 缓存中。

2. 数据绑定表达式

当在页上调用 DataBind 方法时，要通过数据绑定表达式创建服务器控件属性和数据源之间的绑定。可以将数据绑定表达式包含在服务器控件开始标记中属性/值对的值一侧，或页中的任何位置。

数据绑定表达式的格式如下：

```
<tagprefix: tagname property = "<% # 数据绑定表达式 %>" runat = "server"/>
或   文本内容<% # 数据绑定表达式 %>
```

其中，property 为其声明数据绑定的控件属性；“数据绑定表达式”为符合要求的任意表达式。

表达式要求如下：数据绑定表达式包含在<% # 和 %>分隔符之内，并使用 Eval 和 Bind 函数。数据绑定表达式使用 Eval 和 Bind 方法将数据绑定到控件，并将更改提交回数据库。Eval 方法是静态（只读）方法，该方法采用数据字段的值作为参数并将作为字符串返回。Bind 方法支持读/写功能，可以检索数据绑定控件的值并将任何更改提交回数据库。

除了通过在数据绑定表达式中调用 Eval 和 Bind 方法执行数据绑定外，还可以调用<% # %>分隔符之内的任何公共范围代码，以在页面处理过程中执行该代码并返回一个值。

调用控件 Page 类的 DataBind 方法时，会对数据绑定表达式进行解析。对于有些控件，如 GridView、DetailsView 和 FormView 控件，会在控件的 PreRender 事件期间自动解析数据绑定表达式，不需要显式调用 DataBind 方法。

ASP.NET 支持分层数据绑定模型，该模型创建服务器控件属性和数据源之间的绑定。几乎任何服务器控件属性都可以绑定到任何公共字段或属性，这些公共字段或属性位于包含页或服务器控件的直接命名容器上。

1) 使用 Eval 方法

Eval 方法可计算数据绑定控件的模板中的后期绑定数据表达式。在运行时，Eval 方法调用 DataBinder 对象的 Eval 方法，同时引用命名容器的当前数据项。命名容器通常是包含完整记录的数据绑定控件的最小组成部分，如 GridView 控件中的一行。因此，只能对数据绑定控件的模板内的绑定使用 Eval 方法。

Eval 方法以数据字段的名称作为参数，从数据源的当前记录返回一个包含该字段值的字符串。可以提供第二个参数来指定返回字符串的格式，该参数为可选参数。字符串格式参数使用为 String 类的 Format 方法定义的语法。＜asp：Label id＝"Author" runat＝"server" Text＝＜％＃ Eval("Author")％＞/＞将 Author 字段的值绑定到 Label 控件的 Text 属性上。

而下列代码，发布时间：＜％＃Eval("DateTime","{0：yyyy-mm-dd，hh：mm：ss}")％＞直接将 DateTime 字段的值以"年-月-日，时：分：秒"的格式呈现在浏览器上。

2）使用 Bind 方法

Bind 方法与 Eval 方法有一些相似之处，但也存在很大的差异。虽然可以像使用 Eval 方法一样使用 Bind 方法来检索数据绑定字段的值，但当数据可以被修改时，还是要使用 Bind 方法。

在 ASP.NET 中，数据绑定控件可自动使用数据源控件的更新、删除和插入操作。例如，如果已为数据源控件定义了 SQL Select、Insert、Delete 和 Update 语句，则通过使用 GridView、DetailsView 或 FormView 控件模板中的 Bind 方法，就可以使控件从模板中的子控件中提取值，并将这些值传递给数据源控件。然后数据源控件将执行适当的数据库命令。由于这个原因，在数据绑定控件的 EditItemTemplate 或 InsertItemTemplate 中要使用 Bind 函数。

Bind 方法通常与输入控件一起使用，如由编辑模式中的 GridView 行所呈现的 TextBox 控件。当数据绑定控件将这些输入控件作为自身呈现的一部分创建时，该方法便可提取输入值。

3）显式调用 DataBind 方法

有些控件，如 GridView、FormView 和 DetailsView 控件，当它们通过 DataSourceID 属性绑定到数据源控件时，会通过隐式调用 DataBind 方法来执行绑定。但是，有些情况需要通过显式调用 DataBind 方法来执行绑定。

其中一种情况就是使用 DataSource 属性(而非 DataSourceID 属性)将某个控件绑定到数据源控件时。在这种情况下，需要显式调用 DataBind 方法，从而执行数据绑定和解析数据绑定表达式。

另一种情况是在需要手动刷新数据绑定控件中的数据时。假设有这样一个页面，其中有两个控件，这两个控件都显示来自于同一个数据库的信息(可能使用不同的视图)。在这种情况下，可能需要显式地将控件重新绑定到数据，以保持数据显示的同步。例如，有一个显示产品列表的 GridView 控件和一个允许用户编辑单个产品的 DetailsView 控件。虽然 GridView 和 DetailsView 控件所显示的数据都来自于同一个数据源，但被绑定到不同的数据源控件，因为这两个控件使用不同的查询来获取其数据。用户可能会使用 DetailsView 控件更新记录，从而触发关联的数据源控件执行更新。但是，由于 GridView 控件绑定到不同的数据源控件，所以，该控件仍将显示旧的记录值，直至页面被刷新时才会更新。因此，在 DetailsView 控件更新数据后，可以调用 DataBind 方法。这会使 GridView 控件更新其视图，并重新执行任何数据绑定表达式及＜％＃ 和％＞分隔符之内的公共范围代码。这样一来，GridView 控件将会反映 DetailsView 控件所做的更新。

6.3.2 NET Framework 数据提供程序

.NET Framework 数据提供程序用于连接到数据库、执行命令和检索结果。可以直接处理检索到的结果,或将其放入 ADO.NET DataSet 对象,以便与来自多个源的数据或在层之间进行远程处理的数据组合在一起,并以特殊方式向用户公开。.NET Framework 数据提供程序是轻量级的,它在数据源和代码之间创建了一个最小层,以便在不以牺牲功能为代价的前提下提供性能。

.NET Framework 中包含的.NET Framework 数据提供程序,如表 6.7 所示。

表 6.7 数据提供程序

数据提供程序	说　明
SQL Server.NET Framework 数据提供程序	提供对 Microsoft SQL Server 7.0 版或更高版本的数据访问。使用 System.Data.SqlClient 命名空间
OLE DB.NET Framework 数据提供程序	适合使用 OLE DB 公开的数据源。使用 System.Data.OleDb 命名空间
ODBC.NET Framework 数据提供程序	适合使用 ODBC 公开的数据源。使用 System.Data.Odbc 命名空间
Oracle.NET Framework 数据提供程序	适用于 Oracle 数据源。Oracle.NET Framework 数据提供程序支持 Oracle 客户端软件 8.1.7 版和更高版本,使用 System.Data.OracleClient 命名空间

1. .Net Framework 数据提供程序的核心对象

组成.NET Framework 数据提供程序的 4 个核心对象,如表 6.8 所示。

表 6.8 核心对象

对　象	描　述
Connection	建立到指定资源的连接
Command	对一个数据源执行命令。公开 Parameters,在 Connection 的事务范围内执行
DataReader	从一个数据源读取只进的只读数据流
DataAdapter	填充一个 DataSet,解析数据源的更新

除表 6.8 列出的核心类之外,.NET Framework 数据提供程序还包含了如表 6.9 所示的类。

表 6.9 其他的类

对　象	说　明
Transaction	在数据源的事务中登记命令。所有 Transaction 对象的基类均为 DbTransaction 类
CommandBuilder	帮助器对象将自动生成 DataAdapter 的命令属性或将从存储过程派生参数信息并填充 Command 对象的 Parameters 集合。所有 CommandBuilder 对象的基类均为 DbCommandBuilder 类
ConnectionStringBuilder	帮助器对象为创建和管理 Connection 对象所使用的连接字符串的内容提供了一种简单的方法。所有 ConnectionStringBuilder 对象的基类均为 DbConnectionStringBuilder 类
Parameter	定义命令和存储过程的输入、输出和返回值参数。所有 Parameter 对象的基类均为 DbParameter

续表

对　　象	说　　明
Exception	在数据源中遇到错误时返回。对于在客户端遇到的错误，.NET Framework 数据提供程序会引发.NET Framework 异常。所有 Exception 对象的基类均为 DbException 类
Error	公开数据源返回的警告或错误中的信息
ClientPermission	为.NET Framework 数据提供程序代码访问安全属性而提供。所有 ClientPermission 对象的基类均为 DbDataPermission 类

1) Connection 和 Command

ADO.NET 包含的.NET 框架数据提供程序用于连接一个数据库、执行命令和检索结果。在 ADO.NET 中，使用 Connection 对象连接指定的数据源。例如，在 SQL Server 2000 中，能够使用 SQLConnection 对象连接一个数据库，其代码如下所示：

```
SqlConnection nwindConn = new SqlConnection("Data Source = localhost; Integrated Security =
true; Initial Catalog = northwind");
nwindConn.Open();
```

连接到数据源后，使用 Command 对象执行命令和返回结果。Command 对象通过 Command 的构造函数创建，该构造函数接收一个 SQL 语句或 SQL 查询。一旦创建了 Command，就能使用 CommandText 属性修改 SQL 语句。

```
SqlCommand catCMD = new SqlCommand ( " select CatgoryID, CategoryName from Categories",
nwindConn);
```

实际上，一条命令等同于一个特定的 SQL 调用，该调用绑定到特定的数据库。一条命令只能用于 CommandText 字段中定义的特定调用。

Command 对象提供了一些不同的 Execute 方法来启动存储过程，执行查询或者执行非查询语句，如更新或插入。其 Execute 方法有如下几种。

(1) ExecuteReader 方法：将数据作为一个 DataReader 对象返回。用于任何返回数据的 SQL 查询。

(2) ExecuteScalar 方法：返回单独值，如与特定查询相匹配的记录数，或者数据库功能调用的结果。

(3) ExecuteNonQuery 方法：执行不返回任何行的命令。典型的例子是存储过程、插入和更新。

当然，在执行命令时，需要依据初始化 Command 对象时创建的命令来选择正确的 Execute 方法。

ExecuteReader 方法将任何结果都返回到 DataReader 对象。DataReader 对象是查询数据库返回的一个关联的、只进的只读数据流。执行查询时，第一行返回到 DataReader 中。数据流保持到数据库的连接，然后返回下一条记录。DataReader 从数据库中读取行数据时，每行的列值都被读取和计算，但是不能被编辑。

2) DataAdapter 和 DataSet

虽然连接数据库的应用程序使用 DataReader 就已足够，但是，DataReader 不能很好地支持数据库访问的断开连接模型。而 DataAdapter 和 DataSet 类则满足了这一需求。

DataSet 是 ADO.NET 断开连接体系结构中主要的数据存储工具。填充 DataSet 时，并非通过 Connection 对象将 DataSet 直接连接到数据库。程序员必须创建一个 DataAdapter 来填充 DataSet。DataAdapter 连接数据库，执行查询并填充 DataSet。当 DataAdapter 调用 Fill 或 Update 方法时，在后台完成所有的数据传输。每个.NET 框架的数据提供程序都有一个 DataAdapter 对象。

一个 DataSet 代表一组完整的数据，包括表格、约束条件和表关系。DataSet 能够存储代码创建的本地数据，也能存储来自多个数据源的数据，并断开到数据库的连接。

DataAdapter 能控制与现有数据源的交互。DataAdapter 也能将对 DataSet 的变更传输回数据源中。

```
SqlConnection nwindConn = new SqlConnection("Data Source = localhost; Integrated Security =
true; Initial Catalog = northwind");
SqlCommand catCMD = new SqlCommand ( " select CatgoryID, CategoryName from Categories",
nwindConn);
selectCMD.CommandTimeout = 30;
SqlDataAdapter custDA = new SqlDataAdapter();
custDA.SelectCommand = selectCMD;
nwindConn.Open();
DataSet custDS = new DataSet();
custDA.Fill(custDS, "Customers");
nwindConn.Close();
```

完成了以下任务：

(1) 创建了一个 SQLConnection 来连接 SQL Server 数据库。

(2) 创建了一个 SQLCommand 来查询 Customers 表。

(3) 创建了一个 DataAdapter 来执行 SQLCommand 和数据操作的连接部分。

(4) 从 DataAdapter 可以创建一个 DataSet。DataSet 是数据操作的断开连接部分，并且能绑定到 ASP.NET 2.0 的各种 Web 部件。

一旦创建了 DataSet，就能够将它绑定到任何数据识别的控件，方法是通过控件的 DataSource 属性和 DataBind()方法。但是，如果数据发生更改，就不得不再次调用 DataBind()，将控件重新绑定到数据集。因此，ASP.NET 1.x 开发人员不得不考虑调用绑定方法的精确时间和位置。这样，开发出正确的同步方法和同步事件是相当困难的。

3) DataSet 和 DataReader 的选择

在决定应用程序应使用 DataReader 还是使用 DataSet 时，应考虑应用程序所需要的功能类型。

DataSet 用于执行以下功能：

(1) 在应用程序中将数据缓存在本地，以便对数据进行处理。如果只需要读取查询结果，DataReader 是更好的选择。

(2) 在层间或从 XML Web 服务对数据进行远程处理。

(3) 与数据进行动态交互，如绑定到 Windows 窗体控件或组合并关联来自多个源的数据。

(4) 对数据执行大量的处理，而不需要与数据源保持打开的连接，从而将连接释放给其他客户端使用。

如果不需要 DataSet 所提供的功能，则可以使用 DataReader 以只进、只读方式返回数据，从而提高应用程序的性能。虽然 DataAdapter 使用 DataReader 来填充 DataSet 的内容，但可以使用 DataReader 来提高性能，因为这样可以节省 DataSet 所使用的内存，并将省去创建 DataSet 并填充其内容所需要的处理。

例子：使用编程方式进行数据访问。

添加一个 GridView 控件和一个 Label 控件。设定 GridView 控件 AllowPaging 属性为 True；PageSize 属性为 5，即每页显示 5 条记录；AutoGenerateColumns 属性为 False，即不自动生成列；DataKeyNames 属性为 city，即将此控件的选择值与 city 字段值关联。Lable 控件保持默认属性。

编辑 GridView 控件的“编辑列”，添加一个 ButtonField，设定其 DataTextField 属性为 city，CommandName 属性为 Select，即单击 GridView 中的数据时，选中相应的记录，并返回 city 字段的值。最后单击“确定”按钮。

在 Lable 控件的声明语句中添加绑定代码。

在 Default.aspx 窗体的源代码中添加如下代码：

您选择的城市为：

```
<asp:Label ID = "Label1" runat = "server" Text = '<% # GridView1.SelectedValue %>'></asp:
Label>
<asp:GridView ID = "GridView1" runat = "server" AllowPaging = "True"
AutoGenerateColumns = "False"       DataKeyNames = "city" PageSize = "5"
OnSelectedIndexChanged = "GridView1_SelectedIndexChanged"
OnPageIndexChanged = "GridView1_PageIndexChanged"
OnPageIndexChanging = "GridView1_PageIndexChanging">
<Columns>< asp:ButtonField CommandName = "Select" DataTextField = "city" Text = "按钮" />
</Columns>
</asp:GridView>
```

这样的 GridView 控件并没有绑定任何数据，通过编程的方式给它指定数据源。

打开代码隐藏页文件，添加如下代码：

```
using System.Data.SqlClient;
protected void Page_Load(object sender, EventArgs e)
{
    //新建数据库连接 conn,连接到本地 SQL Server 的 pubs 数据库
    SqlConnection conn = new SqlConnection("Data Source = (local);Initial Catalog = pubs;uid
= sa");
    DataSet ds = new DataSet();    //新建 DataSet 对象
    //新建 DataAdapter 对象,打开 conn 连接,检索 authors 表的所有字段
    SqlDataAdapter da = new SqlDataAdapter("SELECT [city] FROM [authors]", conn);
    //conn.Open();                  //打开数据库连接
    da.Fill(ds, "CityList");        //将检索的记录行填充到 DataSet 对象 ds 的 CityList 表中
    //conn.Close();                 //关闭数据库连接
    GridView1.DataSource = ds;      //将 ds 指定为 GridView1 控件的数据源
```

```
        DataBind();                        //绑定数据
    }
    protected void GridView1_SelectedIndexChanged(object sender, EventArgs e)
    {
        DataBind();                        //绑定数据,刷新页面显示
    }
    protected void GridView1_PageIndexChanged(object sender, EventArgs e)
    {
        DataBind();                        //绑定数据,刷新页面显示
    }
    protected void GridView1_PageIndexChanging(object sender, GridViewPageEventArgs e)
    {
        this.GridView1.PageIndex = e.NewPageIndex;   //设定新的分页序号
    }
```

2. SQL Server .Net Framework 数据提供程序

SQL Server .Net Framework 数据提供程序使用它自身的协议与 SQL Server 通信。由于它经过了优化,可以直接访问 SQL Server 而不用添加 OLE DB 或开放式数据库连接(ODBC)层,因此它是轻量级的,并具有良好的性能。OLE DB .Net Framework 数据提供程序通过 OLE DB 服务组件(提供连接池和事务服务)和数据源的 OLE DB 提供程序与 OLE DB 数据源进行通信。

若要使用 SQL Server .Net Framework 数据提供程序,必须能够访问 SQL Server 7.0 或更高版本。SQL Server .Net Framework 数据提供程序位于 System.Data.SqlClient 命名空间。对于 SQL Server 的较早版本,请将 OLE DB .Net Framework 数据提供程序与 SQL Server OLE DB 提供程序(SQLOLEDB)一起使用。

SQL Server .Net Framework 数据提供程序支持本地事务和分布式事务两个。对于分布式事务,默认情况下,SQL Server .Net Framework 数据提供程序自动登记在事务中,并从 Windows 组件服务或 System.Transactions 获取事务的详细信息。

3. OLE DB .Net Framework 数据提供程序

OLE DB .Net Framework 数据提供程序通过 COM Interop 使用本机 OLE DB 启用数据访问。OLE DB .Net Framework 数据提供程序支持本地事务和分布式事务。对于分布式事务,默认情况下,OLE DB .Net Framework 数据提供程序自动登记在事务中,并从 Windows 2000 组件服务获取事务详细信息。

如表 6.10 所示的是已经过 ADO.NET 测试的提供程序。

表 6.10 ADO.NET 测试的提供程序

驱动程序	提供程序
SQL OLEDB	用于 SQL Server 的 Microsoft OLE DB 提供程序
MSDAORA	用于 Oracle 的 Microsoft OLE DB 提供程序
Microsoft.Jet.OLEDB.4.0	用于 Microsoft Jet 的 OLE DB 提供程序

OLE DB .Net Framework 数据提供程序不支持 OLE DB 2.5 版接口。要求支持 OLE DB 2.5 接口的 OLE DB 提供程序将无法与 OLE DB .Net Framework 数据提供程序一起正常运行。这种 OLE DB 提供程序包括用于 Exchange 的 Microsoft OLE DB 提供程序和用于 Internet 发布的 Microsoft OLE DB 提供程序。

OLE DB .Net Framework 数据提供程序无法与用于 ODBC 的 OLE DB 提供程序(MSDASQL)一起使用。要通过 ADO.NET 访问 ODBC 数据源，请使用 OLE DB .Net Framework 数据提供程序。

4. ODBC .Net Framework 数据提供程序

ODBC .Net Framework 数据提供程序使用本机 ODBC 驱动程序管理器(DM)启用数据访问。ODBC 数据提供程序同样提供对本地事务和分布式事务的支持。对于分布式事务，默认情况下，ODBC 数据提供程序自动登记在事务中，并从 Windows 组件服务获取事务的详细信息。下面是用 ADO.NET 测试的 ODBC 驱动程序：

(1) SQL Server。

(2) Microsoft ODBC for Oracle。

(3) Microsoft Access 驱动程序(*.mdb)。

5. Oracle .Net Framework 数据提供程序

Oracle .Net Framework 数据提供程序通过 Oracle 客户端连接软件启用对 Oracle 数据源的数据访问。该数据提供程序支持 Oracle 客户端软件 8.1.7 版或更高版本。该数据提供程序也支持本地事务和分布式事务。

Oracle .Net Framework 数据提供程序要求必须先在系统上安装 Oracle 客户端软件(8.1.7 版或更高版本)，才能连接到 Oracle 数据源。

Oracle .Net Framework 数据提供程序类位于 System.Data.OracleClient 命名空间中，并包含在 System.Data.OracleClient.dll 程序集中。在编译使用该数据提供程序的应用程序时，需要同时引用 System.Data.dll 和 System.Data.OracleClient.dll。

6.4 数据访问的安全性

安全和反安全始终是软件开发过程中永恒的话题，如何让我们开发的系统健壮、安全，这涉及很多方面的知识。

6.4.1 连接字符串

连接数据时需要提供连接字符串。由于连接字符串可能包含敏感数据，因此应当遵循以下准则：

(1) 不要将连接字符串存储在页面中。例如，应避免通过声明 SqlDataSource 控件或其他数据源控件属性的方式来设置连接字符串，而应当将连接字符串存储在站点的 Web.config 文件中。

(2) 不要以纯文本形式存储连接字符串。为了确保与数据库服务器之间连接的安全性,建议使用受保护的配置来对配置文件中的连接字符串信息进行加密。

6.4.2 使用集成安全性连接到 SQL Server

如果可能,请使用集成安全性,而不要使用显式的用户名和密码连接到 SQL Server 实例,这有助于避免危及连接字符串的安全及泄露用户 ID 和密码。

建议确保运行 ASP.NET 的进程(如应用程序池)的标识是默认进程账户或受限用户账户。

如果不同的站点连接到不同的 SQL Server 数据库,那么使用集成安全性可能并不实际。例如,在 Web 宿主站点中,通常会为每个客户分配一个不同的 SQL Server 数据库,但所有用户均以匿名用户的身份使用 Web 服务器。在这种情况下,需要使用显式凭据来连接到 SQL Server 实例。请确保以安全的方式存储凭据。

6.4.3 数据库权限

建议为用来连接到应用程序所使用的 SQL Server 数据库的用户 ID 分配最低权限。

1. 限制 SQL 操作

数据绑定控件可以支持各种数据操作,包括在数据表中选择、插入、删除和更新记录等。建议将数据控件配置为仅执行页上或应用程序中所需要的最低功能。例如,如果控件不支持用户删除数据,则不应在数据源控件中包括删除查询,也不应在控件中启用删除功能。

2. SQL Server Express 版本

在将某个进程附加到 SQL Server Express Edition 数据库(. mdf 文件)时,该进程必须具备管理权限。通常情况下,这种做法使 SQL Server Express Edition 数据库不适合用在成品站点上,因为 ASP.NET 进程不会(也不应当)使用管理权限运行。因此,SQL Server Express Edition 数据库只能用于以下几种情况。

(1) 在开发 Web 应用程序时用作测试数据库。在准备好部署应用程序时,可以将数据库从 SQL Server Express Edition 转移到 SQL Server 的成品实例中。

(2) 如果正在运行可以使用模拟功能的站点并且可以控制所模拟用户的权限,那么可以使用该版本。实际上,此策略仅当应用程序运行于局域网(而非公共站点)上时才可行。

将. mdf 文件存储在站点的 App_Data 文件夹中,因为该文件夹的内容不会返回给直接的 HTTP 请求。还应在 IIS 中将. mdf 扩展名映射到 ASP.NET,并在站点的 Web. config 文件中使用以下元素将该扩展名映射到 ASP.NET 中的 HttpForbiddenHandler 处理程序。

```
<httpHandlers>
    <add verb="*" path="*.mdf" type="System.Web.HttpForbiddenHandler"/>
</httpHandlers>
```

3. Microsoft Access 数据库

Microsoft Access 数据库(.mdb 文件)所包括的安全功能比 SQL Server 数据库少。对于成品站点，建议不要使用 Access 数据库。但是，如果确实需要在 Web 应用程序中使用.mdb 文件，应遵循以下准则：

(1) 将.mdb 文件存储在站点的 App_Data 文件夹中，因为该文件夹的内容不会返回给直接的 HTTP 请求。还应在 IIS 中将.mdb 扩展名映射到 ASP.NET，并在站点的 Web.config 文件中使用以下元素将该扩展名映射到 ASP.NET 中的 HttpForbiddenHandler 处理程序。

```
<httpHandlers>
    <add verb="*" path="*.mdb" type="System.Web.HttpForbiddenHandler"/>
</httpHandlers>
```

(2) 为读写.mdb 文件的用户账户添加适当的权限。如果站点支持匿名访问，这通常是本地 ASPNET 用户账户或 NETWORK SERVICE 账户。由于 Access 必须创建一个.ldb 文件以支持锁定，因此用户账户必须对包含.mdb 文件的文件夹具备写权限。

(3) 如果数据库采用密码保护，那么不要使用 AccessDataSource 控件来建立与数据库的连接，因为 AccessDataSource 控件不支持凭据的传递。在这种情况下，应使用 ODBC 提供程序和 SqlDataSource 控件，并在连接字符串中传递凭据。请务必按照本主题的连接字符串中的说明来保护连接字符串的安全。

4. XML 文件

如果将数据存储在 XML 文件中，则应将 XML 文件放在站点的 App_Data 文件夹中，因为该文件夹的内容不会返回给直接的 HTTP 请求。

5. 防止恶意用户输入

如果应用程序要接受用户输入，则需要确保输入中不包含可能危及应用程序的恶意内容。恶意用户输入可能引发下面的攻击。

- 脚本注入：脚本注入攻击试图向应用程序发送可执行的脚本，意欲使其他用户运行该脚本。典型的脚本插入攻击是向数据库中存储脚本的页发送脚本，以使查看数据的其他用户在不经意间运行该代码。
- SQL 注入：SQL 注入攻击试图创建 SQL 命令以取代或扩充应用程序内置的命令，从而危及数据库(可能还有运行数据库的计算机)的安全。

1) 通用准则

对于所有用户输入，应遵循以下准则：

(1) 尽可能使用验证控件，以限定用户输入可接受的值。

(2) 在运行服务器代码之前，请始终确保 IsValid 属性的值 true。如果值为 false，则意味着一个或多个验证控件未通过验证检查。

(3) 应始终执行服务器端验证(即使浏览器也执行客户端验证)以防止用户跳过客户端验证环节。对于 CustomValidator 控件尤其应如此；不要使用“仅客户端验证”逻辑。

(4) 始终在应用程序的业务层再次验证用户输入，而不要依赖于调用进程来提供安全的数据。例如，如果正在使用 ObjectDataSource 控件，则可向执行数据更新的对象添加冗余验证和编码。

2) SQL 脚本注入

所谓 SQL 注入式攻击，就是攻击者把 SQL 命令插入到 Web 表单的输入域或页面请求的查询字符串，欺骗服务器执行恶意的 SQL 命令。在某些表单中，用户输入的内容直接用来构造(或者影响)动态 SQL 命令，或作为存储过程的输入参数，这类表单特别容易受到 SQL 注入式攻击。

下例是一种比较常见的 SQL 注入式攻击。某个 ASP.NET Web 应用有一个登录页面，这个登录页面控制着用户是否有权访问应用，它要求用户输入一个名称和密码。登录页面中输入的内容将直接用来构造动态的 SQL 命令，或者直接用作存储过程的参数。下列代码给出了一个 ASP.NET 应用构造查询的例子。

```
System.Text.StringBuilder query = new System.Text.StringBuilder("SELECT * from Users WHERE
login = '");
query.Append(textLogin.Text);
query.Append("'AND password = '");
query.Append(txtPassword.Text);
query.Append("'");
```

攻击者在用户名字和密码输入文本框中输入"' 'or'1'='1'"之类的内容。用户输入的内容提交给服务器之后，服务器运行上面的 ASP.NET 代码构造出查询用户的 SQL 命令，但由于攻击者输入的内容非常特殊，所以最后得到的 SQL 命令变成 SELECT * from Users WHERE login=" or'1'='1' AND password=" or'1'='1'。服务器执行查询或存储过程，将用户输入的身份信息和服务器中保存的身份信息进行对比。由于 SQL 命令实际上已被注入式攻击修改，已经不是真正的用户身份，所以系统会错误地授权给攻击者。

若要避免 SQL 注入攻击，请不要通过将字符串(尤其是那些包括了用户输入的字符串)串联在一起来创建 SQL 命令，而应当使用参数化查询或存储过程。

3) 加密视图状态数据

数据绑定控件(如 GridView 控件)有时需要保存被视为敏感内容的信息。例如，GridView 控件可能要在 DataKeys 属性中维护一个键的列表，即使该信息并不显示。在往返行程之间，控件会将该信息存储在视图状态中。

视图状态信息进行编码后与页的内容一起存储，未经授权的源无法解码或查看视图状态信息。如果必须在视图状态中存储敏感信息，可以要求页对视图状态数据进行加密。若要加密数据，应将页的 ViewStateEncryptionMode 属性设置为 true。

4) 缓存

建议在启用了客户端模拟并根据客户端标识检索数据源中的结果时，应避免在 Cache 对象中存储敏感信息。如果启用了缓存，则单个用户的缓存数据会被所有用户看到，并且敏感信息可能公开给有害源。如果 Identity 配置元素的 impersonate 属性设置为 true 且对 Web 服务器上的应用程序禁用匿名标识，则说明启用了客户端模拟。

6.5 习题

1. 填空题

(1) 数据源控件包括________、________、________、________和________。

(2) 连接数据库的信息可以保存在 web.config 文件的________配置节点中。

(3) 数据绑定控件通过属性________与数据源控件实现绑定。

(4) GridView 的属性________确定是否分页。

(5) 实现不同页显示主从表常利用________传递数据。

2. 选择题

(1) 连接数据库的验证方式不包括(　　)。

A. Forms 验证　　B. Windows 验证

C. SQL Server 验证　　D. Windows 和 SQL Server 混合验证

(2) 下面有关 sqlDataSource 控件的描述错误的是(　　)。

A. 可以连接 Access 数据库

B. 可执行 SQL Server 中的存储过程

C. 可插入、修改、删除、查询数据

D. 在数据操作时，不能使用参数

(3) 如果希望在 GridView 中显示"上一页"和"下一页"的导航栏，则属性集合 PagerSettings 中的属性 Mode 值应设为(　　)。

A. Numeric　　B. NextPrevious　　C. NextPrev　　D. 上一页，下一页

(4) 如果对定制列后的 GridView 实现排序功能，除设置 GridView 的属性 AllowSorting 值为 True 外，还应该设置(　　)属性。

A. SortExpression　　B. Sort

C. SortFild　　D. DataFieldText

(5) 利用 GridView 和 DetailsView 显示主从表数据时，DetailsView 中插入了一条记录需要刷新 GridView，则应把 GridView，DataBind()方法的调用置于(　　)事件代码中。

A. GridView 的 ItemInserting

B. GridView 的 ItemInserted

C. DetailsView 的 ItemInserting

D. DetailsView 的 ItemInserted

(6) 下列哪一项不是 ADO.NET 的命名空间？(　　)

A. System. Data　　B. System. Data. OleDb

C. System. Data. SqlClient　　D. System. IO

(7) 在 DataGrid 控件中实现排序功能时，需要将 AllowSorting 属性设置为(　　)。

A. False　　B. True　　C. Yes　　D. No

(8) 在使用 ADO.NET 的过程中，应最早建立并打开的对象是(　　)。

A. DataSet　　B. DataAdapter

C. Command　　D. Connection

(9) 要使用 GridView 控件的分页功能，需要将(　　)属性设置为 True。

A. AllowSorting　　B. AllowPaging

C. AutoGenerateSelectButton　　D. AutoGenerateColunms

3. 综合题

(1) 编写代码，新建数据库连接 conn，连接到本地服务器的 pubs 数据库，登录方式为 Windows 身份验证。

(2) 编写代码，新建数据库连接 conn，连接到本地服务器的 pubs 数据库，登录方式为用户名 Sa，密码为 SQL2005。

第7章 Web应用的状态管理

7.1 Web应用状态概述

与所有基于 HTTP 的技术一样，Web 窗体页是无状态的，每次将网页发送到服务器时，都会创建网页类的一个新实例，经过处理并呈现给浏览器，最终丢弃该实例。因此，如果超出了单个页的生命周期，页信息将不存在。也就是说，不能在当前的发送中访问到前面发送过程中的数据。但是在实际应用中，往往需要在不同的发送之间保存信息（如购物车），这就需要专门的技术来维护这些不同发送过程中的数据（也就是应用程序的状态）。我们需要通过保存应用程序的状态信息来维护不同发送过程中的数据，这就称为应用程序的状态维护（或状态管理）。

状态维护是对同一页或不同页的多个请求维护状态和页信息的过程。在 ASP.NET 2.0 中，提供了多种方式用于在服务器往返过程之间维护状态，一般包括客户端和服务器端维护技术。客户端技术包括视图状态、控件状态、隐藏域、Cookie 和查询字符串，它们以不同的方式将状态信息存储在客户端；而服务器端一般将状态信息存储在服务器内存中（也有存储在其他介质，如数据库），主要包括应用程序状态和会话状态。

以上这些状态维护技术各有其优缺点，因此，对这些状态管理技术的选择主要取决于你的应用程序，并且应基于以下条件：

(1) 需要存储的信息量有多大。

(2) 客户端是接受持久性的还是内存中的 Cookie。

(3) 要将信息存储在客户端还是服务器上。

(4) 信息是否为敏感信息。

(5) 对应用程序设定了什么样的性能和带宽条件。

(6) 目标浏览器和设备具有什么样的功能。

(7) 是否需要存储基于用户的信息。

(8) 信息需要存储多长时间。

(9) 使用 Web 场（多个服务器）、Web 园（一个计算机上的多个进程）还是单个进程来运行应用程序。

7.2　客户端状态维护技术

使用客户端状态维护技术设计在页中或客户端计算机上存储信息，而在各往返行程间不会在服务器上维护任何信息。本节主要介绍视图状态、控件状态、隐藏域、Cookies 和查询字符串对象的应用。

7.2.1　视图状态

视图状态是 ASP.NET 页框架默认情况下用于保存往返过程之间的页和控件值的方法。它是一个字典对象，通过 Page 类的 ViewState 属性公开，这是页用来在往返行程之间保留页和控件属性值的默认方法。

在处理页时，页和控件的当前状态会散列为一个字符串，并在页中保存为一个隐藏域或多个隐藏域。当将页回发到服务器时，页会在页初始化阶段分析视图状态字符串，并还原页中的属性信息。例如，在文本框里输入"Hello"后提交服务器处理，经过处理返回到浏览器后控件中的内容还是"Hello"。另外，还可以使用视图状态来存储特定值。例如，ViewState["view1"]="Hello"。在视图状态中可以存储的数据类型有字符串、整数、布尔值、Array 对象、ArrayList 对象、哈希表和自定义类型等。而且这些数据类型必须是可序列化的数据，这样视图状态才可以将这些数据序列化为 XML。

通过设置@Page 指令或 Page 的 EnableViewState 属性指示当前页请求结束时该页是否保持其视图状态及它包含的任何服务器控件的视图状态，代码为<%@ Page EnableViewState="false"%>。该属性默认值为 true，若属性值设置为 false，ASP.NET 用于检测回发的页中也可能呈现隐藏的视图状态字段。也可以通过调用 Page 类的 EnableViewState 属性来设置，代码为 Page.EnableViewState=false;。若不需要将这个页面的视图状态关闭，而只是关闭某一个控件的视图状态，那么可以删除@Page 指令中的 EnableViewState 属性值设置或将它设置为 true，然后将控件的 EnableViewState 设置为 false，这样就可以关闭该控件的视图状态，而其他控件仍然保持默认设置，也就是启用视图状态。

如果要控制所有页面是否启用视图状态信息，那么可以在配置文件 Web.config 的 system.web 节点下，修改 Pages 元素的 EnableViewState 属性，代码如下：

```
<system.web>
    <pages enableViewState = "false"></pages>
</system.web>
```

这样所有页面都禁用视图状态，不过仍可以在单独页面中设定开启视图状态信息，只是该页面的设置将覆盖 Web.config 文件的设置。

关于视图状态的内部处理机制，如图 7.1 所示。

下面通过一个邮箱注册的例子来了解如何使用视图状态。

如图 7.2 所示，首先要在页面上添加一个 HTML 控件 Input(Hidden)，并设置其 ID 为 stepID，然后右击控件，在弹出的快捷菜单中选择“作为服务器端控件运行”命令。因为客户

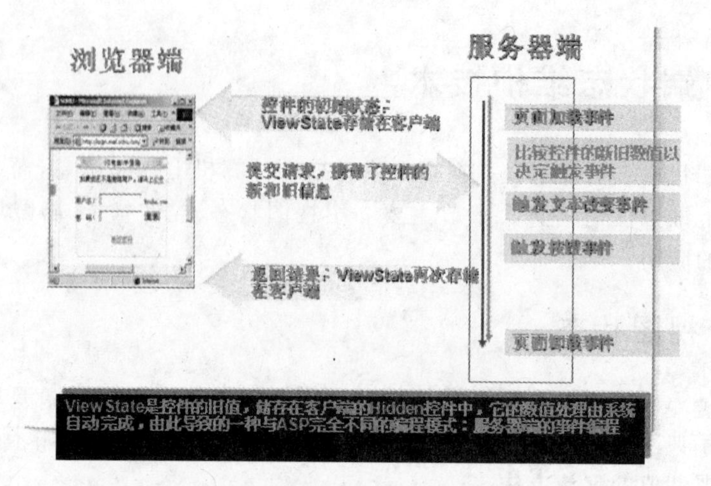

图 7.1 视图状态的内部处理机制

端控件要用服务器端代码来写，所以要转换为服务器控件来运行。要在页面上拖放 4 个 Panel，其中后 3 个 Panel 顺次放在第 1 个 Panel 里，Panel 就是用来限定控件的范围的。在为第 2 个"下一步"按钮填写代码时，直接选择事件就可以了。但是要将 Panel3 和 Panel4 的 Visible 属性设为 false。

第一个步骤：		
姓名：		
	下一步	

第二个步骤：		
邮箱：		
	上一步	下一步

第三个步骤：		
电话：		
	上一步	完成

图 7.2 视图状态页面

```
protected void Page_Load(object sender, EventArgs e)
{
    if (!Page.IsPostBack)
    {
        this.stepID.Value = "2";
```

```
            ViewState["stepID"] = 2;
        }
        Panel3.Visible = false;
        Panel4.Visible = false;
    }
    //第一个步骤里边的"下一步"按钮的单击事件
    protected void Button1_Click(object sender, EventArgs e)
    {
        string pID = "Panel" + ViewState["stepID"].ToString();
        Panel prev = (Panel)this.Panel1.FindControl(pID);
        prev.Visible = false;
        ViewState["stepID"] = ((int)ViewState["stepID"]) + 1;
        string pnID = "Panel" + ViewState["stepID"].ToString();
        Panel next = (Panel)this.Panel1.FindControl(pnID);
        next.Visible = true;
    }
    //第二个步骤里边的"下一步"直接选择和第一个步骤里边的"下一步"按钮相同的事件
    //第二个步骤里边的"上一步"按钮的单击事件
    protected void Button2_Click(object sender, EventArgs e)
    {
        string pID = "Panel" + ViewState["stepID"].ToString();
        Panel prev = (Panel)this.Panel1.FindControl(pID);
        prev.Visible = false;
        ViewState["stepID"] = ((int)ViewState["stepID"]) - 1;
        string ppID = "Panel" + ViewState["stepID"].ToString();
        Panel pprev = (Panel)this.Panel1.FindControl(ppID);
        pprev.Visible = true;
    }
    //第三个步骤里边的"上一步"按钮直接选择和第二个步骤里边的"上一步"按钮相同的事件
    //第三个步骤里边的"完成"按钮的单击事件
    protected void Button5_Click(object sender, EventArgs e)
    {
        //字符串查询
        Server.Transfer("~/ViewStateResult.aspx?name=" + txtName.Text + "&Email=" +
    txtEmail.Text + "&Phone=" + txtPhone.Text);
    }
    //将结果在下一个页面中显示出来
    protected void Page_Load(object sender, EventArgs e) //ViewStateResult.aspx
    {
        string name = Request.QueryString["name"];
        string email = Request.QueryString["Email"];
        string phone = Request.QueryString["Phone"];
        Response.Write("姓名:" + name + "<br>" + "邮箱:" + email + "<br>" + "电话:" +
    phone);
    }
```

使用视图状态的优缺点如下：

1）使用视图状态的优点

（1）不需要任何服务器资源。视图状态包含在页代码内的结构中。

（2）简单的实现。

(3) 页和控件状态的自动保持。

(4) 增强的安全功能。视图状态中的值是散列的、压缩的并且是为 Unicode 实现而编码的，这意味着比隐藏域具有更高的安全性状态。

2) 使用视图状态的缺点

(1) 性能。由于视图状态存储在页本身，因此如果存储较大的值，在用户显示页和发送页时，页的速度就会减慢。

(2) 安全性。视图状态存储在页的隐藏域中。虽然视图状态以哈希格式存储数据，但它可以被篡改。如果直接查看页输出源，就可以看到隐藏域中的信息，这会导致潜在的安全性问题。

7.2.2 控件状态

ASP.NET 页框架提供了 ControlState 属性作为在服务器往返过程中存储自定义控件数据的方法。例如，如果你编写的自定义控件使用多个不同的选项卡来显示不同的信息，为使此控件能够按预期方式工作，控件需要知道在往返过程中选中了哪个选项卡。视图状态可用于此目的，但是开发人员可能在页级将视图状态关闭，这将破坏控件。与视图状态不同的是，控件状态不能被关闭，因此它提供了存储控件状态数据的更可靠方法。

使用控件状态的优点主要有：

(1) 不需要任何服务器资源。默认情况下，控件状态存储在页上的隐藏域中。

(2) 可靠性。因为控件状态不像视图状态那样可以关闭，控件状态是管理控件的状态的更可靠方法。

(3) 通用性。可以编写自定义适配器来控制如何存储控件状态数据和控件状态数据的存储位置。

同时它也存在一些缺点，即它需要进行一定量的编程工作。虽然 ASP.NET 页框架为控件状态提供了基础，但是控件状态是一个自定义的状态保持机制。为了充分利用控件状态，必须编写代码来保存和加载控件状态。

7.2.3 隐藏域

ASP.NET 允许将信息存储在 HiddenField 控件中，此控件将呈现为一个标准的 HTML 隐藏域，设置为<input type= " hidden " />元素。隐藏域在浏览器中不以可见的形式呈现，但可以像对待标准控件一样设置属性。当向服务器提交页时，隐藏域的内容将在 HTTP 窗体集合中随同其他控件的值一起发送。因此，隐藏域可以被看成是一个存储库，将希望直接存储在页中的任何特定页的信息放置其中。

如果使用隐藏域，则必须使用 HTTP Post 方法向服务器提交页，而不是使用通过 URL 请求该页的方法(HTTP Get 方法)向服务器提交页。

安全说明：恶意用户可以很容易地查看和修改隐藏域的内容。请不要在隐藏域中存储任何敏感信息或保障应用程序正确运行的信息。

使用隐藏域的优点有：

(1) 隐藏域在页上存储和读取，不需要任何服务器资源。

(2) 几乎所有的浏览器和客户端设备都支持具有隐藏域的窗体。

(3) 隐藏域是标准的 HTML 控件，不需要复杂的编程逻辑。

使用隐藏域的缺点有：

(1) 如果直接查看页输出源，就可以看到隐藏域中的信息，这将导致潜在的安全性问题。

(2) 隐藏域不支持复杂数据类型，只提供一个字符串值域来存放信息。

(3) 隐藏域存储在页本身，因此如果存储较大的值，用户显示页和发送页时的速度就会减慢。

(4) 如果隐藏域中的数据量过大，某些代理和防火墙将阻止对包含这些数据的页的访问。

7.2.4 Cookie

用户在访问某网站时，并没有输入自己的用户名信息，但在该网站的页面上却显示了包含该用户名的欢迎信息。有时当访问一个论坛时，还会自动显示在该论坛上的浏览记录。在 ASP.NET 中，Cookie 对象提供了一种在客户端保存信息的方法。

Cookie 对象代表属于特定 User 对象的 Cookies 集合中的单个浏览器 Cookie，该对象是基于 System. Web. HttpCookie 类实现的，可以在客户端长期保存信息，一般保存在 C:\Documents and Settings\用户名\Cookies 目录下。

其中，每个文本文件对应着一个该用户访问过的网站，可以随时读取，但每个网站只能读取与自己对应的 Cookie。如果最初设置 Cookie 的 Web 浏览器在响应中发送更新后的值，则 Cookie 中的值会自动更改。

Cookie 的使用限制有 3 条如下：

(1) IE 和 Netscape 浏览器都支持 Cookie，但 IE 4.0 之前的版本需要通过设置来接受 Cookie，IE 5.0 以上的版本默认是接受 Cookie 的。

(2) 因为大多数浏览器支持文件大小最多为 4096 字节的 Cookie，所以不能在 Cookie 中保存大量的数据，一般只在 Cookie 中保存用户 ID 或其他标识信息，用户的详细信息可以通过用户 ID 在网站的数据库中查询得到。

(3) 浏览器还限制了站点可以在客户端保存 Cookie 的数量，大多数浏览器只允许每个站点保存 20 个 Cookie，如果试图保存更多的 Cookie，则最先保存的 Cookie 会被删除。

对 Cookie 对象的使用是通过 Request 对象和 Response 对象来实现的，主要的操作有 3 种：创建并设置 Cookie、删除 Cookie 和获取 Cookie 的内容。

1. 创建并设置 Cookie 对象

在创建 Cookie 时，一般需要指定 3 个值，即 Cookie 的名称、其中保存的值和该 Cookie 的有效期。每个 Cookie 必须具有唯一的名称，Cookie 是按名称保存的，如果创建了两个名称相同的 Cookie，则前者将被后者覆盖。指定了过期时间和日期的 Cookie，一般都保存到用户的磁盘上，当用户再次访问某站点时，浏览器会先检查该站点的 Cookie 集合，如果某个 Cookie 已经过期，则浏览器不会把这个 Cookie 随页面请求一起发送给服务器，而是删除已经过期的 Cookie。即使没有指定 Cookie 的有效期，还是可以创建 Cookie 的，但这样创建的

Cookie 不会被保存到用户的磁盘上。当用户关闭浏览器或会话超时，该 Cookie 就会被删除。当用户使用的是一台公用计算机，并且不希望把 Cookie 保存到计算机的磁盘上时，就可以使用这种非永久性的 Cookie。

创建或修改 Cookie 对象的语法是：

```
Response. Cookies["CookiesName"]["关键字"]|[.属性] = 字符串;
Response. Cookies["Cookie 名称"].Expires = Cookie 的有效期;
```

当 Cookie 对象已经存在时，使用下面的语句可以修改 Cookie 对象的值；如果该 Cookie 对象不存在，则创建一个 Cookie 对象。按照上面的语法规范，当每个 Cookie 对象只对应着一个要保存的信息值时，["关键字"]可以省略。例如：

```
Response. Cookies["userName"].Value = "admin";
Response. Cookies["userInfo"].Expires = DateTime.Now.AddDays(1);
```

Cookie 对象中只保存了一个信息，即用户名信息。在这种情况下，关键字信息可以省略，直接为该 Cookie 对象的属性赋值；在创建或修改 Cookie 对象时，可以赋值的属性只有 Value 属性。如果想要将多个信息保存到一个 Cookie 中，就需要用到多子键 Cookie，也称为多关键字 Cookie。

```
Response. Cookies["userInfo"] ["userName"] = "admin";
Response. Cookies["userInfo"]["lastVisit"] = DateTime.Now.ToString();
Response. Cookies["userInfo"].Expires = DateTime.Now.AddDays(1);
```

其中，userInfo 是 Cookie 的名称，userName 和 lastVisit 都是这个 Cookie 的关键字，也称为子键。

2. 读取 Cookie 对象

可以使用 Request 对象中的 Cookies 属性来读取 Cookie 的值。将创建或修改 Cookie 对象语法中的 Response 用 Request 替换，即得到读取 Cookie 对象的代码，语法为：

```
Request.Cookies["Cookie 名称"].["关键字"]|[.属性];
```

如果一个 Cookie 没有定义关键字，那么[“关键字”]是可以省略的。这里可获取的属性有两个，Value 和 HasKeys。其中，Value 代表了该 Cookie 的值，HasKeys 表示该 Cookie 是否包含了关键字，这是一个布尔型的属性。如果读取了一个未定义的 Cookie 或关键字，则会发生异常，此时的返回值为空。

例子：创建 cookie 文件，保存访问次数和上一次访问时间。程序运行结果，如图 7.3 所示，代码如下：

```
protected void Page_Load(object sender, EventArgs e)
{
    int vNumber;
    string lVisitTime;
    if (Request.Cookies["visit"] = = null)
    {
```

图 7.3 运行结果

```
            vNumber = 1;
            IVisitTime = "未访问过本网站";
        }
        else
        {
            vNumber = Int32.Parse(Request.Cookies["visit"]["vnumber"]) + 1;
            IVisitTime = Request.Cookies["visit"]["ivisttime"].ToString();
        }
        //输出访问网站的次数及上次访问时间
        Response.Write("< h2 align = 'center'> Cookie 对象应用示例 </h2 >");
        Response.Write("这是您第" + vNumber.ToString() + "次访问本站");
        Response.Write("您上次访问时间是: " + IVisitTime);
        //将访问次数和上次访问时间写入到 Cookie 对象中
        Response.Cookies["visit"]["vnumber"] = vNumber.ToString();
        Response.Cookies["visit"]["ivisttime"] = DateTime.Now.ToString();
        Response.Cookies["visit"].Expires = DateTime.Now.AddYears(1);
    }
```

在 Cookie 文件中存放访问次数和上次访问时间的信息。使用名称为 visit 的 Cookie 对象存放用户访问网站的信息，关键字 vnumber 中的值表示用户访问网站的次数，关键字 ivisttime 中的值表示用户上次访问网站的时间。首先判断是否存在 Cookie 对象 visit，如果不存在，则说明是首次访问本站，设置访问次数为 1，上次访问网站的时间为未访问过；如果不是第一次访问，则取出 Cookie 对象中保存的访问次数值，将其增加 1，存放到 vNumber 变量中，并将上次访问时间取出，存放到 IVisitTime 变量中；最后，将 vNumber 和 IVisitTime 变量的结果输出，并将访问网站的次数和上次访问本站的时间重新写到 Cookie 对象 visit 中，以便下次访问网站时使用，同时设置 Cookie 对象的过期时间为 1 年。

7.2.5 查询字符串

查询字符串是在页 URL 的结尾附加的信息，如 http://localhost/Default.aspx? name=admin&password=111。在上面的 URL 路径中，查询字符串以问号(?)开始，并包含两个属性/值对，一个名为 name；另一个名为 password。

查询字符串提供了一种维护状态信息的方法，方法很简单，但是使用上有限制。例如，利用查询字符串可以很容易地将信息从一页传送到它本身或另一页。

使用查询字符串的优点有：

(1) 不需要任何服务器资源，查询字符串包含在对特定 URL 的 HTTP 请求中。

(2) 几乎所有的浏览器和客户端设备均支持使用查询字符串传递值。

(3) ASP.NET 完全支持查询字符串方法，其中包含了使用 HttpRequest 对象的 Params 属性读取查询字符串的方法。

使用查询字符串的缺点有：

(1) 用户可以通过浏览器用户界面直接看到查询字符串中的信息。

(2) 有些浏览器和客户端设备对 URL 的长度有 2083 个字符的限制。

举例：在 1.aspx 窗体中输入用户名和密码后，利用查询字符串的形式，将用户名和密码传递给 2.aspx 窗体，在 2.aspx 窗体中利用 Request 对象的 QueryString 来获取用户名和密码信息。

1.aspx 窗体中包含两个标签、两个文本框和一个 Button 按钮，如图 7.4 所示。

```
protected void Button1_Click(object sender, EventArgs e)
{
    string name = TextBox1.Text;
    string password = TextBox2.Text;
    Server.Transfer(string.Format("2.aspx? name = {0}&password = {1}", name, password),
false);
}
```

2.aspx 窗体中设置如下显示内容，如图 7.5 所示。

```
protected void Page_Load(object sender, EventArgs e)
{
    string name = Request.QueryString["name"];
    string password = Request.QueryString["password"];
    Response.Write("用户名: " + name + "<br>" + "密码: " + password);
}
```

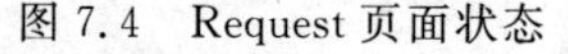
图 7.4 Request 页面状态

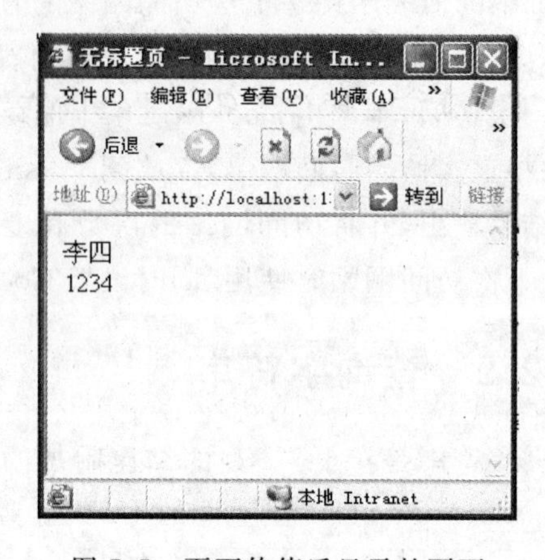

图 7.5 页面传值后显示的页面

使用查询字符串的优缺点如下：

1）使用查询字符串的优点

（1）不需要任何服务器资源。因为查询字符串包含在对特定 URL 的 HTTP 请求中。

（2）广泛的支持。几乎所有浏览器和客户端设备均支持传递查询字符串中的值。

（3）简单的实现。ASP.NET 完全支持查询字符串方法，包括使用 HttpRequest.Params 属性读取查询字符串的方法。

2）使用查询字符串的缺点

（1）安全性。可以通过浏览器用户界面直接看到查询字符串中的信息。查询值通过 URL 向 Internet 公开，因此在某些情况下可能存在安全性问题。

（2）有限的容量。大多数浏览器和客户端设备对 URL 长度有 255 个字符的限制。

7.3 服务器端状态维护技术

7.3.1 应用程序状态

ASP.NET 应用程序是单个 Web 服务器上的某个虚拟目录及其子目录范围内的所有文件、页、处理程序、模块和代码的总和。ASP.NET 允许用户使用应用程序状态来保存每个活动的 Web 应用程序的值，这些值保存在 SystemWeb. HttpApplicationState 类的实例中。HttpApplicationState 类的实例在客户端第一次从某个特定的 ASP.NET 应用程序虚拟目录中请求任何 URL 资源时创建。对于 Web 服务器上的每个 ASP.NET 应用程序都要创建一个单独的实例，然后通过内部 Application 对象公开对每个实例的引用。

应用程序状态是一种全局存储机制，可从 Web 应用程序中的所有页面访问。因此，应用程序状态可用于存储需要在服务器往返行程之间及页请求之间维护的信息。

应用程序状态的实现可以提高 Web 应用程序的性能。例如，如果将常用的、相关的静态数据集放置到应用程序状态中，则可以通过减少对数据库的数据请求总数来提高站点性能。但是，这里存在一种性能平衡，当服务器负载增加时，包含大块信息的应用程序状态变量就会降低 Web 服务器的性能。

应用程序状态存储在一个键/值字典中，可以将特定于应用程序的信息添加到此结构以在页请求期间读取它。通常在 Glabal. asax 文件中的应用程序启动事件中初始化某个应用程序状态值。也可以通过调用 HttpApplicationState 类的 Add 方法将某个对象值添加到应用程序状态集合中。例如：

```
Application.Add("counter",1);
```

由于 Web 应用是多线程的，因此应用程序状态变量可以同时被多个线程访问。为了防止产生无效数据，在设置值前，必须锁定应用程序状态，只供一个线程写入。具体方法就是通过调用 HttpApplicationState 类的 Lock 和 UnLock 方法进行锁定和取消锁定。例如：

```
Application.Lock();
Application["counter"] = ((int)Application["counter"]) + 1;
Application.UnLock();
```

在调用了 Lock 方法之后，Application 对象被锁住，在调用 UnLock 方法之前，其他的用户都无法访问 Application 对象，这样就避免了 Application 对象在修改的过程中被误读。

通过调用 HttpApplicationState 类的 Get 方法读取变量的值。例如：

```
int Counter = (int)Application.Get("counter");
```

直接读取 counter 变量的值，不过，在编写实际应用时，还是要先判断该应用程序状态集合中是否存在该变量，然后再读取。

可以调用 HttpApplicationState 类的 Set 方法，传递变量名和变量值来更新已添加的变量的值。如果传递的变量在应用程序状态集合中不存在，则添加该变量。例如：

```
Application.Set("counter",5);
```

通过调用 HttpApplicationState 类的 Clear 或 RemoveAll 方法，移除应用程序状态集合中的所有变量；也可以调用 Remove 或 RemoveAt 方法来清除某一个变量。例如：

```
Application.Remove("counter");
Application.RemoveAt(0);
```

使用 Application 的优缺点如下：

1）使用应用程序状态的优点

（1）易于实现。应用程序状态易于使用，为 ASP 开发人员所熟悉，并且与其他.NET Framework 类一致。

（2）全局范围。由于应用程序状态可供应用程序中的所有页来访问，因此在应用程序状态中存储信息可能意味着仅保留信息的一个副本（如相对于在会话状态或在单独页中保存信息的多个副本）。

2）使用应用程序状态的缺点

（1）全局范围。应用程序状态的全局性可能也是一项缺点。在应用程序状态中存储的变量仅对于该应用程序正在其中运行的特定进程而言是全局的，并且每一个应用程序进程可能具有不同的值。因此，不能依赖应用程序状态来存储唯一值或更新网络源和网络场配置中的全局计数器。

（2）持久性。因为在应用程序状态中存储的全局数据是易失的，所以包含这些数据的 Web 服务器进程被损坏（最有可能是因服务器崩溃、升级或关闭而损坏），将丢失这些数据。

（3）资源要求。应用程序状态需要服务器内存，这会影响服务器的性能以及应用程序的可缩放性。

7.3.2 会话状态

Session（会话）对象用于存储特定的用户会话所需要的信息，从一个用户开始访问某个特定的主页开始，到用户离开为止。服务器可以分配给这个用户一个 Session，以存储特定的用户信息。用户在应用程序的页之间跳转时，存储在 Session 对象中的变量不会被清除；而用户在应用程序中访问页面时，这些变量会始终存在。Session 实际上就是服务器与客户机之间的“会话”。

HTTP 是一个无状态的协议，这意味着它不会自动提示一个请求序列是否都来自相同的客户端，甚至不提示单个浏览器实例是否仍在活跃地查看某个页或站点。因此，如果没有其他基础架构的帮助，要想生成需要维护某些跨请求状态信息的 Web 应用程序，如购物车等，就会非常困难。

与 Application 对象一样，Session 对象也可以存取变量。但是，Session 对象存储的变量只针对某个特定的用户，而 Application 对象存储的变量则可以被该应用程序的所有用户共享。

当不同的用户登录同一个页面时，服务器会为每一个用户分配一个 Session。这些 Session 应该是各不相同的，不然就无法正确识别用户。也就是说，当一个 Session 创建以后，它应该具有唯一性标志，每一个 Session 都具有独一无二的 SessionID。

如果站点服务器想知道用户是否已经离开，Session 是否已经结束，就需要对 Session

设置一个超时期限。如果用户在这个期限内没有对站点内的任意一个页面提出请求或者刷新页面，那么服务器就可以认为用户已经离开了站点，而结束为该用户创建的 Session。系统默认的 Session 超时期限为 20 分钟，可以由"Internet 服务管理器"来更改这个默认值。

Session 对象拥有 OnStart 和 OnEnd 事件，它们都存在于文件 Global.asax 中。当一个 Session 对象被创建时，将触发 Session_OnStart 事件；当一个 Session 对象被终止时，将触发 Session_OnEnd 事件。

ASP.NET 会话状态支持若干个用于会话数据的存储选项。通过在应用程序的 Web.config 文件中为 sessionState 元素的 mode 属性分配一个 SessionStateMode 枚举值，可以指定 ASP.NET 会话状态使用的模式。SessionStateMode 枚举值有如下几个选项。

(1) InProc 模式：将会话状态存储在 Web 服务器的内存中，这是默认设置。

(2) StateServer 模式：将会话状态存储在一个名为 ASP.NET 状态服务的单独进程中，这确保了在重新启动 Web 应用程序时会保留会话状态，并让会话状态可用于网络场中的多个 Web 服务器。

(3) SQLServer 模式：将会话状态存储到一个 SQL Server 数据库中，这确保了在重新启动 Web 应用程序时会保留会话状态，并让会话状态可用于网络场中的多个 Web 服务器。

(4) Custom 模式：允许用户指定自定义存储提供程序。

(5) Off 模式：禁用会话状态。

使用会话状态的优缺点如下：

1) 使用会话状态的优点

(1) 易于实现。会话状态功能易于使用，为 ASP 开发人员所熟悉，并且与其他.NET Framework 类一致。

(2) 会话特定的事件。会话管理事件可以由应用程序引发和使用。

(3) 持久性。放置于会话状态变量中的数据可以经得住 Internet 信息服务(IIS)重新启动和辅助进程重新启动，而不丢失会话数据，这是因为这些数据存储在另一个进程空间中。

(4) 平台可缩放性。会话状态对象可在多计算机和多进程配置中使用，因而优化了可缩放性方案。

(5) 尽管会话状态最常见的用途是与 Cookie 一起向 Web 应用程序提供用户标识功能，但会话状态可用于不支持 HTTP Cookie 的浏览器。

2) 使用会话状态的缺点

性能。会话状态变量在被移除或替换前保留在内存中，因而可能降低服务器性能。如果会话状态变量包含类似大型数据集的信息块，则会因服务器负荷的增加而影响 Web 服务器的性能。

7.3.3　应用程序状态和会话状态的综合应用

举例：Application 和 Session 综合应用，统计当前在线人数和访问网站的总人数。

(1) 在程序的 Glabal.asax 文件中设置如下内容：

```
void Application_Start(object sender, EventArgs e)
```

```
{
    //在应用程序启动时运行的代码
    Application["count_online"] = 0;
    Application["count_visited"] = 0;
}
void Session_Start(object sender, EventArgs e)
{
    //在新会话启动时运行的代码
    Application.Lock();
    Application["count_online"] = (int )Application["count_online"] + 1;
    Application["count_visited"] = (int)Application["count_visited"] + 1;
    Application.UnLock();
}
void Session_End(object sender, EventArgs e)
{
    //在会话结束时运行的代码
    Application.Lock();
    Application["count_online"] = (int)Application["count_online"] - 1;
    Application.UnLock();
}
```

(2) 窗体显示文件设置如下内容：

```
protected void Page_Load(object sender, EventArgs e)
{
    //在运行时要注意时间,默认一个会话的时间是 20 分钟,改成 1 分钟,
    //要等到默认的时间过去了,再重新打开,才能看到在线人数和总人数不一样多
    Label1.Text ="当前在线有" + Application["count_online "].ToString() + "人";
    Label2.Text ="有" + Application["count_visited"].ToString() + "人访问过本网站";
}
```

注意：程序运行时，Session 会话的默认时间为 20 分钟，要等到默认时间结束之后，再打开网站，才可以看到在线人数和访问过的人数是不一致的。为了测试方便，需要在配置文件中设置<sessionState mode="InProc" timeout="1"/>，模式必须为 InProc，才能执行 Session_End 方法，默认时间改为 1 分钟。如果会话模式设置为 StateServer 或 SQLServer，则不会引发 Session_End 事件。

7.4 习题

1. 填空题

(1) 从 http://10.200.1.23/custom.aspx?ID=4703 中获取 ID 值得方法是________。

(2) 要获取客户端 IP 地址，可以使用________。

(3) 状态管理具有________和________两种形式。

(4) 设置 Button 类型控件的属性________值可确定订单单击按钮后跳转到相应页面。

(5) Session 对象启动时会触发________事件。

(6) 设置会话有效时间为 10 分钟的语句是________。

(7) 要对 Application 状态变量值修改之前应使用________。

(8) Session 对象具有两个事件：________事件和________事件。Session 对象的概念和 Cookie 很相似，也可用来记录客户的状态信息。所不同的是，Cookie 是把信息记录在________的浏览器中，而 Session 对象则是把信息记录在________中。

(9) 要对 Application 状态变量值修改之前应使用________。

(10) 在创建 Cookie 时，一般需要指定 3 个值，分别是________、________和________。

2. 选择题

(1) Response. Redirect ("login. aspx")表示(　　)。

A. 覆盖 login. aspx　　B. 关闭 login. aspx

C. 在一个新窗口中打开 login. aspx　　D. 重定向到 login. aspx

(2) 请问下面的程序段执行完毕，页面上显示内容是(　　)。

```
Response.Write("<a href = 'http://www.sina.com.cn'>新浪</a>");
```

A. 新浪

B. <a href='http://www. sina. com. cn'>新浪</a>

C. 新浪(超链接)

D. 该句有错，无法正常输出

(3) Session 对象默认的超时时限为(　　)。

A. 20 分钟　　B. 20 秒　　C. 30 分钟　　D. 30 秒

(4) 要重定向网页，不能使用(　　)。

A. LinkButton 控件　　B. HttpResponse. Redirect()方法

C. Image 控件　　D. HttpServerUtility. Transfer()方法

(5) 下面的(　　)对象可用于使服务器获取从客户端浏览器提交的信息。

A. HttpRequest　　B. HttpResponse

C. HttpSessionState　　D. HttpAppication

(6) Session 状态和 Cookie 状态的最大区别是(　　)。

A. 存储的位置不同　　B. 类型不同

C. 生命周期不同　　D. 容量不同

(7) 判断页面是否提交的 Page 对象的属性是(　　)。

A. IsValid　　B. DataBind　　C. IsPostBack　　D. Write

(8) 获取服务器的名称可以利用(　　)对象。

A. Response　　B. Session　　C. Server　　D. Cookie

3. 判断题

(1) 判断属性 IsCrossPagePostBack 的值可确定是否属于跨网页提交。　(　　)

(2) Application 状态可由网站所有用户进行更改。　(　　)

(3) 使用 HTML 控件时将不能保持 ViewState 状态。　(　　)

(4) ViewState 状态可以在网站的不同网页间共享。　(　　)

(5) Session 状态可以在同一会话的不同网页间共享。　(　　)

(6) 当关闭浏览器窗口时，Session_End 事件立即被触发。　(　　)

4. 简答题

（1）简述 Session 状态和 Application 状态的异同。

（2）简述页面重定向的不同形式和使用区别。

（3）Response 对象的 Clear、End 和 Flush 方法的区别和联系。

第8章 Web应用的认证和授权

8.1 Web 应用的认证

认证是一个过程，用户可以通过这个过程来验证他们的身份，即解决在应用中"我是谁?"的问题，应用通过系统验证后的标识可以定位到唯一的用户。通常情况下，用户需要输入其用户名与密码，或者根据已有凭据进入登录页面。ASP.NET 2.0 提供了 3 种不同的身份认证模式，如表 8.1 所示。

表 8.1 身份认证模式

值	说明
Windows	将 Windows 认证指定为默认的身份认证模式。将它与以下任意形式的 Microsoft Internet 信息服务（IIS）身份认证结合起来使用：基本、摘要、集成 Windows 身份认证（NTLM/Kerberos）或证书。在这种情况下，我们的应用程序将身份认证责任委托给基础 IIS
Forms	将 ASP.NET 基于窗体的身份认证指定为默认身份认证模式
Passport	将 Microsoft Passport Network 身份认证指定为默认身份认证模式
None	不指定任何身份认证。我们的应用程序仅期待支持匿名用户，否则它将提供自己的身份认证

(1) Windows 身份验证提供程序：提供有关如何将 Windows 身份验证与 Microsoft Internet 信息服务(IIS)身份验证结合使用，以确保 ASP.NET 应用程序安全的信息。

(2) Forms 身份验证提供程序：提供有关如何使用自己的代码创建应用程序特定的登录窗体并执行身份验证的信息。使用 Forms 身份验证的一种简便方法是使用 ASP.NET 成员资格和 ASP.NET 登录控件，它们一起提供了一种只需要少量或无须代码就可以收集、验证和管理用户凭据的方法。

(3) Passport 身份验证提供程序：提供有关由 Microsoft 提供的集中身份验证服务的信息，该服务为成员站点提供单一登录和核心配置文件服务。

通过这 3 种不同的机制，可以使用不同的方式来保存用户登录信息，包括用户密码等敏感信息。

8.1.1 在 Web.config 中配置认证信息

在应用中启用认证后，在 Web.config 文件的 <configuration>/<web>/

<authentication>节点中进行配置，其配置代码如下：

```
<authentication mode="[Windows|Forms|Passport|None]">
    <forms>...</forms>
    <passport/>
</authentication>
```

其中，mode 是必选的属性。它指定应用程序的默认身份认证模式，可选值为 Windows、Forms、Passport 或 None，默认值为 Windows，如表 8.1 所示。

8.1.2 ASP.NET 中的认证

1. 在 ASP.NET 中的认证过程

在 ASP.NET 中，认证和授权都可以看作是在管道中处理的一系列模块(Module)。ASP.NET 认证和授权过程，如图 8.1 所示。

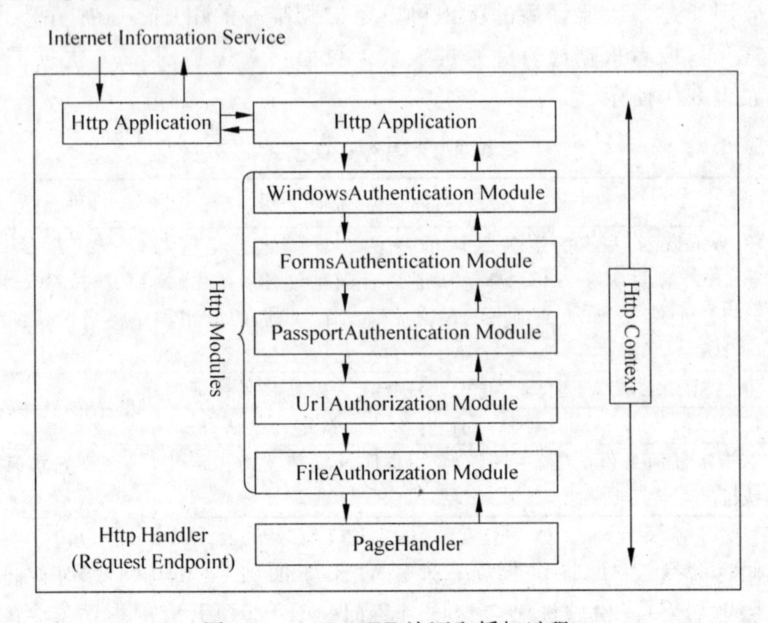

图 8.1 ASP.NET 认证和授权过程

当从 IIS 传递一个请求时，ASP.NET 将初始化 HttpRuntime、HttpApplication、HttpContext 等一系列对象，HttpRuntime 对象用于处理序列的开头，在整个请求生命周期中，HttpContext 对象用于传递有关请求和响应的详细信息。创建 HttpApplication 对象后，系统首先执行认证模块，通过这些模块的执行，将会更改 HttpContext 对象中的 User 属性，当认证模块执行完毕之后，接着是授权模块的执行。

ASP.NET 2.0 在配置文件中定义了一组 HTTP 模块，如下所示：

```
<httpModules>
    <add name="WindowsAuthentication"
                type="System.Web.Security.WindowsAuthenticationModule"/>
    <add name="FormsAutentication"
                type="System.Web.Security.FormsAuthenticationModule"/>
```

```
    <add name = "PassportAuthentication"
            type = "System.Web.Security.PassportAuthenticationModule"/>
</httpModules>
```

在执行的过程中，ASP.NET 只加载一个身份验证模块，这取决于该配置文件的 authentication 元素中指定了哪种身份验证模式。该身份验证模块创建一个 IPrincipal 对象并将它存储在 HttpContext. User 属性中。这是很关键的，因为其他授权模块使用该 IPrincipal 对象做出授权决定。

当 IIS 中启用匿名访问且 authentication 元素的 mode 属性设置为 None 时，有一个特殊模块将默认的匿名原则添加到 HttpContext. User 属性中。因此，在进行身份验证之后，HttpContext. User 绝不是一个空引用。

2. Windows 认证

如果应用程序使用 Active Directory 用户存储，那么应该使用集成 Windows 身份验证。在使用 Windows 认证时，IIS 首先向操作系统或者 Active Directory 请求身份验证，通过后，IIS 将向 ASP.NET 传递代表经过身份验证的用户或匿名用户账户的令牌。该令牌在一个包含于 IPrincipal 对象的 IIdentity 对象中维护，IPrincipal 对象进而附加到当前 Web 请求线程，可以通过 HttpContext. User 属性访问 IPrincipal 和 IIdentity 对象。

在配置文件中，如果存在如下的配置，则表示启用了 Windows 认证：<authentication mode="Windows"/>。启用 Windows 认证实质上就是在 ASP.NET 的处理管道中启用了 WindowsAuthenticationModule，这个类主要负责创建 WindowsPrincipal 和 WindowsIdentity 对象来表示通过身份验证的用户，并且负责将这些对象附加到当前 Web 请求。

Windows 认证的主要过程为：WindowsAuthenticationModule 使用从 IIS 传递到 ASP.NET 的 Windows 访问令牌创建一个 WindowsPrincipal 对象，该令牌包含在 HttpContext 类的 WorkerRequest 属性中。引发 AuthenticationRequest 事件时，WindowsAuthenticationModule 从 HttpContext 类中检索该令牌并创建 WindowsPrincipal 对象。HttpContext. User 用该 WindowsPrincipal 对象进行设置，它表示所有通过身份验证的模块和 ASP.NET 页的通过身份验证的用户的安全上下文。WindowsAuthenticationModule 类使用 P/Invoke 调用 Win32 函数并获得该用户所属的 Windows 组的列表，这些组用于填充 WindowsPrincipal 角色列表。WindowsAuthenticationModule 类将 WindowsPrincipal 对象存储在 HttpContext. User 属性中。然后授权模块用它对通过身份验证的用户授权。

3. Form 认证

Windows 认证仅仅是当用户拥有 Microsoft Windows 账户时才有用。如果正在构建一个基于 Internet 的 Web 应用，使用 Windows 认证就显得不可行，也不合适了。因此，你可能会想到在其他地方存储用户账户而不是存储在 Windows 安全系统下。例如，可以选择在运行 Microsoft SQL Server 的计算机所承载的数据库中存储用户凭据，事实上，在大多数情况下，都需要建立自己的用户管理和存储机制。Form 认证模式就能够让你轻易地创建这样一个自定义的安全机制并安全地执行它。

Form 身份验证提供了一种方法，可以使用用户创建的登录窗体验证用户的用户名和密码。如果通过了身份验证，会将身份验证标记保留在Cookie或页的URL中，若未经过身份验证，请求将被重定向到登录页。该登录页既收集用户的凭据，又包括验证这些凭据时所需要的代码。

窗体身份验证使用用户登录到站点时创建的身份验证票，然后在整个站点内跟踪该用户。窗体身份验证票通常包含在一个Cookie中。然后，ASP.NET 2.0版支持无Cookie窗体身份验证，结果是将票证传入查询字符串中。

如果用户请求一个需要经过身份验证的访问页，且该用户以前没有登录过该站点，则该用户重定向到一个配置好的登录页。该登录页提示用户提供凭据(通常是用户名和密码)。然后将这些凭据传递给服务器并针对用户存储(如SQL Server数据库)进行验证。在ASP.NET 2.0中，用户存储访问可由成员身份提供程序处理。对用户的凭据进行身份验证后，用户重定向到原来请求的页面。图8.2详细地说明了Form认证的过程。

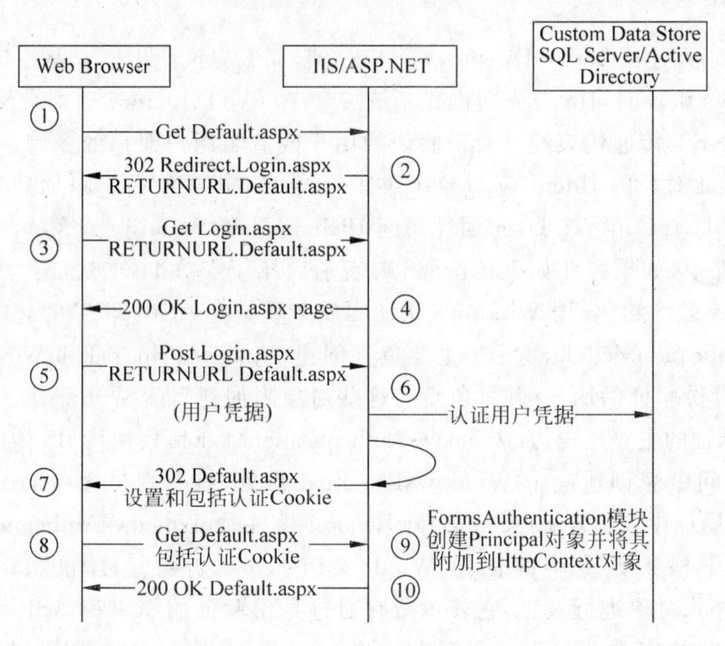

图8.2 Form认证过程

该流程的详细说明如下：

(1) 用户请求应用程序的虚拟目录下的Default.aspx文件。因为IIS元数据库中启用了匿名访问，因此IIS允许该请求。ASP.NET确认authorization元素包括<deny users="?"/>标记。

(2) 服务器查找一个身份验证Cookie。如果找不到该身份验证Cookie，则用户重定向到配置好的登录页(Login.aspx)，该页由Forms元素的LoginUrl属性指定。用户通过该窗体提供和提交凭据。有关起始页的信息存放在使用RETURNURL作为密钥的查询字符串中。

(3) 浏览器请求Login.aspx页，并在查询字符串中包括RETURNURL参数。

(4) 服务器返回登录页及200 OK HTTP状态代码。

(5) 用户在登录页输入凭据，并将该页(包括来自查询字符串的RETURNURL参数)

发送回服务器。

(6) 服务器根据某个存储(如 SQL Server 数据库或 Active Directory 用户存储)验证用户凭据。登录页中的代码创建一个包含为该会话设置的窗体身份验证票的 Cookie。在 ASP.NET 2.0 中,可以通过成员身份系统执行对用户凭据的验证。

(7) 对于经过身份验证的用户,服务器将浏览器重定向到查询字符串中的 RETURNURL 参数指定的原始 URL。

(8) 重定向之后,浏览器再次请求 Default.aspx 页。该请求包括身份验证 Cookie。

(9) FormsAuthenticationModule 类检测窗体身份验证 Cookie 并对用户进行身份验证。身份验证成功后,FormsAuthenticationModule 类使用有关经过身份验证的用户的信息填充当前的 User 属性(由 HttpContext 对象公开)。

(10) 由于服务器已经验证了身份验证 Cookie,因此它允许访问并返回 Default.aspx 页。

当配置 Forms 认证时,可以指定一个登录页面。当用户对应用程序中的页面发出请求时,如果他们没有通过认证,就会被重定向到登录页面,在那里他们能够输入凭据。对于输入的凭据,必须通过编写代码进行相应的处理。当用户通过认证后,就被重定向到他们最初所请求的页面。配置项及说明,如表 8.2 所示。

以下配置文件片段显示了如何在 Web.config 中设置 Form 认证。

```
<system.web>
    <authentication mode = "Forms">
        <forms loginUrl = "Login.aspx"
              protection = "All"
              timeout = "30"
              name = ".ASPXAUTH"
              path = "/"
              requireSSL = "false"
              slidingExpiration = "true"
              defaultUrl = "Default.aspx"
              cookieless = "UserDeviceProfile"
              enableCrossAppRedirects = "false"/>
    </authentication>
</system.web>
```

以上代码中各配置项的作用如表 8.2 所示。

表 8.2　配置项及说明

配　置　项	配 置 说 明
loginUrl	指向应用程序的自定义登录页。应该将登录页放在需要安全套接字层(SSL)的文件夹中。这有助于确保凭据从浏览器传到 Web 服务器时的完整性
protection	设置为 All,以指定窗体身份验证票的保密性和完整性。配置该项后,将使用 machineKey 元素上指定的算法对身份验证票证进行加密,并且使用同样是 machineKey 元素上指定的哈希算法进行签名
timeout	用于指定窗体身份验证会话的有限生存期。默认值为 30 分钟。如果颁发持久的窗体身份验证 Cookie,timeout 属性还用于设置持久 Cookie 的生存期

续表

配　置　项	配 置 说 明
name	和 path 设置为应用程序的配置文件中定义的值
requireSSL	设置为 false。该配置意味着身份验证 Cookie 被通过未经 SSL 加密的信道进行传输。如果担心会话窃取，应考虑将 requireSSL 设置为 true
slidingExpiration	设置为 true 以执行变化的会话生存期。这意味着只要用户在站点上处于活动状态，会话超时就会定期重置
defaultUrl	设置为应用程序的 Default. aspx 页
cookieless	设置为 UseDeviceProfile，以指定应用程序对所有支持 Cookie 的浏览器都使用 Cookie。如果不支持 Cookie 的浏览器访问该站点，窗体身份验证在 URL 上打包身份验证票
enableCrossAppRedirects	设置为 false，以指明窗体身份验证不支持自动处理在应用程序之间传递的查询字符串上的票证以及作为某个窗体 POST 一部分的传递的票证

如果用户数量很少，可以考虑将凭据存储到 Web. config 文件中。但是，在大多数情况下，推荐使用更加方便和灵活的存储位置，如数据库。

默认情况下，Forms 认证在用户登录以后会创建一个 Cookie，并把其存储在用户的计算机中。这个 Cookie 会和每次请求一起提交。但是，Forms 认证也可以被配置为使已经禁用 Cookie 的浏览器可以使用查询字符串。

用户利用 Forms 身份验证方式访问受保护页面的过程如下：

（1）用户请求需要身份验证的页面（Default. aspx）。

（2）HTTP 模块调用 Forms 验证，并检查身份验证标记。

（3）如果没有发现身份验证标记，则重定向到用户登录页面（login. aspx），使用 ReturnUrl 将原请求页面 Default. aspx 的信息放在查询字符串中。

（4）如果通过身份验证，则重定向到 ReturnUrl 中指定的原请求页面。默认情况下，身份验证标记以 Cookie 的形式发出。

举例：实现简单的 Forms 身份验证。

```
<system.web>
    <compilation debug="true"/>
  <authentication mode="Forms" >
    <forms name="formauthentication" loginUrl="login.aspx">
      <credentials passwordFormat="Clear">
        <user name="student" password="1234"/>
        <user name="teacher" password="5678"/>
      </credentials>
    </forms>
  </authentication>
  <authorization>
    <deny users="?"/>
  </authorization>
</system.web>
```

authentication 元素的 mode 属性为 Forms，表示是 Forms 验证方式。在 authentication 元素中，定义一个 forms 元素，所有与 Forms 验证有关的设置都放置到此元素中，设置如下属性：

（1）name 表示用于身份验证的 Cookie 的名称，如果一个应用程序中有多个基于 Forms 的验证，其 name 属性的值应不同。

（2）loginUrl 表示在找不到包含请求内容的身份验证 Cookie 的情况下，进行重定向的 URL。在 forms 元素中，定义一个<credentials>元素，其属性 passwordFormat 规定了对用户密码进行加密的加密算法，属性值有：

① Clear 表示不进行加密，密码以明文形式存储。

② MD5 表示使用 MD5 哈希算法对密码加密，并将加密后的用户密码值与存储的值进行比较，此算法的性能比 SHA1 好。

③ SHA1 表示使用 SHA1 哈希算法对密码加密，并将加密后的用户密码值与存储的值进行比较。在<credentials>元素中定义了 student 和 teacher 两个用户，其用户密码分别是 1234 和 5678。在 authorization 元素中，定义一个<deny>元素，并将其 users 属性设置为"?"，表示未通过身份验证的用户都被拒绝访问该应用程序中的资源。当用户没有通过身份验证时，将被重定向到登录页面上。登录页面用于收集用户凭据，并对它们进行身份验证，如果用户通过身份验证，登录页会将用户重定向到用户请求的页面。

创建用户登录页面 login.aspx，编写如下代码：

```
protected void Button1_Click(object sender, EventArgs e)
{
    if (FormsAuthentication.Authenticate(TextBox1.Text, TextBox2.Text))
        FormsAuthentication.RedirectFromLoginPage(TextBox1.Text, true);
    else
        Label1.Text = "用户名和密码有误,请重输";
}
```

通过 FormsAuthentication 类的 Authenticate 方法，将从用户那里收集来的凭据和应用程序配置文件的 credentials 元素中存储的用户名/密码表进行比较，即身份验证，如果用户名和密码有效，则返回 true，否则返回 false。如果用户名和密码有效（即通过身份验证），则调用 FormsAuthentication 的 RedirectFromLoginPage，将已通过身份验证的用户重定向到最初请求的 URL。

创建需要身份验证的页面 Default.aspx，编写如下代码：

```
protected void Page_Load(object sender, EventArgs e)
{
    Label1.Text = "欢迎您" + User.Identity.Name;
}
protected void Button1_Click(object sender, EventArgs e)
{
    FormsAuthentication.SignOut();
    Response.Redirect("login.aspx");
}
```

"退出"功能调用 SignOut 方法清除用户标识并删除身份验证凭据（Cookie），然后将用户重定向到登录页。

4. Passport 认证

Passport 验证是一种 Microsoft 提供的集中认证服务。用户可以使用 Microsoft.NET Passport 来访问服务，如果使用 Passport 服务注册了站点，就可以使用相同的 Passport 访问站点，而不需要记住不同系列的凭据。

要使用 Passport 认证，首先获取.NET Passport Software Development Kit(SDK)，它包含于 Windows Server 2003 中，也可以在 Microsoft Passport Network 中下载。然后在 Web.config 文件中配置 Passport 认证，<authentication mode="Passport"/>。最后使用.NET Passport SDK 中的功能来实现认证和授权。

8.2 Web应用的授权

在用户通过认证并能够访问 Web 站点之后，应用程序必须确定用户可以访问的页面和资源，即解决在应用中“我能做什么?”问题，这个过程就是授权。在 ASP.NET 中，针对不同的认证方式，主要包括文件授权和 URL 授权。

8.2.1 概述

WindowsAuthenticationModule 类完成其处理之后，如果未拒绝请求，则调用授权模块。通过授权模块，将确定用户对系统资源可否访问。

1. 配置授权模块

授权模块也在计算机级别的 Web.config 文件中的 httpModules 元素中定义，如下所示：

```
<httpModules>
    <add name="UrlAuthorization"
              type="System.Web.Security. UrlAuthorizationModule"/>
    <add name=" FileAuthorization"
              type="System.Web.Security. FileAuthorizationModule"/>
    <add name=" AnonymousIdentification"
              type="System.Web.Security. AnonymousIdentificationModule"/>
</httpModules>
```

2. FileAuthorizationModule

调用 FileAuthorizationModule 类时，它检查 HttpContext.User.Identity 属性中的 IIdentity 对象是否为 WindowsIdentity 类的一个实例。如果 IIdentity 对象不是 WindowsIdentity 类的一个实例，则 FileAuthorizationModule 类停止处理。

如果存在 WindowsIdentity 类的一个实例，则 FileAuthorizationModule 类调用 AccessCheckWin32 函数(通过 P/Invoke)来确定是否授权经过身份验证的客户端访问请求的文件。如果该文件的安全描述符的随机访问控制列表(DACL)中至少包含一个 Read

访问控制项（ACE），则允许该请求继续。否则，FileAuthorizationModule 类调用 HttpApplication. CompleteRequest 方法并将状态码 401 返回到客户端。

3. UrlAuthorizationModule

调用 UrlAuthorizationModule 类时，它在计算机级别或应用程序特定的 Web. config 文件中查找 authorization 元素。如果存在该元素，则 UrlAuthorizationModule 类从 HttpContext. User 属性检索 IPrincipal 对象，然后使用指定的动词(GET、POST 等)来确定是否授权该用户访问请求的资源。

8.2.2 文件授权

Windows 操作系统提供了其授权机制，我们也可以为 NTFS 文件系统格式的盘符中的任意文件或者文件夹设置权限。这些权限存储在访问控制列表(ACL)中，这个列表是跟文件存储在一起的。ASP.NET 文件授权模块让你可以使用这些权限来控制对 Web 应用程序中资源、页面和文件夹的访问。要使用 File 授权，需要首先配置应用程序使其可以使用 Windows 认证，然后为 Web 站点中的文件和文件夹分配权限。

在 Web. config 文件中，将系统配置为 Windows 认证和文件授权，并且在我们的 Web 应用的站点中指定相应目录或文件的权限，那么整个认证和授权的过程 ASP.NET 将帮助我们自动完成。

8.2.3 URL 授权

通过 URL 授权，可以显式允许或拒绝某个用户名或角色对特定目录的访问权限。为此，应在该目录的配置文件中创建一个 authorization 节。若要启用 URL 授权，可在配置文件的 authorization 节中的 allow 或 deny 元素中指定一个用户或角色列表。为目录建立的权限也会应用到其子目录，除非子目录中的配置文件重写这些权限。

authorization 节的语法如下：

```
<authorization>
    <allow|deny users|roles [verbs]/>
</authorization>
```

其中，allow 与 deny 元素必选其一，users 与 roles 必选其一，也同时包含 users 与 roles，verbs 属性为可选项。

allow 和 deny 元素分别授予访问权限和撤销访问权限。每个元素都支持如表 8.3 所示的属性。

由于系统中存在多个配置文件，所以在执行时可能要对这些配置项进行合并，合并的规则如下：

(1) 应用程序级别的配置文件中包含的规则优先级高于继承的规则。系统通过构造一个 URL 的所有规则的合并列表，其中最近(层次结构中距离最近)的规则位于列表头，以确定哪条规则优先。

表 8.3 属性介绍

属性	说　明
users	标识此元素的目标身份(用户账户)。用问号(?)标识匿名用户。可以用星号(*)指定所有经过身份验证的用户
roles	为被允许或被拒绝访问资源的当前请求标识一个角色(RolePrincipal 对象)
verbs	定义操作所要应用到的 HTTP 谓词，如 GET、HEAD 和 POST。默认值为"*"，它指定了所有谓词

(2) 给定应用程序的一组合并的规则，ASP.NET 从列表头开始，检查规则直至找到第一个匹配项为止。ASP.NET 的默认配置包含向所有用户授权的<allow users="*">元素(默认情况下，最后应用该规则)。如果其他授权规则都不匹配，则允许该请求。如果找到匹配项并且它是 deny 元素，则向该请求返回 401 HTTP 状态代码。如果与 allow 元素匹配，则模块允许进一步处理该请求。

还可以在配置文件中创建一个 location 元素以指定特定文件或目录，location 元素中的设置将应用于这个文件或目录。

8.3 使用 Membership 实现 Web 应用的认证

ASP.NET 成员资格(Membership)提供了一种验证和存储用户凭据的内置方法。因此，ASP.NET 成员资格可用于管理站点中的用户身份验证。通过将 ASP.NET 成员资格与 ASP.NET Forms 身份验证或 ASP.NET 登录控件一起使用，来创建一个完整的用户身份验证系统。

ASP.NET 成员资格支持下列功能：

(1) 创建新用户和密码。

(2) 将成员资格信息(用户名、密码和支持数据)存储在 Microsoft SQL Server、Active Directory 或其他数据存储区。

(3) 对访问站点的用户进行身份验证。可以以编程方式验证用户，也可以使用 ASP.NET 登录控件创建一个只需要很少代码或无须代码的完整身份验证系统。

(4) 管理密码，包括创建、更改和重置密码。选择不同的成员资格，其对应的选项也不同，成员资格系统还可以提供一个使用用户提供的问题和答案的自动密码重置系统。

(5) 公开经过身份验证的用户的唯一标识，我们可以在自己的应用程序中使用该标识，也可以将该标识语 ASP.NET 个性化设置和角色管理(授权)系统集成。

(6) 指定自定义成员资格提供程序，从而方便自定义代码管理成员资格及在自定义数据存储区中维护成员资格数据。

8.3.1 Membership 系统组成介绍

ASP.NET 2.0 提供的成员资格服务主要包括控件、成员资格 API、Provider 和成员资格数据存储等部分，如图 8.3 所示。

(1) 控件：封装创建用户、登录等功能界面相关控件，并通过自动调用成员资格应用编

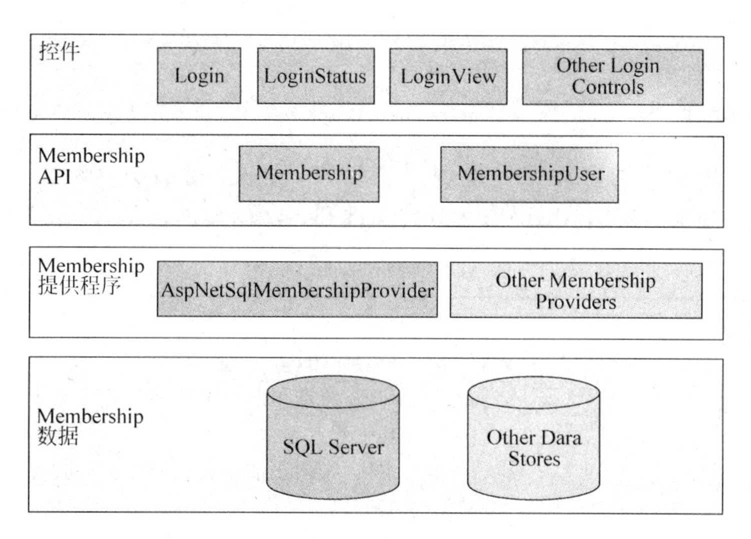

图 8.3　Membership 系统组件

程接口实现相应的功能。

(2) Membership API(成员资格应用编程接口)：成员资格应用编程接口是通过 Membership 类公开的。Membership 类包含的方法能够完成创建新用户、更改密码、搜索与特定条件匹配的用户等工作。

(3) Membership 提供程序：通过使用提供程序模型，可轻松改写成员资格系统以使用不同的数据存储区或带有不同架构的数据存储区。此外，还可以通过创建自定义提供程序来扩展成员资格系统，这样做可以在成员资格系统与现有用户数据库之间创建一个接口。

(4) Membership 数据：存储成员资格信息。

8.3.2　配置和启用 Membership

若要使用成员资格，必须首先为站点配置成员资格。主要分为以下 3 个步骤：

(1) 将成员资格选项指定为站点配置的一部分。默认情况下，成员资格处于启用状态。还可以指定要使用哪个 Membership(成员资格)提供程序(实际上，这意味着指定要存储成员资格信息的数据库的类型)。默认提供程序使用 Microsoft SQL Server 数据库。还可以选择使用 Active Directory 存储成员资格信息，或者可以指定自定义提供程序。

(2) 将应用程序配置为使用 Forms 身份验证(与 Windows 或 Passport 身份验证不同)。通常指定应用程序中的某些页或文件夹受到保护，并只能由经过身份验证的用户访问。

(3) 为成员资格定义用户账户。可以通过多种方式执行此操作。可以使用站点管理工具，该工具提供了一个用于创建新用户的类似向导的界面。或者，可以创建一个"新用户"ASP.NET 网页，在该网页中收集用户名、密码及电子邮件地址(可选)，然后使用一个名为 CreateUser 的成员资格函数在成员资格系统中创建一个新用户。

8.3.3　成员资格应用编程接口

成员资格应用编程接口(Membership API)主要提供了对成员服务的业务支持，包括创建用户、登录、修改密码和用户信息等功能，主要包括两个类，分别是 Membership 和

MembershipUser。

1. Membership 类

其主要作用是验证用户凭据并管理用户设置，其中大部分方法和属性都是静态的。表 8.4 和表 8.5 分别给出了 Membership 各属性和方法的具体说明。

表 8.4 Membership 属性

属性名称	说明
ApplicationName	获取或设置应用程序的名称
EnablePasswordReset	获得一个值，指示当前成员资格提供程序是否配置为允许用户重置其密码
EnablePasswordRetrieval	获得一个值，指示当前成员资格提供程序是否配置为允许用户检索其密码
HashAlgorithmType	用于哈希密码的算法的标识符
MaxInvalidPasswordAttempts	获取锁定成员资格用户前允许的无效密码或无效密码提示问题答案尝试次数
MinRequiredNonAlphanumericCharacters	获取有效密码中必须包含的最少特殊字符数
MinRequiredPasswordLength	获取密码所要求的最小长度
PasswordAttemptWindow	获取在锁定成员资格用户之前允许的最大无效密码或无效密码提示问题答案尝试次数的分钟数
PasswordStrengthRegularExpression	获取用于计算密码的正则表达式
Provider	获取对应用程序的默认成员资格提供程序的引用
Providers	获取一个用于 ASP.NET 应用程序的成员资格提供程序的集合
RequiresQuestionAndAnswer	获取一个值，该值指示默认成员资格提供程序是否要求用户在进行密码重置和检索时回答密码提示问题
UserIsOnlineTimeWindow	指定用户在最近一次活动的日期/时间戳之后被视为联机的分钟数

表 8.5 Membership 方法

方法名称	说明
CreateUser	已重载。将新用户添加到数据存储区
DeleteUser	已重载。从数据库中删除一个用户
FindUsersByEmail	已重载。获取一个成员资格用户的集合，这些用户的电子邮件地址包含要匹配的指定电子邮件地址
FindUsersByName	已重载。获取一个成员资格用户的集合，这些用户的用户名包含要匹配的指定用户名
GeneratePassword	生成指定长度的随机密码
GetAllUsers	已重载。获取数据库中用户的集合
GetNumberOfUsersOnline	获取当前访问应用程序的用户数
GetUser	已重载。从数据源获取成员资格用户的信息
GetUserNameByEmail	获取一个用户名，其中该用户的电子邮件地址与指定的电子邮件地址匹配
UpdateUser	用指定用户的信息更新数据库
ValidateUser	验证提供的用户名和密码是有效的

2. MembershipUser 类

其主要作用是公开和更新成员资格数据存储区中的成员资格用户信息。MembershipUser 是一个普通的类，需要实例化之后方可使用。其属性和方法分别如表 8.6 和表 8.7 所示。

表 8.6 MembershipUser 属性

属性名称	说　　明
Comment	获取或设置成员资格用户的特定于应用程序的信息
CreationDate	获取将用户添加到成员资格数据存储区的日期和时间
E-mail	获取或设置成员资格用户的电子邮件地址
IsApproved	获取或设置一个值，表示是否可以对成员资格用户进行身份验证
IsLockedOut	获取一个值，该值指示成员资格用户是否因被锁定而无法进行验证
IsOnline	获取一个值，表示用户当前是否联机
LastActivityDate	获取或设置成员资格用户上一次进行身份验证或访问应用程序的日期和时间
LastLockoutDate	获取最近一次锁定成员资格用户的日期和时间
LastLoginDate	获取或设置用户上一次进行身份验证的日期和时间
LastPasswordChangedDate	获取上一次更新成员资格用户的密码的日期和时间
PasswordQuestion	获取成员资格用户的密码提示问题
ProviderName	获取成员资格提供程序的名称，该提供程序存储并检索成员资格用户的用户信息
ProviderUserKey	从用户的成员资格数据源获取用户标识符
UserName	获取成员资格用户的登录名

表 8.7 MembershipUser 方法

方法名称	说　　明
ChangePassword	更新成员资格数据存储区中成员资格用户的密码
ChangePasswordQuestionAndAnswer	更新成员资格数据存储区中成员资格用户的密码提示问题和密码提示问题答案
GetPassword	已重载。从成员资格数据存储区获取成员资格用户的密码
ResetPassword	已重载。将用户密码重置为一个自动生成的新密码
ToString	已重写。返回成员资格用户的用户名
UnlockUser	清除用户的锁定状态以便验证成员资格用户

8.3.4 ASP.NET 登录控件

使用成员资格应用编程接口，需要自行设计用户管理和登录界面。而如果使用 ASP.NET 2.0 来构建 Web 应用，利用系统提供的大量的登录控件，可方便、高效地开发 Web 应用。

如果使用登录控件，它们将自动使用成员资格系统验证用户。例如，已创建了一个登录窗体，可以提示用户输入用户名和密码，然后调用 ValidateUser 方法执行验证。在验证用户后，可以使用 Forms 身份验证保留有关用户的信息（如用户的浏览器接受加密 Cookie），即调用 FormsAuthentication 类的方法来创建 Cookie 并将它写入用户的计算机。如果用户忘记了其密码，则登录页面可以调用成员资格函数，帮助用户找到密码或创建一个新密码。

用户每次请求其他受保护的页面时，ASP.NET Forms 身份验证都会检查该用户是否经过身份验证，然后相应地允许该用户查看该页面或将用户重定向到登录页。默认情况下，身份验证 Cookie 在用户会话期间一直有效。

在用户经过身份验证后，成员资格系统会提供一个包含有关当前用户的信息的对象。例如，可以获取成员资格用户对象的属性来确定用户名、电子邮件地址、上一次登录时间等。

成员资格系统的一个重要方面是无须显式执行任何低级数据库函数就可以获取或设置用户信息。例如，通过调用成员资格 CreateUser 方法就可以创建一个新用户。成员资格系统处理创建存储用户信息所需要的数据库记录的细节。在调用 ValidateUser 方法检查用户凭据时，成员资格系统会执行所有数据库查询。

1. CreateUserWizard

CreateUserWizard 控件用于收集用户提供的信息，默认情况下，CreateUserWizard 控件将新用户添加到 ASP.NET 成员资格系统中。CreateUserWizard 控件收集用户名、密码、确认密码、电子邮件、安全提示问题、安全答案，如图 8.4 所示。

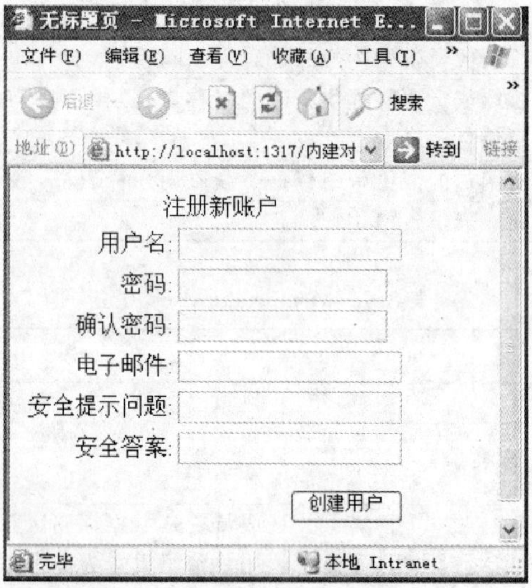

图 8.4　CreateUserWizard 控件运行界面

CreateUserWizard 控件的声明代码：

```
<asp:CreateUserWizard ID = "CreateUserWizard2" runat = "server">
        <WizardSteps>
            <asp:CreateUserWizardStep runat = "server">
            </asp:CreateUserWizardStep>
            <asp:CompleteWizardStep runat = "server">
            </asp:CompleteWizardStep>
        </WizardSteps>
        </asp:CreateUserWizard>
```

所有步骤的代码都设置在＜WizardSteps＞和＜/WizardSteps＞之间。可以自定义

CreateUserWizard 控件，添加的标记和子控件在<ContentTemplate>元素中设置。

```
<asp:CreateUserWizard ID = "CreateUserWizard2" runat = "server">
        <WizardSteps>
            <asp:CreateUserWizardStep runat = "server">
            <ContentTemplate>
        注册新账户<br />
        用户名：<asp:TextBox ID = "username" runat = "server" /><br />
        密码：<asp:TextBox ID = "password" runat = "server" TextMode = "Password" /><br />
        电子邮件：<asp:TextBox ID = "email" runat = "server" /><br />
        安全提示问题：<asp:TextBox ID = "question" runat = "server" /><br />
        安全答案：<asp:TextBox ID = "answer" runat = "server" /><br />
            </ContentTemplate>
            </asp:CreateUserWizardStep>
            <asp:CompleteWizardStep runat = "server">
            <ContentTemplate>
            恭喜您，您已注册<br />
            <asp:Button ID = "continue" runat = "server" Text = "继续" />
            </ContentTemplate>
            </asp:CompleteWizardStep>
        </WizardSteps>
    </asp:CreateUserWizard>
```

2. Login

Login 控件显示的是一个用于执行用户身份验证的用户界面。包含一个“用户名”文本框、一个“密码”文本框和一个“登录”按钮。同时还可以设置一个复选框，该复选框可以让用户选择是否要服务器存储它们的表示，以便再次登录时自动进行身份验证。Login 控件使用成员资格管理在成员资格系统中对用户进行身份验证，只需要几个简单的步骤，不需要编写任何代码，就可以实现登录功能。此控件不仅内置了常见的登录界面，而且允许自定义界面外观。

Login 控件的任务列表中包含了以下 3 项内容：

(1)“自动套用格式”用于自动格式化 Login 控件外观样式。这种方式在很多控件中使用。

(2)“转换为模板”用于将当前的 Login 控件转变成模板内容，可以为实现登录页面提供更高的灵活性。Login 控件的外观完全可以通过模板和样式设置进行自定义。

(3)“管理网站”任务用于启动 Web 管理工具，直接转向 ASP.NET 网站管理工具。

设置控件的外观如下，浏览器中运行结果，如图 8.5 所示。

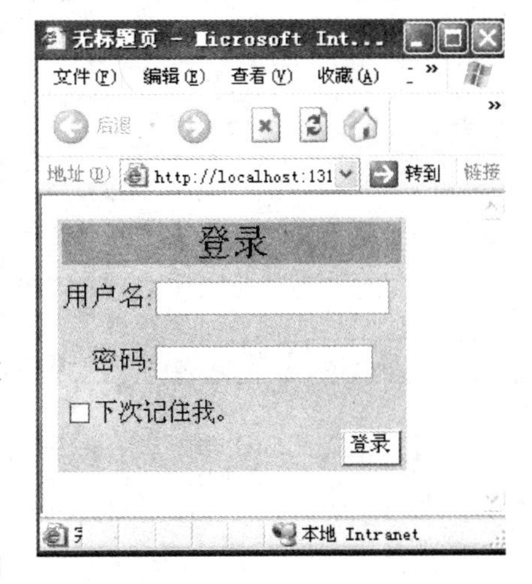

图 8.5 Login 控件运行界面

```
<asp:Login ID = "Login1" runat = "server" BackColor = "#C0C0FF">
<TitleTextStyle BackColor = "CornflowerBlue" ForeColor = "Black" Font - Size = "X - Large"
Height = "20px" HorizontalAlign = "Center"/>
```

```
<TextBoxStyle ForeColor = "Brown" />
<CheckBoxStyle BackColor = "#C0C0FF" ForeColor = "Black" />
<LabelStyle Font - Bold = "False" Font - Size = "Larger" ForeColor = "Navy" Height = "40px" />
<LoginButtonStyle BackColor = "MistyRose" BorderColor = "White" />
</asp:Login>
```

Login 控件样式属性如表 8.8 所示。

表 8.8 Login 控件样式属性

样式属性	受影响的用户界面元素
BorderPadding	获取或设置 Login 控件边框内的空白量
CheckBoxStyle	定义"下次记住我"复选框的设置
FailureTextStyle	定义 Login 控件中登录失败后提示文本的外观
InstructionTextStyle	定义 Login 控件说明文本的外观
LabelStyle	定义 Login 控件文本框标签的外观
TextBoxStyle	定义 Login 控件中"用户名"和"密码"TextBox 控件的外观
TitleTextStyle	定义 Login 控件中的标题的外观
ValidatorTextStyle	定义与 Login 控件使用的验证程序关联的错误信息的外观
HyperLinkStyle	定义 Login 控件中的超链接的外观
LoginButtonStyle	控制 Login 控件中登录按钮的外观

Login 控件的重要属性如表 8.9 所示。

表 8.9 Login 控件的重要属性

属性	说明
CreateUserText	为"创建用户"链接显示的文本
CreateUserUrl	创建用户页的 URL
PasswordRecoveryText	为密码恢复链接显示的文本
PasswordRecoveryUrl	恢复密码页的 URL
DestinationPageUrl	指定当验证通过后执行重定向显示的页面的 URL，默认是返回到引用页或 web.config 文件中 defaultUrl 属性中定义的页面
VisibleWhenLoggedIn	获取或设置一个布尔值，表示是否向通过验证的用户显示 Login 控件
FailureAction	获取或设置当用户登录失败验证失败时 Login 控件的行为
MembershipProvider	获取或设置控件使用的成员资格数据提供程序的名称，默认 Empty
RememberMeSet	获取或设置布尔值，表示是否向客户端浏览器发送持久性身份验证 Cookie
DisplayRememberMe	获取或设置一个布尔值，表示是否显示复选框"下次记住我"

通过 OnAuthenticate 方法来引发 Authenticate 事件，使用 Authenticate 事件实现自定义身份验证方案。

例如：

```
protected void Login1_Authenticate(object sender, AuthenticateEventArgs e)
{
    if (Login1.UserName = = "yy" && Login1.Password = = "111111")
        Response.Redirect("Default.aspx");
}
```

下面介绍将 Login 控件与 Forms 身份验证结合的例子。

Web.config 文件中：

```
<authentication mode = "Forms" >
    <forms name = "formauthentication" loginUrl = "登录控件.aspx">
      <credentials passwordFormat = "Clear">
        <user name = "student" password = "1234"/>
        <user name = "teacher" password = "5678"/>
      </credentials>
    </forms>
    </authentication>
    <authorization>
      <deny users = "?"/>
    </authorization>
```

创建"登录控件.aspx"窗体：

```
<div>
<asp:Login ID = "Login1" runat = "server" BackColor = "#C0C0FF" CreateUserText = "单击此处注
册" CreateUserUrl = "~/Default.aspx" DestinationPageUrl = "~/Default.aspx"
OnAuthenticate = "Login1_Authenticate" PasswordRecoveryText = "忘记密码了?"
PasswordRecoveryUrl = "~/Default.aspx">
        <TitleTextStyle BackColor = "CornflowerBlue" ForeColor = "Black"
                  Font-Size = "X-Large" Height = "20px" HorizontalAlign = "Center"/>
        <TextBoxStyle ForeColor = "Brown" />
        <CheckBoxStyle BackColor = "#C0C0FF" ForeColor = "Black" />
      <LabelStyle Font-Bold = "False" Font-Size = "Larger" ForeColor = "Navy" Height = "40px" />
        <LoginButtonStyle BackColor = "MistyRose" BorderColor = "White" />
        </asp:Login>
</div>
    protected void Login1_Authenticate(object sender, AuthenticateEventArgs e)
    {
       if (FormsAuthentication.Authenticate(Login1.UserName, Login1.Password))
            FormsAuthentication.RedirectFromLoginPage(Login1.UserName, true);
    }
```

创建 Default.aspx 窗体：

```
<div>
<asp:Label ID = "Label1" runat = "server" Height = "37px" Text = "Label"
Width = "287px"></asp:Label><br />
<asp:Button ID = "Button1" runat = "server" OnClick = "Button1_Click" Text = "退出" /> </div>
    protected void Page_Load(object sender, EventArgs e)
    {
        Label1.Text  =  "欢迎您"  +  User.Identity.Name;
    }
    protected void Button1_Click(object sender, EventArgs e)
    {
        FormsAuthentication.SignOut();
        Response.Redirect("login.aspx");
    }
```

3. LoginView

可以使用这个控件向匿名用户、登录用户以及不同角色的登录用户显示不同的信息。该控件的任务列表中有3个选项。

(1) 编辑 RoleGroups：用于设置 RoleGroups 属性中角色信息。

(2) 视图：AnonymousTemplate 或 LoggedInTemplate，分别是为匿名用户和经过身份验证的用户显示当信息的视图。

(3) 管理工具：调用 VWD 内置的 Web 网站管理工具。

LoginView 控件的主要任务就是根据用户身份和角色的不同，为不同的用户/角色显示不同的网站"视图"。

AnonymousTemplate 属性：用于向未登录到网站的用户(匿名用户)设置显示的视图，登录用户永远看不到在此属性中设置的视图，如图 8.6 所示。

LoggedInTemplate 属性：用于向已登录到网站，但不属于 RoleGroups 属性中指定的任何角色组中用户设置显示的视图，如图 8.7 所示。

图 8.6 LoginView 控件的设计视图 1

图 8.7 LoginView 控件设计视图 2

RoleGroups 属性：用于向已登录且具有特定角色的用户设置显示的视图，如果用户是多个角色的成员，则使用第一个与该用户的任意一个角色相匹配的角色组视图。如果有多个视图与单个角色相关联，则仅使用第一个定义的视图。

```
<asp:LoginView ID="LoginView1" runat="server">
        <LoggedInTemplate>
        您已登录<asp:LoginName ID="LoginName1" runat="server" />
        </LoggedInTemplate>
        <AnonymousTemplate>
        请注册
        </AnonymousTemplate>
            <RoleGroups>
                <asp:RoleGroup Roles="administrators">
                <ContentTemplate>
                <asp:LoginName ID="LoginName1" runat="server" />
                </ContentTemplate>
                </asp:RoleGroup>
                <asp:RoleGroup Roles="users">
                <ContentTemplate>
                <asp:LoginName ID="LoginName1" runat="server" />
                </ContentTemplate>
                </asp:RoleGroup>
            </RoleGroups>
        </asp:LoginView>
```

```
<asp:LoginStatus ID = "LoginStatus1" runat = "server" />
```

4. ChangePassword

ChangePassword控件提供给用户更改其在登录网站时所使用的密码的控件。ChangePassword控件可以执行以下操作:

(1) 先登录,即提交旧密码验证身份后,再提交新密码要求更改密码。

(2) 在未登录的情况下更改其密码,即用户不需登录,可以直接指定用户密码。条件是包含ChangePassword控件的页面允许匿名访问并且DisplayUserName属性设置为True。

ChangePassword控件的模板控件,如表8.10所示。

表8.10 ChangePassword控件的模板控件

模板控件	说明
CurrentPassword	必须创建一个用于获取用户输入当前密码的文本框
NewPassword	必须创建一个用于获取用户输入新密码的文本框
UserName	如果DisplayUserName属性为True,则为必需,以允许匿名用户输入用户名

ChangePassword控件的样式属性,如表8.11所示。

表8.11 ChangePassword控件的样式属性

样式属性	说明
CancelButtonStyle	设置控件"取消"按钮的样式
ChangePasswordButtonStyle	设置控件"更改密码"按钮的样式
ContinueButtonStyle	设置控件"成功"视图上"继续"按钮的样式
FailureTextStyle	设置页面上的错误信息的样式
HyperLinkStyle	设置控件中超链接的样式
InstructionTextStyle	设置控件说明文本的样式
LabelStyle	设置控件文本框标签的样式
PasswordHintStyle	设置密码要求提示内容的样式
SuccessTextStyle	设置密码恢复或重置尝试成功时显示给用户的文本样式
TextBoxStyle	设置控件中文本框的样式
TitleTextStyle	设置控件中标题文本的样式

5. LoginStatus

LoginStatus控件用于检测用户的身份验证状态,有两种用户验证状态。

(1) 用户没有登录站点,LoginStatus控件显示登录链接,链接到指定的登录页。

(2) 用户已登录站点,LoginStatus控件会显示注销链接,站点注销操作会清除用户的身份验证状态,如果在使用Cookie,该操作还会清除用户的客户端计算机中的Cookie。

注销链接的注销行为是由控件属性LogoutAction决定的,LogoutAction属性包括3个枚举值,分别为:

(1) Refresh:表示刷新当前页。

(2) Redirect:表示重定向到LogoutPageUrl属性中定义的页面,如果LogoutPageUrl

属性值为空，则重定向到 Web.config 中定义的登录页面。

(3) RedirectToLoginPage：表示重定向到 Web.config 中定义的登录页面。

6. PasswordRecovery

PasswordRecovery 控件帮助用户在忘记密码时或重新设置密码，并根据在创建账户时所使用的电子邮件地址，利用电子邮件来接收它。

PasswordRecovery 控件找回密码有两种方式。

(1) 找回原有密码：如果成员资格提供程序经过配置，对密码进行加密或以明文方式存储密码，就可以向用户发送他们选定的密码。

(2) 默认的情况：由于 ASP.NET 采用的是不可逆的加密方法对密码进行哈希处理，因此密码是不可恢复的。这时，应用程序会重置新密码，将新密码发送给用户。

PasswordRecovery 的配置属性，如表 8.12 所示。

表 8.12 PasswordRecovery 的配置属性

配置属性	说明
EnablePasswordReset	指示成员资格提供程序是否配置为允许用户重置其密码。为 True 表示支持密码重置
EnablePasswordRetrieval	指示成员资格提供程序是否配置为允许用户检索其密码
RequiresQuestionAndAnswer	指示成员资格提供程序是否配置为要求用户在进行密码重置和检索时回答密码提示问题
PasswordFormat	指示在成员资格数据存储区中存储密码的格式。如果设置为 Hashed，则 PasswordRecovery 控件无法恢复用户的密码，只能重置，默认为 Hashed

在恢复密码后，应用程序会以电子邮件的方式发送给用户。因此，必须使用 SMTP 服务器对应用程序进行配置。

PasswordRecovery 控件内置了 3 种视图。

(1) 用户名视图：要求丢失密码的用户输入注册的用户名。

(2) 提示问题视图：要求用户输入提示问题的答案。

(3) 成功视图：显示信息告诉用户密码是否恢复或重置是否成功。当 MembershipProvider 属性中定义的成员资格提供程序支持密码提示问题和答案时，即 RequiresUniqueEmail 属性设置为 True 时，PasswordRecovery 控件才显示"提示问题"视图。

PasswordRecovery 控件的常用样式属性，如表 8.13 所示。

7. LoginName

LoginName 控件，如果用户已使用 ASP.NET 成员资格登录，LoginName 控件将显示该用户的登录名。或者，如果站点使用集成 Windows 身份验证，该控件将显示用户的 Windows 账户名。LoginName 控件既可以显示通过表单验证的用户名，也可以显示经过其他登录验证的用户名，如 Forms 身份验证等。

表 8.13 PasswordRecovery 控件的常用样式属性

样式属性	说 明
SubmitButtonStyle	设置控件提交按钮的样式
FailureTextStyle	设置控件中错误文本的样式
HyperLinkStyle	设置控件中超链接的样式
InstructionTextStyle	设置页面上说明性文本的样式,告诉用户如何使用控件
LabelStyle	设置控件中标签(输入字段)的样式
TextBoxStyle	设置控件中文本框的样式
TitleTextStyle	设置控件中标题文本的样式
SuccessTextStyle	设置密码恢复或重置尝试成功时显示给用户的文本样式

8.7 个登录控件的综合应用

综合例子:7 种登录控件的使用。

(1) 创建一个 Default. aspx 窗体,拖放一个 LoginView 控件,打开"LoginView 任务"面板,在"视图"列表中选择 AnonymousTemplate,该模板定义的是用户在登录前可以看到的内容,激活编辑区,输入"您尚未登录,请单击登录链接,以登录"。在"LoginView 任务"面板的"视图"列表中选择 LoggedInTemplate,该模板定义的是已登录的用户可以看到的内容,激活编辑区,输入"您已登录,欢迎您"。

(2) 在 Default. aspx 窗体中,再拖放一个 LoginName 控件,显示登录成功的用户名字。

(3) 在 Default. aspx 窗体中,再拖放一个 LoginStatus 控件,该控件呈现一个"登录"链接,单击该控件后,应用程序将自动显示登录页。若登录成功的用户,应用程序将显示"注销"项,将显示 AnonymousTemplate 模板的样式。

(4) 创建一个 Login. aspx 页面,拖放一个 Login 控件在页面上,这是一个提示用户输入凭据并进行验证的控件。先在 Web. config 文件里,将验证模式改成 Forms。打开 Login 控件的"Login 任务"面板,选择"管理网站"选项,选项"管理网站"用于调用内置的 WAT,WAT 是管理网站工具,利用这个工具,可以实现用户和角色的快速配置。在"安全"选项,单击"使用安全设置向导按部就班配置安全性"的链接,出现"使用安全设置向导"窗口,单击"下一步"按钮选择"通过 Internet"选项,单击"下一步"按钮,向导显示一条消息,表明将使用"高级提供程序设置"存储用户信息,单击"下一步"按钮,向导显示创建的选项,这里不创建角色,因此不选"为此网站启用角色"项。单击"下一步"按钮,向导显示创建用户的页面,以便创建使用该网页的用户信息,定义网站中的用户信息时,要注意用户名不要有空格,密码必须包括大写和小写字母及标点,且长度至少为 8 个字符,"安全提示问题"和"安全答案"是帮助恢复密码时使用的问题和答案。这里创建 student 和 teacher 两个用户。单击"下一步"按钮,出现"添加新访问规则"窗口,该窗口用来定义用户或角色的权限,可以直接给用户添加权限,也可以将用户添加到不同的组,给组赋予权限。在"规则应用于"下选择单选框"用户",输入用户名 student,在"权限"下选择"拒绝",单击"添加此规则"按钮。同样输入用户名 teacher,并且权限设置为"允许",单击"完成"按钮。

(5) 可运行 Default. aspx 窗体,查看运行结果。

(6) 在 IIS 中安装和配置 SMTP 虚拟服务器,打开 WAT,选择"应用程序"选项,单击"配置 SMTP 电子邮件设置"按钮,如果使用的是本地机做 SMTP 服务器,则"服务器名"设置为 localhost，在“发件人”中，输入有效的电子邮件地址。根据 SMTP 服务器的要求，配置端口号和身份验证的信息。服务器名为 localhost，服务器端口 25，发件人为 moon_yy1202@sina.com，身份验证为无。

(7) 创建 PasswordRecovery.aspx 页面，拖放一个 PasswordRecovery 控件，再拖放一个 HyperLink 控件，将 HyperLink 控件的 Text 属性设置为“登录”，并将 NavigateUrl 属性设置为～/Login.aspx。

(8) 再打开 Login.aspx 页面，拖放一个 HyperLink 控件在页面上，将 HyperLink 控件的 Text 属性设置为“您忘记密码了吗?”，并将 NavigateUrl 属性设置为～/PasswordRecovery.aspx。

(9) 运行 Default.aspx 窗体，查看运行结果，在 PasswordRecovery.aspx 页面，输入用户名，单击“提交”按钮，再输入用户安全答案，单击“提交”按钮，站点会将重置密码发送到指定的邮箱中。因为是本地服务器，所以在 C:\Inetpub\mailroot\Queue 文件夹下可查看邮件，将看到重置密码。

(10) 创建一个 ChangePassword.aspx 页面，拖放一个 ChangePassword 控件到页面上，将 DisplayUserName 属性设置为 True，表示允许匿名用户修改密码。ContinueDestinationPageUrl 属性设置为“～/HomePage.aspx”，表示设置单击成功视图中，单击“继续”按钮时要重定向到的 URL。

(11) 再打开 Login.aspx 页面，拖放 HyperLink 控件在页面上，将 Text 属性设置为“修改密码”，NavigateUrl 属性设置为“～/ChangePassword.aspx”。

(12) 运行 Login.aspx 页面，单击“修改密码”按钮，在密码修改页中，输入用户名、旧密码和新密码，然后单击“更改密码”按钮，进入成功视图，单击“继续”按钮，进入主页。

(13) 创建 CreateUserWizard.aspx 页面，拖放一个 CreateUserWizard 控件，将 ContinueDestinationPageUrl 属性设置为“～/Login.aspx”，表示单击“继续”按钮时要重定向到的 URL。

(14) 打开 Default.aspx 页面，选择 LoginView 控件的 AnonymousTemplate，激活匿名模板编辑器。拖放一个 HyperLink 控件，将 Text 属性设置为“注册”，NavigateUrl 属性设置为“～/CreateUserWizard.aspx”，这时“注册”链接只向为登录用户显示。测试，输入信息后，显示成功消息后，单击“继续”按钮，进入 Login.aspx 页面，以新注册的身份登录。

8.4 使用 Role 实现 Web 应用的授权

角色管理有助于实现授权管理，允许指定应用程序中用户可以访问的资源。角色管理允许我们向角色分配用户（如 manager、sales、member 等），从而将用户组视为一个单元。在 Windows 中，可通过将用户分配到组（如 Administrators、Power Users 等）来创建角色。

8.4.1 角色管理概述

建立角色后，可以在应用程序中创建访问规则。例如，站点中可能包括一组只希望对成员显示的页面。同样，也可能希望根据当前用户是否是经理而显示或隐藏页面的一部分。

使用角色，就可以独立于单个应用程序而为用户建立这些类型的规则。例如，我们无须为站点的各个成员授予权限，允许他们访问仅供成员访问的页面；而是可以为 memeber 角色授予访问权限，然后在用户注册时简单地将其添加到该角色中或从该角色中删除，或允许用户的成员资格失效。

用户可以具有多个角色。例如，如果站点是个论坛，则有些用户可能同时具有成员角色和版主角色。因此，可能需要为某个角色在站点中定义不同的特权，同时具有这两种角色的用户将具有两组特权。

即使应用程序只有很少的用户，我们仍然发现创建角色的方便之处。角色使我们可以灵活地更改特权、添加和删除用户，而无须对整个站点进行更改。为应用程序定义的访问规则越多，使用角色这种方法对用户组应用进行更改就越方便。

1. 角色和访问规则

建立角色的主要目的是提供一种管理用户组访问规则的便捷方法。创建用户后，将用户分配到角色(在 Windows 中，将用户分配到组)。典型的应用是创建一组要限制为只有某些用户可以访问的页面。通常的做法是将这些受限制的页面单独放在一个文件夹内。然后，使用站点管理工具来定义允许和拒绝访问受限文件夹的规则。例如，可以配置站点以使雇员和经理可以访问受限文件夹中的页面，并拒绝其他用户的访问。如果未被授权的用户尝试查看受限制的页面，该用户会看到错误消息或被重定向到某一个指定的页面。

2. 角色管理、用户标识和成员资格

若要使用角色，必须能够识别应用程序中的用户，以便可以确定用户是否属于特定角色。在对应用程序进行配置后，可以两种方式建立用户标识：Windows 身份验证和 Forms 身份验证。如果应用程序在局域网(即在基于域的 Intranet 应用程序)中运行，则可以使用用户的 Windows 域账户名来标识用户。在这种情况下，用户的角色是该用户所属的 Windows 组。

在 Internet 应用程序和其他不适合使用 Windows 账户的方案中，可以使用 Forms 身份验证来建立用户标识。对于此任务，通常是创建一个页面，用户可以在该页面中输入用户名和密码，然后对用户凭据进行验证。ASP.NET Login 控件可以为我们执行其中的大部分工作，也可以创建登录页面并使用 FormsAuthentication 类建立用户标识。

如果使用 Login 控件和 Forms 身份验证建立用户标识，则还可以联合使用角色管理和成员资格。在这个方案中，使用成员资格来定义用户名和密码。然后，使用角色管理定义角色并为这些角色分配成员资格用户 ID。但是，角色管理并不依赖于成员资格。只要能够在应用程序中设置用户标识，就可以继续使用角色管理进行授权。

3. 角色管理 API

角色管理不局限于对页面或文件夹的权限控制，它还提供了一个 API，可使用该 API 以编程方式确定用户是否属于某角色。这使我们能够编写有关角色的代码，并能够不仅基于用户而且基于用户所属的角色来执行所有应用程序任务。

如果在应用程序中建立了用户标识，则可以使用角色管理 API 方法创建角色，向角色

中添加用户并获取有关用户在角色中分配情况的信息。这些方法使我们可以创建自己的用于管理角色的接口。

如果应用程序使用 Windows 身份验证，则角色管理 API 为角色管理提供的功能较少。例如，不能使用角色管理创建新角色。不过，可以使用 Windows 用户和组管理创建用户账户和组，并将用户分配到组。然后，角色管理可以读取 Windows 用户和组信息，以便利用此信息进行身份验证。

8.4.2 ASP.NET 的角色管理

若要使用角色管理，首先要启用它，并配置能够利用角色的访问规则（可选），然后就可以在运行时使用角色管理功能处理角色了。

1. 角色管理配置

若要使用 ASP.NET 角色管理，应使用如下代码设置，并在应用程序的 Web.config 文件中启用它。

```
<roleManager enabled = "true" cacheRolesInCookie = "true">
</roleManager>
```

角色的典型应用是建立规则，用于允许或拒绝对页面或文件夹的访问。可以在 Web.config 文件的 authorization 元素（ASP.NET 设置架构）部分中设置此类访问规则。下面的示例允许 members 角色的用户查看名为 memberPages 的文件夹中的页面，同时拒绝任何其他用户的访问。

```
<configuration>
    <location path = "memberPages">
        <system.web>
            <authorization>
                <allow roles = "members"/>
                <deny users = " * "/>
            </authorization>
        </system.web>
    </location>
</configuration>
```

还必须创建 manager 或 member 之类的角色，并将用户 ID 分配给这些角色。如果应用程序使用 Windows 身份验证，则可以使用 Windows 计算机管理工具创建用户和组。

如果使用 Forms 身份验证，则设置用户和角色的最简单的方法是使用 ASP.NET 站点管理工具。另外，也可以通过调用各种角色管理器方法来以编程方式执行此任务。下面的代码示例演示了如何创建角色 members。

```
Roles.CreateRole("members");
```

下面的代码示例演示如何将用户 Joe 单独添加到角色 manager 中，以及如何将用户 Jill 和 Jone 一同添加到角色 members 中。

```
Roles.AddUserToRole("Joe","manager");
```

```
string[] userGroup = new string[2];
userGroup[0] = "Jill";
userGroup[1] = "Jone";
Roles.AddUsersToRole(userGroup, "members");
```

2. 在运行时使用角色

在运行时,当用户访问站点时,他们将以 Windows 账户名建立标识或通过登录应用程序建立标识(在 Internet 站点中,如果用户未经登录而访问站点,即匿名访问,他们将没有用户标识,因此不属于任何角色)。应用程序可从 User 属性获得有关已登录用户的信息。启用角色后,ASP.NET 将查找当前用户的角色,并将其添加到 User 对象中,以便于检查。下面的代码示例演示如何确定当前用户是否属于 member 角色。

```
if(User.IsInRole("members"))
{
    buttonMembersAera.Visible = True;
}
```

如果是,则显示用于成员的按钮。

ASP.NET 还创建 RolePrincipal 类的实例并将其添加到当前请求上下文中,以便以编程方式执行角色管理任务,如确定特定角色中有哪些用户。下面的代码示例演示了如何获取当前已登录用户的角色列表。

```
string[] userRoles = ((RolePrincipal)User).GetRoles();
```

如果在应用程序中使用 LoginView 控件,该控件将检查用户的角色并能够基于用户角色动态创建用户界面。

3. 缓存角色信息

如果用户的浏览器允许 Cookie,则 ASP.NET 可以选择在用户计算机的加密 Cookie 中存储角色信息。在每个页面请求中,ASP.NET 读取 Cookie 并根据 Cookie 填充该用户的角色信息。此策略可最大程度地减少从数据库中读取角色信息的需要。如果用户的浏览器不支持 Cookie 或者 Cookie 已禁用,则只在每个页面请求期间缓存角色信息。如果需要在 Cookie 中缓存角色信息,实现的方法也很简单,只需要在 Web.config 文件的 roleManager 节中,将 cacheRolesInCookie 属性值设为 true 就可以了。

8.5 习题

1. 填空题

(1) Asp.Net 2.0 身份验证方式包括________、Passport 验证、None 验证和________。

(2) 要获取 Web.config 中<forms>配置节点的属性信息可以使用________类。

2. 选择题

(1) 下面有关 LoginView 控件的描述中,错误的是(　　)。

A. 可以为不同的角色提供不同的视图

B. 可以为不同的角色提供相同的视图

C. 若已设置 AnonymousTemplate 和 LoggedInTemplate，则显示时间先显示 AnonymousTemplate 视图

D. 可以为登录用户提供相同的视图

（2）若某文件夹的 Web.config 中包含如下代码：

```
<authorization>
    <allow roles = "Admin">
    <deny users = " * ">
    <allow roles = "Member">
</authorization>
```

则允许访问此文件夹下网页的角色有（　　）。

A. Adimin　　B. Admin 和 Member　　C. Member　　D. 拒绝所有角色用户

（3）Login 控件的属性 DestinationPageUrl 的作用是（　　）。

A. 登录成功时的提示　　B. 登录失败时的提示

C. 登录失败时转向的网页　　D. 登录成功时转向的网页

3. 判断题

（1）Forms 验证不能应用于企业内部网络。（　　）

（2）成员资格管理、角色管理等信息只能存储在 ASPNETDB.mdf 数据中。（　　）

（3）结合使用 CreateUserWizard 控件的发送邮件功能和属性 AutoGeneratePassword 可验证注册用户的电子邮箱正确性。（　　）

（4）使用 LoginName 控件可以显示登录用户的状态。（　　）

（5）一个用户只能归属一种角色。（　　）

（6）ChangePassword 控件在修改密码成功后可向用户发送电子邮件。（　　）

第9章 创建Web控件

9.1 用户控件

9.1.1 用户控件概述

除了在ASP.NET网页中使用Web服务器控件外，还可以像创建ASP.NET网页一样创建自定义控件，然后在不同网页中重复使用。这些控件称作用户控件。

用户控件是一种复合控件，工作原理非常类似于ASP.NET网页。因此，可以向用户控件添加现有的Web服务器控件和标记，并定义控件的属性和方法。然后将控件嵌入ASP.NET网页中充当一个单元，并且可以在多个网页上重复使用。

用户控件与完整的ASP.NET网页(.aspx文件)很相似，同时具有用户界面页(.ascx)和代码，为Web开发人员提供捕获常用Web UI的简便方法。因此，可以采取与创建网页相似的方式创建用户控件：首先添加所需要的标记和子控件，然后添加对控件所包含内容进行操作(包括执行数据绑定等任务)的代码。

用户控件一般具有以下特征：

(1) 用户控件的文件扩展名为.ascx，可以和网页扩展名(.aspx)很好地区别。

(2) 用户控件拥有一个用户界面，它通常是由Web服务器控件和包含在其中的HTML控件构成。

(3) 用户控件的代码模型和网页的一致，包括单文件模型和代码隐藏页模型。

(4) 用户控件中没有@Page指令，而是包含@Control指令，该指令对配置及其他属性进行定义。

(5) 用户控件中没有html、body或form元素，这些元素必须位于宿主页中。

(6) 当使用代码隐藏页模型时，用户控件从System.Web.UI.UserControl类派生，并继承了一些属性和方法。

(7) 用户控件不能作为独立文件运行，而必须将它们添加到ASP.NET页中。

(8) 用户控件可以被单独缓存，从而提高性能。

9.1.2 UserControl

UserControl类与具有.ascx扩展名的文件相关联，这些文件在运行时被编译为UserControl对象，并被缓存在服务器内存中。如果要使用代码隐藏技术创建用户控件，将从该类派生。

由于用户控件派生自 Ssystem.Web.UI.UserControl 类，所以用户控件将继承 UserControl 的属性和方法。

9.1.3 用户控件的属性和事件

1. 属性

用户控件将从 UserControl 继承一些属性，如表 9.1 所示。

表 9.1 用户控件的属性

属性名称	说明
Application	获取当前 Web 请求的 System.Web.HttpContext.Application 对象
Attributes	获取在.aspx 文件中的用户控件标记中声明的所有属性名和值对的集合
Cache	获取与包含用户控件的应用程序关联的 System.Web.Caching.Cache 对象
CachePolicy	获取对该用户控件的缓存参数集合的引用
IsPostBack	获取一个值，该值指示是正在响应客户端回发而加载用户控件，还是在第一次加载和访问用户控件
Request	获取当前 Web 请求的 System.Web.HttpRequest 对象
Response	获取当前 Web 请求的 System.Web.HttpResponse 对象
Server	获取当前 Web 请求的 System.Web.HttpServerUtility 对象
Session	获取当前 Web 请求的 System.Web.SessionState.HttpSessionState 对象
Trace	获取当前 Web 请求的 System.Web.TraceContext 对象
EnableTheming	获取或设置一个布尔值，该值指示主题是否应用于派生自 TemplateControl 类的控件
EnableViewState	获取或设置一个值，该值指示服务器控件是否向发出请求的客户端保持自己的视图状态以及它所包含的任何子控件的视图状态
ClientID	获取由 ASP.NET 生成的服务器控件标识符
Controls	获取 ControlCollection 对象，该对象表示 UI 层次结构中指定服务器控件的子控件
ID	获取或设置分配给服务器控件的编程标识符
Page	获取对包含服务器控件的 Page 实例的引用
Visible	获取或设置一个值，该值指示服务器控件是否作为 UI 呈现的页上
UniqueID	获取服务器控件的唯一的、以分层形式限定的标识符

另外，还可以为用户控件添加一个或多个自定义属性。

2. 事件

用户控件将从 UserControl 继承一些事件，如表 9.2 所示。

另外，用户控件包含 Web 服务器控件时，可以在用户控件中编写代码来处理其子控件触发的事件。例如，如果用户控件包含一个 Button 控件，则可以在用户控件中为该按钮的 Click 事件创建处理程序。

默认情况下，用户控件中的子控件触发的事件对于宿主页不可用。但是，可以为用户控件定义事件并触发这些事件，以便将子控件触发的事件通知宿主页。进行此操作的方式与定义任何类的事件一样。

表 9.2 用户控件的事件

事件名称	说明
AbortTransaction	当用户中止事务时发生
CommitTransaction	当事务完成时发生
DataBinding	当服务器控件绑定到数据源时发生
Disposed	当从内存释放服务器控件时发生，这是请求 ASP.NET 页时服务器控件生存期的最后阶段
Error	当引发未处理的异常时发生
Init	当服务器控件初始化时发生；初始化是控件生存期的第一步
Load	当服务器控件加载到 Page 对象中时发生
PreRender	在加载 Control 对象之后、呈现之前发生
Unload	当服务器控件从内存中卸载时发生

9.1.4 创建用户控件

在 VS 2005 的 IDE 中，创建用户控件的步骤与创建 Web 窗体页的步骤非常相似。通过在设计视图上添加 ASP.NET 服务器控件、HTML 和静态文本、绑定数据及编写代码来处理控件触发的事件，以可视的方式设计 UI。

下面将创建一个完整的用户控件，该控件显示一个文本框和两个带箭头的按钮，用户可以单击这两个按钮来增加或减少文本框中的值。

首先，打开“添加新项”对话框，以代码隐藏页模型新增一个用户控件 WebUserControl.ascx。在 WebUserControl.ascx 文件中，相应的代码如下：

```
<%@ Control Language="C#" AutoEventWireup="true" CodeFile="WebUserControl.ascx.cs"
Inherits="WebUserControl" %>
```

从上面的代码可以看出，该语法结构和网页的@Page 指令十分相似，不过用的指令是@Control。很显然，这时控件还没有任何内容，下面将像给网页添加控件一样为控件添加一个文本框控件和两个按钮，并分别简单地设置它们的一些属性。代码如下：

```
<asp:TextBox ID="TextBox1" runat="server" Height="23px" Width="67px" Enabled="False"
ReadOnly="True"></asp:TextBox>
<asp:Button ID="Button1" runat="server" Text="^" OnClick="Button1_Click" />
<asp:Button ID="Button2" runat="server" Text="v" OnClick="Button2_Click" />
```

需要注意的是，该文件和网页文件最大的不同就是它没有<head/>、<body/>和<form/>等元素。

切换到设计视图，查看该控件的 UI 呈现。界面呈现效果，如图 9.1 所示。

在 VS 2005 的 IDE 中，用户控件的设计是可视化的。切换到代码隐藏页 WebUserControl.ascx.cs 文件，代码示例如下：

图 9.1 用户控件的 UI 界面

```
//与页面一样，用户控件会在每次回发时被重新初始化.因此，在先后进行的回发之间，属性值必须存储在一个持久性的位置，而属性值通常是存储在视图状态中，如 currentNumber 中
protected void Page_Load(object sender, EventArgs e)
```

```
{
    if (IsPostBack)
        m_currentNumber = Int16.Parse(ViewState["currentNumber"].ToString());
    else
        m_currentNumber = this.MinValue;
    DisplayNumber();
}
//定义3个私有成员,分别代表微调控件可表示的最小值、最大值和当前值
private int m_minValue = 0;
private int m_maxValue = 100;
private int m_currentNumber = 0;
//添加3个公共属性,CurrentNumber只有get访问器,而MinValue和MaxValue都具有set和get访问器,表明在设计时可以修改MinValue和MaxValue属性,而CurrentNumber只能在运行时访问.用户控件中的属性必须是公共的.在此示例中,3个属性都是使用get或set访问器创建的,旨在使控件能检查是否存在超出可接受范围的值。但是,也可以通过简单声明一个公共成员来创建属性
public int MinValue
{
    get
    {
        return m_minValue;
    }
    set
    {
        if (value >= this.MaxValue)
            throw new Exception("MinValue必须小于MaxValue");
        else
            m_minValue = value;
    }
}
public int MaxValue
{
    get
    {
        return m_maxValue;
    }
    set
    {
        if (value <= this.MinValue)
            throw new Exception("MaxValue必须大于MinValue");
        else
            m_maxValue = value;
    }
}
public int CurrentNumber
{
    get
    {
        return m_currentNumber;
    }
}
//添加DisplayNumber()函数用于显示当前数值,使用ViewState属性将CurrentNumber保存在状态
```

```
字典的 currentNumber 项中,可以在同一页的多个请求间保存和还原服务器控件的视图状态
protected void DisplayNumber()
{
    TextBox1.Text = this.CurrentNumber.ToString();
    ViewState["currentNumber"] = this.CurrentNumber.ToString();
}
protected void Button1_Click(object sender, EventArgs e)
{
    if (m_currentNumber = = this.MaxValue)
        m_currentNumber = this.MinValue;       //最大值再加 1 将返回最小值
    else
        m_currentNumber + = 1;                 //每按一次数值加 1
    DisplayNumber();
}
protected void Button2_Click(object sender, EventArgs e)
{
    if (m_currentNumber = = this.MinValue)
        m_currentNumber = this.MaxValue;       //最大值再减 1 将返回最大值
    else
        m_currentNumber - = 1;                 //每按一次数值减 1
    DisplayNumber();
}
```

从上面的代码可以看出,用户控件中的控件服务器端事件和网页中的控件事件声明完全一样。需要注意的是,这两个事件将不会引发到宿主页面,也就是说,这两个事件不会被使用该控件的页面所使用。

9.1.5 在页面上使用用户控件

若要使用用户控件,将其包括在 ASP.NET 网页中。当请求某个包含用户控件的页面时,在任何 ASP.NET 服务器控件所要执行的所有处理阶段中,该用户控件都将存在。因此,用户可以直接访问用户控件的属性和方法。在页面上使用用户控件,必须注意以下几点。

(1) 首先在网页中创建@Register 指令,该指令必须包含:

- 一个 TagPrefix 属性,该属性将前缀与用户控件相关联。此前缀将包括在用户控件元素的开始标记中。
- 一个 TagName 属性,该属性将名称与用户控件相关联。此名称将包括在用户控件元素的开始标记中。
- 一个 Src 属性,该属性定义包括的用户控件文件的虚拟路径。

(2) 在网页主体中,在 form 元素内部声明用户控件元素。

(3) (可选)如果用户控件公开公共属性,以声明方式设置这些属性。

用户控件的应用,可以直接将用户控件文件拖动到窗体上。拖动之后可以看到在窗体的源视图中产生如下代码:

```
<%@ Register Src = "WebUserControl.ascx" TagName = "WebUserControl" TagPrefix = "uc1" %>
<uc1:WebUserControl ID = "WebUserControl1" runat = "server" MaxValue = "100" MinValue = "1" />
```

设置用户控件的属性 MaxValue 和 MinValue 的值。当单击“^”按钮时，页面被提交，文本框的内容自动累加后变成了 2，单击“V”按钮，文本框内容递减变成 0。

9.2 自定义 Web 服务器控件

在实际应用中，若发现 ASP.NET 提供的内置控件不能满足开发需要，就需要利用 Web 服务器控件模型来新建 Web 服务器控件，从而提高代码的重用性。

9.2.1 自定义 Web 服务器控件概述

1. 什么是自定义 Web 服务器控件

ASP.NET 2.0 内置了许多服务器控件，如果现有控件不能满足应用需求，可以通过自定义 Web 服务器控件，创建类似于内置服务器的控件，就可以在不同的项目中重复使用。

自定义 Web 服务器控件具有以下特性：

(1) 完全采用托管代码编写而成，没有任何标记文件。

(2) 派生自 System. Web. UI. Control，System. Web. UI. WebControl 或内置服务器控件。

(3) 在部署应用之前，将会被编译成程序集(. dll 文件)。

如果控件要呈现用户界面(UI)元素或任何其他客户端可见的元素，则应从 System . Web. UI. WebControls. WebControl(或派生类)派生该控件。如果控件要呈现在客户端浏览器中不可见的元素，则应从 System. Web. UI. Control(或派生类)派生该控件。WebControl 类从 Control 派生，并添加了与样式相关的属性。此外，一个从 WebControl 派生的控件也将用于实现 ASP.NET 的主体功能。

自定义 Web 服务器控件和用户控件相比，它们都提高了代码的重用性。但是用户控件更容易创建和设计布局，因为它包含标记(保存在. ascx 文件中)，并且在 VS 2005 的 IDE 中设计时是可视化的，而自定义 Web 服务器控件却要完全使用托管代码来编写，需要控制控件的呈现布局。用户控件的. ascx 文件一般随. aspx 文件一同发布，而自定义 Web 服务器控件一般编译成. dll 文件后发布，相对来说代码更加安全。

2. 创建自定义 Web 服务器控件的技术

ASP.NET 提供了多种创建自定义 Web 服务器控件的方法。虽然在创建这些控件时具体实现不一致，但几乎所有控件都会涉及以下技术：使用元数据属性(Attribute)、实现控件的呈现、定义属性及保存控件状态等。

1) 元数据属性(Attribute)

元数据属性应用于 Web 服务器控件及其成员，从而提供由设计工具、ASP.NET 页分析器、ASP.NET 运行库及公共语言运行库使用的信息。当页开发人员在可视化设计器中使用控件时，设计时属性能改进开发人员的设计时体验。仅用于设计时的属性在页请求期间对控件的功能没有任何影响。控件的分析时属性由 ASP.NET 页分析器在其读取页中控件的声明性语法时使用。分析时属性和运行时属性是保证控件在页中正常工作必不可少的内容。常用于控件及其公共属性(Property)和事件的元数据属性(Attribute)。

常用于控件的属性,如表 9.3 所示。

表 9.3 常用于控件的属性

属　　性	说明及使用示例
AspNetHostingPermissionAttribute (JIT 编译时代码访问安全属性)	需要使用此属性确保链接到控件的代码具有适当的安全权限。Control 类带有两个 JIT 编译时代码访问安全属性标记:AspNetHostingPermission(SecurityAction.LinkDemand, Level=AspNetHostingPermissionLevel.Minimal)和 AspNetHostingPermission(SecurityAction.InheritanceDemand, Level= AspNetHostingPermissionLevel.Minimal)应将第一个属性应用于控件,但并非必须应用第二个属性,因为继承请求是可传递的,在派生类中仍有效
ControlBuilderAttribute (分析时属性)	将自定义控件生成器与控件关联。只有在您希望使用自定义控件生成器,对页分析器用于分析控件的声明性语法的默认逻辑进行修改时,才需要应用此属性。如果仅希望指定控件标记中的内容是否与属性或子控件对应,使用 ParseChildernAttribute,而不要使用自定义控件生成器。[ControlBuilder(typeof(MyControlBuilder))]
ControlValuePropertyAttribute (设计时和运行时属性)	指定用作控件的默认值的属性。应用此属性可让一个控件在运行时用作查询中的参数,并可定义 ControlParameter 对象在运行时绑定到的默认值。[ControlValueProperty("Text")]
DefaultEventAttribute (设计时属性)	在可视化设计器中指定控件的默认事件。在许多可视化设计器中,页开发人员在设计图面上双击控件时,将打开代码编辑器,同时将光标定位到默认事件的事件处理程序中。[DefaultEvent("Submit")]
DefaultPropertyAttribute (设计时属性)	当页开发人员在设计图面上选择控件时,此属性(Attribute)中指定的属性(Property)将在可视化设计器的属性(Property)浏览器中突出显示。[DefaultProperty("Text")]
DesignerAttribute (设计时属性)	指定与控件关联的设计器类。控件设计器类控制关联的控件在可视化设计器的设计图面上的外观和行为。[Designer(typeof(SimpleCompositeControlDesigner))]
ParseChildernAttribute (分析时属性)	指定控件标记中的内容是否与属性或子控件对应。Control 类被标记为 ParseChildern(false),表示页分析器将控件标记中的内容解释为子控件。WebControl 类标记为 ParseChildern(true),表示页分析器将控件标记中的内容解释为属性。只有在您希望对在 WebControl 类的 ParseChildernAttribute 属性中指定的逻辑进行修改时才需要应用此属性。[ParseChildern(true, "Contacts")]
PersistChildernAttribute (设计时属性)	指定以声明方式在页中使用控件时,可视化设计器是否应在该控件的标记中保存子控件或属性。Control 类被标记为 PersistChildern(true),表示设计器在控件标记中保存子控件。WebControl 类被标记为 PersistChildern(false),表示设计器在控件标记中将属性(Property)保存为属性(Attribute)。[PersistChildern(false)]

续表

属性(Attribute)	说明及使用示例
ToolboxDataAttribute (设计时属性)	指定从工具箱创建控件时可视化设计器为标记创建的标记格式。[ToolboxData("<{0}:WelcomeLable runat=\"server\"></{0}:WelcomeLable>")]
ToolboxItemAttribute (设计时属性)	指定可视化设计器应在工具箱中显示控件还是组件。默认情况下，始终在工具箱中显示控件。此属性只能应用于不希望在工具箱中显示的控件。[ToolboxItem(false)]
ValidationPropertyAttribute (设计时属性)	指定由验证控件检查的属性的名称。通常这些属性的值由用户在运行时提供。在可视化设计器中，允许页开发人员选择验证控件目标的对话框会列出通过页上控件中的 ValidationPropertyAttribute 指定的各个属性。[ValidationProperty("Text")]

应用于公共属性(Property)的属性(Attribute)，如表 9.4 所示。

表 9.4 应用于公共属性的属性

属性(Attribute)	说明及使用示例
BindableAttribute (设计时属性)	指定将数据绑定到属性是否有意义。在可视化设计器中，属性浏览器可以在对话框中显示控件的可绑定属性。如果属性(Property)没有使用此属性(Attribute)标记，则属性(Property)浏览器会推断其值为 Bindable(false)。[Bindable(true)]
BrowsableAttribute (设计时属性)	指定是否应在可视化设计器的属性浏览器中显示某个属性，将 Browsable(false)应用于不希望在属性浏览器中显示的属性。没有通过此属性(Attribute)标记某个属性(Property)时，属性浏览器会推断其默认值为 Browsable(true)。[Browsable(false)]
CategoryAttribute (设计时属性)	指定如何在可视化设计器的属性浏览器中对属性进行分类。可以指定一个对应于属性浏览器中的现有类别的字符串参数，也可以创建自己的类别。[Category("Appearance")]
DefaultValueAttribute (设计时属性)	指定属性的默认值。此值应与从属性访问器(getter)返回的默认值相同。在有些可视化设计器中，DefaultValueAttribute 属性允许页开发人员使用快捷菜单上的“重置”命令将属性值重置为其默认值。[DefaultValue("")]
DescriptionAttribute (设计时属性)	指定属性的简短描述。在可视化设计器中，属性浏览器通常在窗口底部显示选定的属性的描述。 [Description("The welcome message text. ")]
DesignerSerializationVisibilityAttribute (设计时属性)	指定是否对设计时设置的属性或其内容进行序列化。该属性的构造函数的参数是一个 DesignerSerializationVisibility 枚举值。未应用此属性(Attribute)且属性(Property)的值已序列化时，则暗示使用默认值 Visible。[DesignerSerializationVisibility(DesignerSerializationVisibility. Content)]
EditorAttribute (设计时属性)	将自定义 UITypeEditor 编辑器与某个属性或属性类型关联。如果已将此属性(Attribute)应用于该类型，则不必将其应用于该类型的属性(Property)。[Editor(typeof(ContactCollectionEditor), Typeof(UITypeEditor))]

续表

属性(Attribute)	说明及使用示例
EditorBrowsableAttribute（设计时属性）	指定属性名称是否显示在源编辑器的 IntelliSense 列表中。也可将此属性应用于方法和事件。此属性的构造函数的参数是一个 EditorBrowsableState 枚举值。未应用此属性时，则暗示使用默认值 Always。[EditorBrowsableAttribute(EditorBrowsableState. Never)]
FilterableAttribute（设计时和分析时属性）	指定某个属性是否能参与设备和浏览器筛选。页开发人员利用筛选能在一个控件声明中为不同的浏览器指定不同的属性值。未应用此属性时，则暗示使用默认值 Filterable(true)。[Filterable(true)]
LocalizableAttribute（设计时属性）	指定对属性进行本地化是否有意义。如果一个属性标记为 Localizable(true)，则对应的属性值存储在资源文件中。未应用此属性时，则暗示使用默认值 Localizable(false)。[Localizable(true)]
NotifyParentPropertyAttribute（设计时属性）	指定在属性浏览器中对子属性所做的更改应传播到父属性。[NotifyParentProperty(true)]
PersistenceModeAttribute（设计时属性）	指定是将属性(Property)保存为控件标记上的属性(Attribute)，还是将其保存为控件标记中的嵌套内容。此属性的构造函数的参数是一个 PersistenceMode 枚举值。[PersistenceMode(PersistenceMode. InnerProperty)]
TypeConverterAttribute（设计时、分析时和运行时属性）	将类型转换器与某个属性或属性类型关联。类型转换器执行从字符串表示形式到指定类型(或相反)的转换。[TypeConverter(typeof(AuthorConverter))]
UrlPropertyAttribute（设计时和运行时属性）	指定一个字符串属性表示一个 URL 值，利用此值可以将 URL 生成器与该属性关联起来。[UrlProperty("*.aspx",AllowedTypes=UrlTypes. Absolute|UrlTypes. RootRelative|UrlTypes. AppRelative)]

应用于事件成员的主属性包括 3 个设计时属性：BrowsableAttribute、CategoryAttribute 和 DescriptionAttribute。

2）控件的呈现

由于客户端浏览器来自不同的开发商，即使来自同一个开发商也存在版本不一致的问题，甚至有些使用的是移动设备等，造成某一个 Web 控件在其中一种浏览器上能够呈现，但在另外的浏览器上却不能呈现或某些特性不能呈现。因此，要求每一个 Web 控件都能适应不同的客户端设备，并且能够很好地扩展以适应更多的设备。ASP.NET 自适应呈现模型很好地满足了这一要求。

在 ASP.NET 网页的默认呈现过程中，创建了一个 HtmlTextWriter 类的实例，并使用设置为 HtmlTextWriter 类的实例的参数以递归方式调用 RenderControl 方法。页面控件层次结构中的每个控件均将其标记附加到 HtmlTextWriter 对象的末尾，最后，产生的 HtmlTextWriter 的内容就是在浏览器中呈现的内容。

ASP.NET 2.0 通过自适应呈现模型简化了浏览器检测和呈现过程，在此呈现中，

ASP.NET 网页特定于浏览器或标记呈现。因此，ASP.NET 2.0 中的页和控件可以支持那些能够使用标记格式的不同设备。自适应呈现模型适用于所有 ASP.NET 控件，并且允许 ASP.NET 2.0 支持统一的控件体系结构。

一方面，ASP.NET 2.0 中的每一个控件都可以链接到一个适配器，它会针对特定的目标设备修改控件的行为和标记；另一方面，WML 适配器将相同的控件转换成无线标记语言，以便普通移动电话或其他移动设备使用(WML 适配器是用于支持移动设备等客户端上呈现控件的适配器)。

控件和对应适配器的生命周期，如图 9.2 所示。

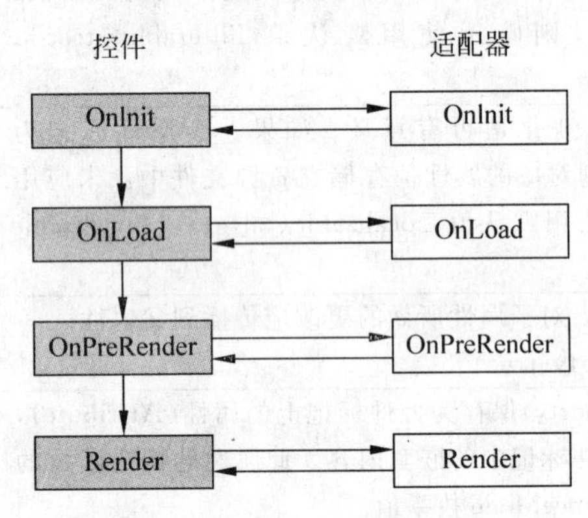

图 9.2　控件和对应适配器的生命周期

图 9.2 说明了控件方法与适配器方法之间一对一的映射。在生成阶段，控件对象或适配器对象都可以输出，通常情况下，如果有适配器，那么适配器的实现将覆盖控件的实现。

当创建从 WebControl 或从 ASP.NET 内置的 UI 的控件派生时，需要考虑自定义控件如何呈现，并且也应支持自定义呈现模型。ASP.NET 提供统一的控件编程体系结构，只需要重写 WebControl 类(或内置控件)的属性(TagKey 或 TagName)或呈现方法(如 AddAttributesToRender 等)，就可以实现自定义控件的 UI 呈现，并且符合控件的自定义呈现模型。

3) 定义属性

(1) 简单属性和具有子属性的属性。

简单属性是一个类型为字符串或易于映射到字符串的类型和属性。简单属性(Property)在控件的开始标记上自行保留为属性(Attribute)。String 类型的属性和.NET Framework 类库中的基元值类型(如 Boolean、Int16、Int32 和 Enum)均为简单属性。可以通过添加代码将简单属性存储在 ViewState 字典中，以在回发间进行状态管理。

如果一个属性的类型是本身具有属性(称为子属性)的类，则该属性就称为复杂属性。例如，WebControl 的 Font 属性的类型是本身具有属性(如 Bold 和 Name)的 FontInfo 类。Bold 和 Name 是 WebControl 的 Font 属性的子属性。ASP.NET 页框架可通过使用带有连字符的语法(如 Font-Bold＝"true")在控件的开始标记上保存子属性，但如果在控件的标记(如＜font Bold＝"true"＞)中保存子属性，则子属性在页中的可读性更强。

若要使用可视化设计器将子属性保存为控件的子级，则必须将一些设计时属性(Attribute)应用于该属性(Property)及其类型；默认情况下在控件的标记上保存为带有连字符的属性(Attribute)。若要管理具有子属性的属性，可以将该属性定义为只读属性，然后编写代码以管理对象的状态。为此，需要重写以下方法。

TrackViewState：发送信号使控件在初始化之后开始跟踪属性更改。

SaveViewState：在页请求结束时保存属性(如果已更改)。

LoadViewState：在回发时将保存的状态加载到属性中。

(2) 集合属性。

控件可以通过属性公开另外一个对象。不仅如此,有时可能会公开某个对象的集合,我们称为集合属性。

4) 控件状态

在 ASP.NET 2.0 版中引入的控件状态与视图状态类似,但功能上独立于视图状态。网页开发人员可能会出于性能原因而禁用整个页面或单个控件的视图状态,但他们不能禁用控件状态。控件状态是专为存储控件的重要数据(如一个页面控件的页数)而设计的,回发时必须使用这些数据才能使控件正常工作(即便禁用视图状态也不受影响)。默认情况下,ASP.NET 页框架将控件状态存储在页的一个隐藏元素中,视图状态也同样存储在此隐藏元素中。即使禁用视图状态,页面中的控件状态仍会传输至客户端,然后返回到服务器。在回发时,ASP.NET 会对隐藏元素的内容进行反序列化,并将控件状态加载到每个注册过控件状态的控件中。

在开发自定义 Web 服务器控件时,要实现控件状态一般需要完成以下任务:

(1) 重写 OnInit 方法并调用 Page 的 RegisterRequiredControlState 方法向页面注册,以参与控件状态,且必须针对每个请求完成此任务。

(2) 重写 SaveControlState 方法,以在控件状态中保存数据。

(3) 重写 LoadControlState 方法,以从控件状态加载数据。此方法调用基类方法,并获取基类对控件状态的基值。

5) 定义事件

就像 ASP.NET 内置控件一样,我们也可以为自定义控件定义某些事件。如果定义的事件没有任何关联的数据,则使用事件数据的基类型 EventArgs,并使用 EventHandler 作为事件委托,然后定义一个事件成员和一个触发该事件的受保护的 OnEventName 方法。

另外,如果事件需要传递某些数据,则需要创建派生自 EventArgs 类的自定义类和派生自 EventHandler 类的委托类,使用它们来定义事件。

6) 使用设计器类

.NET Framework 具备这样的功能:为处于设计模式中的某种类型的组件提供自定义行为。设计器是提供逻辑的类,该逻辑可以在设计时调整类型的外观或行为。所有设计器都实现 System. ComponentModel. Design. Idesigner 接口。设计器通过 DesignerAttribute 与类型或类型成员关联。当创建了与设计器关联的组件或控件后,设计器即可在设计时执行以下任务:

(1) 在设计模式中更改和扩展组件和控件的行为或外观。

(2) 在设计模式中执行组件的自定义初始化。

(3) 访问设计时服务并在项目中配置和创建组件。

(4) 向组件的快捷菜单添加菜单项。

(5) 调整由设计器所关联的组件所公开的属性(Attribute)、事件和属性(Property)。

在协助安排和配置组件方面,以及在设计模式中为组件启用正确的行为方面,设计器可起到重要作用;如果不用设计器,则要靠只在运行时才可用的服务或接口来为组件启用正确的行为。

9.2.2 创建自定义 Web 服务器控件

创建一个 MailLink 控件，公开两个属性：E-mail 和 Text。该控件将生成必需的 HTML 来将所提供的 Text 包装到 mailto:链接标记中。

在 App_Code 目录下新建一个类(MailLink)，由于该类需要 UI 呈现，因此选择从 WebControl 类派生。WebControl 类提供默认实现方法，可以简单地重载某些方法完成控件的开发。代码如下：

```
using System.ComponentModel;
using System.Collections.Generic;
//定义该控件的名称空间为 Sample.AspNet.CS.Controls,并且定义该控件继承于 WebControl 类.另
外,通过设置 DefaultProperty 属性以指定该类的默认属性为 E-mail; 通过 ParseChildren 属性以指
定页分析器应将控件标记内的内容分析为属性; 通过 ToolboxData 属性以指定当从工具箱拖放该控
件到页面上时自动生成的标签代码
namespace Sample.AspNet.CS.Controls
{
    [DefaultProperty("E-mail"),
    ParseChildren(true,"Text"),
    ToolboxData("<{0}:MailLink runat = \"server\"></{0}:MailLink>")
    ]
    public class MailLink:WebControl
    {
        public MailLink()
        {
            //
            // TODO: 在此处添加构造函数逻辑
            //
        }
//为该控件添加两个自定义属性 E-mail 和 Text,前者用于设置 E-mail,后者则用于设置显示的文本.
通过属性(Attribute)设置,将 E-mail 属性设为可绑定的并且显示在属性窗口中的外观类别,为其设
置了一个空的默认值,并添加了 E-mail 属性的说明信息等.对于 Text 属性,因为希望将 Text 显示为
由 MailLink 控件发出的 HTML 的一部分,所以添加属性 PersistenceMode,以指定设计器应该将 Text
属性作为控件标记的内部内容序列化.因此,当用户在 Visual Studio 中使用这个控件时,Text 属性
将会作为该控件的内部文本自动显示在图形设计器上,并且如果用户单击该控件并尝试更改显示的
文本,Text 属性将会自动更改
        [Bindable(true),
        Category("Appearance"),
        DefaultValue(""),
        Description("The Email address")
        ]
        public virtual string Email
        {
            get
            {
                string s = (string)ViewState["Email"];
                return (s = = null) ? String.Empty : s;
            }
            set
            {
```

```
                ViewState["Email"] = value;
            }
        }
        [Bindable(true),
        Category("Appearance"),
        DefaultValue(""),
        Description("The text to display"),
        Localizable(true),
        PersistenceMode(PersistenceMode.InnerDefaultProperty)
        ]
        public virtual string Text
        {
            get
            {
                string s = (string)ViewState["Text"];
                return (s == null) ? String.Empty : s;
            }
            set
            {
                ViewState["Text"] = value;
            }
        }
```

//通过重载 WebControl 类的 AttributesToRender 方法来完成属性添加.首先调用基类的 AddAttributesToRender 方法,以确保可以正确生成其他样式和特性.然后为 MailLink 控件的链接标记的 Href 属性设置为"mailto: + 邮件地址"的形式.HtmlTextWriterAttribute 用于指定 HTML 元素的属性

```
        protected override void AddAttributesToRender(HtmlTextWriter writer)
        {
            base.AddAttributesToRender(writer);
            writer.AddAttribute(HtmlTextWriterAttribute.Href, "mailto:" + Email);
        }
```

//重载 WebControl 类的 RenderContents()方法来编写文本.处于安全原因,MailLink 使用 HtmlTextWriter.WriteEncodedText()方法实现 HTML 编码输出.HTML 编码将潜在的危险字符转换为安全的表示形式.只生成 Text 属性,如果 Text 属性为空则用 Email 属性填充.这是由于在 Text 属性声明时被指定为控件标记的内部文本

```
        protected override void RenderContents(HtmlTextWriter writer)
        {
            if (Text == String.Empty)
                Text = Email;
            writer.WriteEncodedText(Text);
        }
```

//WebControl 的默认实现会生成一个标记,TagKey 属性定义将要封装控件内容的最外面的标记,如超链接的标记<a>.MailLink 控件通过为 TagKey 属性提供它自己的实现来覆盖该默认实现.使用 HtmlTextWriterTag 枚举来指示链接标记.HtmlTextWriterTag 包括常用的 HTML 元素标记,如果要生成其他标记,则必须重写 TagName 属性而非 TagKey 属性,返回需要输出的 HTML 元素字符串

```
        protected override HtmlTextWriterTag TagKey
        {
            get
            {
                return HtmlTextWriterTag.A;
            }
```

```
            }
        }
    }
```

9.2.3 使用自定义 Web 服务器控件

1. 直接调用

在窗体的源视图中添加如下代码：

```
<%@ Register TagPrefix = "aspSample" Namespace = "Sample.AspNet.CS.Controls" %>
<aspSample:MailLink ID = "mm" runat = "server" Email = "admin@dd.cn"></aspSample:MailLink>
```

在 ASP.NET 中可以用@ Register 指令来标记前缀/命名空间映射。Namespace 属性用于指定正在注册的自定义控件的命名空间；TagPrefix 属性提供了标记前缀的名称。

2. 编译为程序集

在命令行提示符下输入 csc/t：library /out：MailLink. dll /r：system. dll /r：system . web. dll MailLink. cs。

/t:library 编译器选项告知编译器创建一个库，而不是创建可执行程序集。/out:选项为程序集提供名称，而/r:选项则列出链接到该程序集的其他程序集。生成了 MailLink. dll 文件。

在工具箱中单击右键，选择"选择项"菜单，在"选择工具箱项"对话框中单击"浏览"按钮，找到 MyCC. dll 文件，单击"确定"按钮，会使用默认图标(齿轮图像)来显示工具箱中的自定义控件。

如果这么添加到工具箱，那么在运行网站时，必须将源代码文件删除或者移走，否则应用程序会提示冲突。

9.2.4 复合 Web 服务器控件

复合控件往往都是完成某一项具体功能，将多个控件组合起来执行一定的逻辑，并且以一个单独控件的形式供页面开发员使用。例如，Login、Wizard 等控件。

复合控件派生自 System. Web. UI. WebControls. CompositeControl 类，CompositeControl 提供了将多个控件的输出合并到单个统一的控件中所必需的框架。复合控件使用子控件来创建用户界面和执行逻辑。因此，与您自己实现所有控件功能相比，开发复合控件要相对简单轻松些。

CompositeControl 类是一个抽象类，为自定义控件提供命名容器和控件设计器功能，不能直接使用此类。CompositeControl 类派生自 WebControl 类，并且实现了 INamingContainer 接口。此接口是确保所有子控件 ID 属性的唯一性所必需的，并且可以在回发时定位以进行数据绑定。若要创建自定义复合控件，请从 CompositeControl 类派生。此类提供的功能是内置验证，用于验证访问子控件之前是否已创建了这些子控件，该功能启用设计时环境以重新创建子控件的集合。Controls 属性确保在访问 CompositeCollection 之前所有子控件均已创建。DataBind 方法用于验证将所有子控件绑定到数据源之前是否已创建了这些子控件。

控件开发人员可以使用 CompositeControlDesigner 类为从 CompositeControl 派生的复合控件创建自定义设计器。控件设计器是一个类，用于定义在设计视图中显示和操作控件的方式。

例子：创建一个 MyCompositeControl.cs 文件，代码如下所示：

```
using System;
using System.Collections.Generic;
using System.ComponentModel;
using System.Text;
using System.Web.UI;
using System.Web.UI.WebControls;
namespace WebControlLibrary1
{
    [DefaultProperty ("Text")]
    [ToolboxData ("<{0}:WebCustomControl2 runat = server></{0}:WebCustomControl2>")]
    public class WebCustomControl2 : CompositeControl
    {
        protected TextBox textbox = new TextBox ();
        protected Button button = new Button ();
        protected override void CreateChildControls ()
        {
            this.Controls.Add (textbox);
            this.Controls.Add (button);
            button.Text = "确定";
            button.Click + = new EventHandler (_button_Click);
            this.ChildControlsCreated = true;
        }
        private void _button_Click (object source, EventArgs e)
        {
            Text = "Hello, World";
        }
        public string Text
        {
            get
            {
                EnsureChildControls ();
                return textbox.Text;
            }
            set
            {
                EnsureChildControls ();
                textbox.Text = value;
            }
        }
    }
}
```

复合代码的基类不再使用 WebControl，而是 CompositeControl。这样就可以获得复合控件的一些额外的特性。代码中没有 Render()方法，而是使用 CreateChildControls()来添加复合控件中的子控件。在该控件中，包含了两个子控件，一个是 TextBox；另一个是

Button。使用 get 和 set 将 textbox 的 Text 属性设定为整个复合控件的公共属性。这样就可以在属性浏览器中或者页面代码中对它进行访问。需要注意的是，在访问子控件的属性时，总是要调用 EnsureChildControls()方法。该方法可以确保在访问子控件的属性时，这些子控件已经被初始化。代码中的_button_Click()函数被赋值为 button 子控件的单击事件的处理函数。这样在 Web 页中单击该按钮时，将会执行_button_Click()函数中的代码。

在 Default.aspx 中，添加如下代码：

```
<%@ Register Namespace = "WebControlLibrary1" TagPrefix = "CC1" %>
<CC1:WebCustomControl2 ID = "myCompositeControl1" runat = "server" />
    protected void Page_Load(object sender, EventArgs e)
    {
        myCompositeControl1.Text = "复合控件演示";
    }
```

复合控件提供了一种创建和重用自定义用户界面的方法。复合控件本质上是具有可视化表示形式的组件。因此，它可能包含一个或多个子控件。复合控件使用子控件来创建用户界面和执行其他逻辑。由于复合控件的功能依赖于子控件，因此，与自己实现所有控件功能相比，开发复合控件要简单得多。

9.3 习题

1. 填空题\选择题

(1) 用户控件从________类派生。

(2) 用户控件文件的后缀名(　　)。

A. .aspx　　B. .asmx　　C. .asp　　D. .ascx

(3) 假如创建了一个用户控件(simple.ascx)，现在需要在网页(default.aspx)中使用该用户控件，需要添加(　　)指令。

A. <%@Control Language="…" AutoEventWireup="true" CodeFile="…" Inherits="simple"%>

B. <%@page Language="…" AutoEventWireup="true" CodeFile="…" Inherits="simple"%>

C. <%@Refenrence Language="…" AutoEventWireup="true" CodeFile="…" Inherits="simple"%>

D. <%@Register Language="…" AutoEventWireup="true" CodeFile="…" Inherits="simple"%>

(4) 创建了一个自定义 Web 服务器控件，此控件 UI 中包含了一个 TextBox 控件，需要从(　　)类派生此控件。

A. 派生自 System.Web.UI.UserControl 类

B. 派生自 System.Web.UI. Control 类

C. 派生自 System.Web.UI.WebControl 类

D. 派生自 System.Web.UI.UserControls.WebControl 类

(5) 假如创建一个自定义控件，在UI中包含子控件，为了能在多个应用程序中重用，此控件应该由(　　)类派生。

A. 创建一个派生自 System. Web. UI. Control 的控件

B. 创建一个派生自 System. Web. UI. WebControls. CompositeControl 的控件

C. 创建一个派生自 System. Web. UI. WebControls. WebControl 的控件

D. 创建一个派生自 System. Web. UI. UserControl 的控件

2. 简答题

(1) 简述用户控件文件和 Web 页的区别。

(2) 简述应用用户控件的 Web 页，源视图下@Register 指令后属性的含义。

(3) 简述如何使用自定义 Web 服务器控件。

第10章 全球化和本地化

10.1 概述

全球化是指设计和开发能适合多种区域性或区域设置的软件产品的过程。这一过程涉及：

(1) 标识必须支持的区域性或区域设置。

(2) 设计支持这些区域性或区域设置的功能。

(3) 编写在所支持的任何区域性或区域设置都能正常运行的代码。

换句话说，全球化支持一套与特定地理区域相关的定义字符集的输入、显示和输出。全球化的最有效方法是使用区域性或区域设置的概念。区域性或区域设置是特定于给定语言和地理区域的一套规则和数据集。这些规则和数据包括有关以下方面的信息：

(1) 字符分类。

(2) 日期和时间格式设置。

(3) 数字、货币、质量和度量规范。

(4) 排序规则。

本地化是使已经过本地化分析处理的全球化应用程序适合某一特定区域性或区域设置的过程。应用程序的本地化过程还要求对时下的软件开发中常用的相关字符集有一个基本了解，并且了解与它们相关的问题。虽然所有计算机都将文本存储为数字(代码)，但不同的系统可以(并且确实)使用不同的数字存储相同的文本。从通常意义上讲，这个问题从来没有像在这个网络和分布式计算时代那么重要。

本地化过程是指翻译应用程序用户界面(UI)或调整图形，使其适合特定的区域性或区域设置。本地化过程还包括翻译所有与应用程序相关的帮助内容。大多数本地化小组在本地化过程中都使用专门的工具，这些工具可以重复利用重复出现的文本的翻译，以及调整应用程序用户界面元素的大小以适应本地化的文本和图形。

10.2 在 ASP.NET 2.0 中实现全球化和本地化

在 ASP.NET 2.0 中，可以通过设置 Culture 和使用资源文件非常方便地对 Web 应用进行全球化和本地化工作。

10.2.1 文化和地区

显示在终端用户的浏览器上的ASP.NET页面一般在指定的文化和地区设置下运行。在创建ASP.NET应用程序或页面时，运行它的文化取决于运行应用程序的服务器上的文化和地区设置或客户（终端用户）应用的设置。在默认情况下，ASP.NET运行在服务器定义的文化设置下。

表10.1列出了一些文化定义的例子。

表10.1 文化代码

文化代码	说 明	文化代码	说 明
en-US	英语：美国	en-AU	英语：澳大利亚
en-GB	英语：英国	en-CA	英语：加拿大

在这个表中，定义了4种不同的文化。这4种文化有一些相同，也有一些不同。它们有相同的语言，即英语。所以，在每种文化设置中都使用了相同的语言代码en。在语言设置的后面是地区设置。这4种文化虽然有相同的语言，但它们的地区设置不同，这将它们区分开来，如US表示美国，GB表示英国，AU表示澳大利亚，CA表示加拿大。

1. ASP.NET线程

终端用户请求ASP.NET页面时，这个Web页面会在线程池的某个线程上执行。该线程有一个与之相关的文化设置。我们可以通过编程获取该线程的文化信息，再查看该文化的特定细节，代码如下所示：

```
using System.Globalization;
using System.Threading;
protected void Page_Load(object sender, EventArgs e)
{
    CultureInfo ci = Thread.CurrentThread.CurrentCulture;
    Response.Write("文化名字:" + ci.Name.ToString() + "<br>");
    Response.Write("显示名字: " + ci.DisplayName.ToString() );
}
```

可以显示文化的名字为中文的信息，也可以通过代码来更改线程中的文化信息。添加如下代码，则可以显示英文（美国）：

```
Thread.CurrentThread.CurrentCulture = new CultureInfo("en-US");
```

2. 客户端的文化声明

客户端的IE浏览器如果采用的是中文的文化，那么在浏览器上可以显示如图10.1所示的内容。

如果更改IE浏览器的语言文化为阿拉伯语（沙特阿拉伯）的文化，那么在浏览器上可以显示如图10.2所示的内容。

文化名字:zh-CN
显示名字：中文(中华人民共和国)

<			2010年1月			>
日	一	二	三	四	五	六
27	28	29	30	31	1	2
3	4	5	6	7	8	9
10	11	12	13	14	15	16
17	18	19	20	21	22	23
24	25	26	27	28	29	30
31	1	2	3	4	5	6

图 10.1　中文文化显示内容

文化名字:ar-SA
显示名字：Arabic (Saudi Arabia)

<			1431 صفر			>
الجمعة	الخميس	الاربعاء	الثلاثاء	الاثنين	الاحد	السبت
24	25	26	27	28	29	30
1	2	3	4	5	6	7
8	9	10	11	12	13	14
15	16	17	18	19	20	21
22	23	24	25	26	27	28
29	1	2	3	4	5	6

图 10.2　阿拉伯语(沙特阿拉伯)显示内容

10.2.2　资源文件

如果创建的网页将由不同国家或使用不同语言的用户使用,必须为这些用户提供用他们自己的语言显示网页。一种方法是分别用各语言重新创建页面,但这种方法需要大量工作量,容易出错并且在产生变更时难以维护。

ASP.NET 为此提供了另一种方法,使用这种方法创建的页可以将程序集和执行程序集时所需要的数据完全分离开,浏览器就可以根据首选语言设置或用户显式选择的语言获取这些数据。这些数据可以使用资源文件进行保存,当然有时也可以存储在其他的介质中。

在 ASP.NET 网页中,可以将控件配置为从资源获取其属性值。在运行时,资源表达式将被相应资源文件中的资源替换。

1. 资源文件介绍

Microsoft.NET Framework 语言程序使用资源文件来存储数据,如为按钮控件、标签控件、超链接等所显示的文本和工具提示。资源文件其实就是一个 XML 文件,其中包含键/值对,每一对都是一个单独的资源。因为每个资源文件都是特定于某个区域的,所以需要为每种语言(如英语和法语)或每种语言和文化(如英语[英国]、英语[美国])分别创建一个资源文件。每个本地化资源文件都有相同的键/值对,本地化资源文件与默认资源文件的唯一区别就是前者所包含的资源可能少于后者。

可以配置一个 ASP.NET 控件,在页面呈现出来时检测某个资源文件。如果这个控件找到了一个与用户文化相符的资源文件,并且在文件中已经为控件指定了一个值,这个值就会被替换到页面中的这个控件。例如,如果浏览器配置为使用法语,Label 控件的 Text 属性就会由默认的 Name 更改到 Nom。

ASP.NET 中的资源文件具有.resx 扩展名。在运行时,.resx 文件将编译进一个程序集内,该程序集有时称为附属程序集。由于.resx 文件是用与 ASP.NET 网页相同的方式动态编译的,因此不必创建资源程序集。编译过程将类似的多个语言资源文件打包在同一个程序集中。

在创建资源文件时,首先创建基准资源文件.resx。对于要支持的每种语言,分别创建一个新文件，该文件具有同一个基本文件名但包含语言或语言及区域性（区域性名称）。例如，可以创建下列文件。

（1）WebResources.resx：基准资源文件，该文件是默认或后备资源文件。

（2）WebResources.es.resx：西班牙语的资源文件。

（3）WebResources.es-mx.resx：专用于西班牙语（墨西哥）的资源文件。

（4）WebResources.de.resx：德语的资源文件。

在运行时，ASP.NET 使用与 CurrentUICulture 属性的设置最为匹配的资源文件。线程的 UI 区域性根据页的 UI 区域性进行设置。例如，如果当前的 UI 区域性是西班牙语，则 ASP.NET 使用 WebResources.resx 文件的已编译版本。如果当前的 UI 区域性没有匹配项，则 ASP.NET 会使用资源后备。各资源文件的优先级如下：首先是特定区域性的资源，然后是非特定区域性资源文件，最后是默认资源文件。

2. 为 ASP.NET 网站创建资源文件

在 ASP.NET 中，可以创建具有不同范围的资源文件。如创建全局资源文件，则意味着位于站点中的任意页或代码均可读取这些资源文件；若创建本地资源文件，则这些文件只存储单个 ASP.NET 网页（.aspx 文件）的资源。

1）全局资源文件

将资源文件放入应用程序根目录的保留文件夹 App_GlobalResources 中，即可创建全局资源文件。App_GlobalResources 文件夹中的任何.resx 文件都具有全局范围。此外，ASP.NET 还生成了一个强类型对象，这为开发人员提供了一种以编程方式访问全局资源的简单方法。

如果在全局资源中建立 Age 和 Name 两个资源。那么，我们在代码中就可以应用这两个全局资源。其方法有两种，一是通过强类型的方式引用，代码如下所示：

```
Resources.Resource.Name = "Mary";
Resources.Resource.Age = "20";
```

另外，还可以使用 GetGlobalResourceObject 方法进行检索，在 HttpContext 和 TemplateControl 类中对这些方法进行了重载。值得注意的是，使用该方法只能对资源项进行弱引用。

2）本地资源文件

本地资源文件是只应用于一个 ASP.NET 页的文件（带有.aspx、.ascx、.master 等扩展名的 ASP.NET 页）。本地资源文件所放入的文件夹具有 App_LocalResources 保留名称。App_LocalResources 文件夹可以存在于应用程序的任何文件夹中，这与 App_GlobalResources 根文件夹不同。通过资源文件名将一组资源文件与特定的网页相关联。

例如，如果有一个名为 Default.aspx 的页，则可以在 App_LocalResources 文件夹中创建下列文件。

（1）Default.aspx.resx：基准资源文件，该文件是默认或后备资源文件。

（2）Default.aspx.es.resx：西班牙语的资源文件。

（3）Default.aspx.es-mx.resx：专用于西班牙语（墨西哥）的资源文件。

(4) Default. aspx. es-US. resx：专用语英语(美国)的资源文件。

可以看出，以上这些文件的基名称与页文件名相同，后跟语言和区域性名称，最后以扩展名.resx结尾。

在页面中，可以通过编程的方式访问本地资源，即通过调用GetLocalResourceObject方法实现。这与GetGlobalResourceObject类似，在HttpContext和TemplateControl类中也对该类进行了重载，并且也用于资源项的弱引用。

3) 在全局和本地资源文件之间选择

在Web应用程序中，可以任意组合使用全局和本地资源文件。通常情况下，当希望在各页之间共享资源时，应向全局资源文件添加这些资源。

但如果将所有本地化资源都存储在全局资源文件中，则这些文件会变得很大。此外，如果多个开发人员要处理不同的页但对同一个资源文件进行操作时，全局资源文件也会更难于管理。

本地资源文件使单个ASP.NET网页的资源比较容易管理，但它无法实现各页之间资源的共享。此外，如果有许多页必须本地化为多种语言，则可能会创建大量本地资源文件。如果站点是具有许多文件夹和使用多种语言的大型站点，则使用本地资源可能导致在应用程序域中程序集数量的快速扩展。

在对默认资源文件进行更改时，无论它是本地资源文件还是全局资源文件，ASP.NET都会重新编译资源并重新启动ASP.NET应用程序，这可能影响站点的整体性能。添加附属资源文件将不会导致重新编译资源，但ASP.NET应用程序仍需重新启动。

10.2.3 使用资源对网页进行本地化

资源文件为实现本地化提供了必要的支持，从而将程序中的代码和数据完全分开，我们就可以针对不同的语言和文化来应用不同的资源文件。

创建资源文件后，即可在ASP.NET网页中使用这些文件。通常使用资源来填充页上各控件的属性值。例如，可以使用资源设置Button控件的Text属性，而不必将该属性硬编码为特定的字符串。在ASP.NET中主要包括隐式本地化和显式本地化两种方式。

1. 隐式本地化

如果已为特定页创建了本地资源文件，则可以使用隐式本地化方法从该资源文件中为控件填充属性值。使用隐式本地化方法时，ASP.NET读取资源文件并将资源与属性值相匹配。

若要使用隐式本地化方法，就必须对本地资源文件中的资源使用命名约定，命名约定采用以下模式：

```
Key.Property
```

例如，若要为名为Button1的Button控件创建资源，可以在本地资源文件中创建以下键/值对：

```
Button1.Text
Button1.BackColor
```

可以对 Key 使用任意名称，但 Property 必须与要本地化的控件的属性相匹配。

在页上，对该控件的标记使用特殊的 meta 属性可指定使用隐式本地化方法，从而避免显式指定要本地化的属性。配置为使用隐式本地化的 Button 控件看起来可能类似于下面的形式：

```
<asp:Button ID = "Button1" runat = "server" OnClick = "Button1_Click" Text = "Button" meta:
resourcekey = "Button1Resource1"/>
```

resourcekey 值与相应资源文件中的键相匹配。在运行时，ASP.NET 通过将控件标签用作 resourcekey 来使资源与控件属性相匹配。如果在资源文件中定义了某个属性值，则 ASP.NET 会用资源值替换该属性。

2. 显式本地化

与隐式本地化方法不同的是，显式本地化方法必须为要设置的每个属性分别使用一个资源表达式，所以使用显式本地化方法比隐式本地化更灵活，可以将重复使用的资源集中放置在本地或全局资源文件夹中，以降低资源的冗余度。

下列代码显示了为 Button. Text 属性设置引用全局资源文件 WebResources 中的资源项 Button1Caption：

```
<asp:Button ID = "Button1" runat = "server"
                        Text = "<% $ Resources:WebResources,Button1Caption %>" />
```

通过以上代码可以发现，引用资源文件的格式如下：

```
<% $ Resources:Class,ResourceID %>
```

Class 值表示要在使用全局资源时使用的资源文件。在编译.resx 文件时，将不带扩展名的基文件名显式用作所得程序集的类名。若要使用本地资源文件（与当前页名匹配的文件）中的资源，则不必提供类名，因为 ASP.NET 将该页类与资源类相匹配。

3. 静态文本本地化

如果页面包括静态文本，则可以使用 ASP.NET 本地化，方法是将该本地化文本包含在 Localize 控件中，然后使用显式本地化方法设置该静态文本。Localize 控件不呈现标记；它的唯一功能就是充当本地化文本的占位符。Localize 控件不仅可以在属性网格中编辑，还可以在设计视图中编辑。在运行时，ASP.NET 将 Localize 控件视为 Literal 控件。

10.2.4 实现多语言支持

在 ASP.NET 网页中，可以设置两个区域性值，即 Culture 和 UICulture 属性。Culture 值确定与区域性相关的函数的结果，如日期、数字和货币格式等。UICulture 值确定为页加载哪些资源。

这两个区域性设置不需要具有相同的值。根据所开发应用程序的需要，可能要对它们分别进行设置。Web 拍卖站点就是这样一个示例。对于每个 Web 浏览器，UICulture 属性可能有所变化，而 Culture 保持不变。因此，价格始终以相同的货币符号和格式显示。因为

Culture值只能设置为特定的区域性，如en-US或en-GB，这样就不必标识用于en（对于该字符串，en-US或en-GB具有不同的货币符号）的正确的货币符号了。

用户可以在他们的浏览器中设置区域性和UI区域性。例如，在Microsoft Internet Explorer的“工具”菜单上，用户可以依次选择“Internet选项”、“常规”选项卡、“语言”，然后设置他们的语言首选项。如果Web.config文件中的globalization元素的enableClientBasedCulture属性设置为true，则ASP.NET可以根据由浏览器发送的值自动设置网页的区域性和UI区域性。

完全依赖于浏览器设置来确定网页的UI区域性并不是最佳做法。由于用户使用的浏览器通常并未设置为他们的首选项，因此应该为用户提供显式选择页面的语言或语言和区域性（CultureInfo名称）的方法。

1. 以声明方式设置ASP.NET网页的区域性和UI区域性

若要设置所有页的区域性和UI区域性，需要在Web.config文件中添加一个globalization节，然后设置UICulture和Culture属性，如下面的代码所示：

```
<glabalization UICulture="es" Culture="es-MX" />
```

若要设置单个页的区域性和UI区域性，可设置@Page指令的Culture和UICulture属性，如下列代码所示：

```
<% @Page UICulture="es" Culture="es-MX" %>
```

若要使ASP.NET将区域性和UI区域性设置为当前浏览器设置中指定的第一种语言，应将UICulture和Culture设置为auto。也可以将该值设置为auto:culture_info_name，其中culture_info_name是区域性名称。这需要在@Page指令或Web.config文件中进行设置。

2. 以编程方式设置ASP.NET网页的区域性和UI区域性

其主要步骤如下：

(1) 重写该页的InitializeCulture方法。

(2) 在重写的方法中，确定要为页设置的语言和区域性。

(3) 以下列方式之一设置区域性和UI区域性。

① 将页的Culture和UICulture属性设置为语言和区域性字符串（如en-US）。这两个属性是页的内部属性，只能在页中使用。

② 将当前线程的CurrentUICulture和CurrentCulture属性分别设置为UI区域性和区域性。CurrentUICulture属性采用一个语言和区域性信息字符串。若要设置CurrentCulture属性，应创建CultureInfo类的一个实例并调用其CreateSpecificCulture方法。

10.2.5 最佳实践

1. 技术问题

开发人员通过在开始开发周期前考虑下列问题，可以缩短几乎任何国际应用程序的开发时间。

(1) 使用 Unicode 作为字符编码来表示文本。如果不能使用 Unicode,则需要实现 DBCS 支持、双向(BiDi)支持、代码页切换、文本标记等。

(2) 考虑实现多语言用户界面。如果设计用户界面以默认 UI 语言打开并提供更改为其他语言的选项,对于使同一台计算机但使用不同语言的用户而言,就可以减少他们与软件配置相关的停工时间。对于像比利时这样具有多种区域性或区域设置和官方语言的地区,这可能是一个特别有用的策略。

(3) 监视指示输入语言更改的 Windows 消息,并将这些信息用于拼写检查、字体选择等。

(4) 如果面向 Windows 进行开发,应使用所有可能的区域性或区域设置在 Windows 的所有语言变体上测试应用程序。Windows 支持在超过 120 种区域性或区域设置中使用的语言。

2. 文化和政治问题

开发世界通用的应用程序时,对文化和政治问题的敏感性是一个特别重要的问题。这些问题通常不会妨碍应用程序运行,但它们可能使客户对应用程序产生负面感受,并由此从其他公司寻找替代产品。政治问题(如与地图有关的争端)可以导致政府在整个地区禁止产品的发行。下面是通常可能出现问题的方面:

(1) 在所有文本中避免俚语、口语和令人费解的措辞。在最好的情况下,它们难于翻译;在最坏的情况下,它们具有攻击性。

(2) 避免在位图和图标中使用在其他区域性或区域设置中代表种族歧视或侮辱性的图像。

(3) 避免使用包括有争议的地区或国家边界的地图。它们是众所周知的政治冲突根源。

3. 其他

可以将设计良好的软件本地化为 Windows 支持的任何语言,而不需要对源代码进行更改。除了上面提到的原则外,还应考虑下列几个方面:

(1) 将所有用户界面元素同程序源代码隔离开,把它们放在资源文件、消息文件或专用数据库中。

(2) 在项目的整个生存周期内使用相同的资源标识符。更改标识符可能导致难以将本地化资源从一个版本更新到另一个版本。

(3) 如果在多个上下文中使用,应生成同一字符串的多个副本。同一字符串在不同的上下文中可能有不同的翻译方法。

(4) 只将需要本地化的字符串放在资源中,即将非本地化字符串保留为源代码中的字符串常量。

(5) 由于翻译后文本大小可能扩展,所以应动态分配文本缓冲区。如果必须使用静态缓冲区,要将它们设置得足够大(一般是英文字符串长度的两倍),以便容纳本地化字符串。

(6) 记住,对话框由于本地化可能扩展。例如,低分辨率模式下占用整个屏幕的大对话框本地化后可能被调整得无法使用。

(7) 避免在位图和图标中出现文本，原因是它们难以本地化。

(8) 不要在运行时动态创建文本消息，不论是通过连接多个字符串还是通过从静态文本中删除字符。词序因语言而异，因此以此方式动态撰写文本需要更改代码才能本地化为某些语言。

(9) 类似地，要避免在格式字符串中使用多个插入参数撰写文本，因为在将该文本翻译为某些语言后，参数的插入顺序会发生改变。

(10) 如果本地化为中东语言（如阿拉伯语或希伯来语），使用从右到左的布局 API 将应用程序布局成从右到左的形式。

(11) 在 Windows 的所有语言变种上测试本地化应用程序。如果应用程序像建议的那样使用 Unicode，则不需做任何修改就能正常运行。如果应用程序使用 Windows 代码页，则需要将区域性或区域设置配置为适合本地化应用程序的值并在测试前重新启动。

10.3 习题

填空题\选择题

(1) 在 VS 2005 中创建了一个英文站点，其中有一个页面为 page. aspx，要求将其本地化为西班牙语，需要将________文件夹中创建________文件和________文件。

(2) 若在 App_GlobalResouce 文件夹中创建了资源文件 Resouce. resx 和 Resouce. es. resx，并添加了资源项 Login。现在需要在代码中通过强类型方式引用该资源项。应该使用(   )代码。

A. Resouces. Resouce. Login

B. Resouces. Resouce("Login")

C. Resouce("Login")

D. Resouce. Login

(3) 若在 Web 应用实现了多语言版本，为了满足不同地区显示正确的货币格式，该如何做？(   )

A. 在 Web. config 文件中添加一个 globalization 节，然后设置 UICulture 属性

B. 在 Web. config 文件中添加一个 globalization 节，然后设置 Culture 属性

C. 在 Web. config 文件中添加一个 globalization 节，然后设置 page. Culture 属性

D. 在 Web. config 文件中添加一个 globalization 节，然后设置 page. UICulture 属性

第11章 个性化与主题

Web应用很多时候都是面向公众的，由于用户群体大，对界面的交互操作要求的差异也比较大，这些问题在以前的Web开发平台中，都难以处理，ASP.NET 2.0提供的个性化配置(Profile)和主题(Theme)模块可以实现不同的个性化数据的存储和提供不同的界面风格。

11.1 个性化配置(Profile)

个性化是指对访问站点的用户按照他们自己要求提供相关的服务和界面的呈现风格，在许多应用程序中，需要存储并使用对用户唯一的信息，即用户个性化数据，在用户访问站点时，可以使用已存储的信息向用户显示Web应用程序的个性化内容。例如，顾客需要在某个电子商务网站购买一些自己喜欢的产品，那么这个电子商务网站它必须知道现在是谁购买产品，并且将其放到购物车中准备购买的产品保存起来，甚至当顾客第二次登录网站时，这些信息还保存在网站中，以方便顾客的购买。通过这个例子可以发现，个性化应用程序需要这样的一些功能：必须使用唯一的用户标识符存储信息；能够在用户再次访问时识别用户，然后根据需要获取用户信息。

在ASP.NET中，可以方便地完成对个性化数据的存取和使用。其基本原理如下：

(1) 个性化配置功能将信息与单个用户关联，并采用持久性的格式存储这些信息。

(2) 通过个性化配置，可以管理各种用户(匿名用户、Windows认证用户和Form认证用户)信息，而无须创建和维护自己的数据库。

(3) ASP.NET会根据配置将ProfileCommon类实例化，并可在应用程序的任何位置访问。

几乎可以使用个性化配置功能存储任何类型的对象，它提供了一项通用存储功能，能够定义和维护几乎所有类型的数据，同时仍可用类型安全的方式使用数据。

11.1.1 ASP.NET个性化设置的工作方式

若使用个性化配置，可以通过修改ASP.NET Web应用程序的配置文件来启用个性化配置。启用个性化配置需要首先指定个性化配置提供程序，该提供程序是执行存储和检索个性化配置数据等低级任务的基础类。可以使用.NET Framework中包括的个性化配置提供程序，也可以按照实现“个性化配置提供程序”中的描述来创建并使用自定义的提供程序。

可以指定连接到所选的数据库的 SqlProfileProvider 实例，也可以使用将个性化配置数据存储在本地 Web 服务器上的默认 SqlProfileProvider 实例。

参考代码如下：

```
<profile defaultProvider = "SqlProvider" enabled = "true">
    <providers>
        <clear />
        <add
            name = "SqlProvider"
            type = "System.Web.Profile.SqlProfileProvider"
            connectionStringName = "SqlProfile"
            applicationName = "AdventureWorks"
            description = "AdventureWorks"
        />
    </providers>
```

通过定义要维护其值的属性的列表，可以对个性化配置功能进行配置。例如，可能需要存储用户的邮政编码，以使应用程序针对不同的区域提供相关信息，如天气预报等。在个性化配置中，应定义一个名为 PostalCode 的个性化配置属性。个性化配置的 profile 类与如下所示类似：

```
<profile>
    <properties>
        <add name = "PostalCode"/>
    </properties>
</profile>
```

应用程序运行时，ASP.NET 会创建一个 ProfileCommon 类，该类是一个动态生成的类，从 ProfileBase 类继承而来。动态的 ProfileCommon 类包括根据在应用程序配置中指定的个性化配置属性定义创建的属性。然后，会将此动态 ProfileCommon 类的实例设置为当前 HttpContext 的 Profile 属性的值，并且可在应用程序的页中使用。

在应用程序中，可以收集要存储的值，并将其赋值给已定义的个性化配置属性。例如，应用程序的主页可能包含提示用户输入邮政编码的文本框。当用户输入邮政编码后，可以设置 Profile 属性，以存储当前用户的值，如下面的示例所示：

```
Profile.PostalCode = txtPostalCode.Text;
```

如果要使用该值，可以采用与设置该值基本相同的方法获取该值。例如，下面的代码示例演示如何调用名为 GetWeatherInfo 的函数，从而将其传递给个性化配置中存储的当前用户的邮政编码：

```
weatherInfo = GetWeatherInfo(Profile.PostalCode);
```

在使用个性化设置中的值时，根本不需要显式确定用户身份或执行任何数据库查找的工作，只需直接从个性化配置中获取属性值就可以了，ASP.NET 会自动确定当前用户，并根据当前用户的标识查找持久性个性化配置存储区中的值。

11.1.2 个性化配置的用户标识

ASP.NET 用户个性化配置功能设计为提供当前用户的独有信息，个性化配置可由通过身份验证的用户使用，也可以由匿名用户使用。

1. 通过身份验证的用户

默认情况下，用户个性化配置与当前 HTTP 上下文（可通过 System. Web. HttpContext. Current 属性访问）的 User 属性中存储的用户标识关联。用户标识可通过以下几个方面确定：

（1）ASP.NET Forms 身份验证，在身份验证成功之后设置用户标识。

（2）Windows 或 Passport 身份验证，此功能在身份验证成功之后设置用户标识。

（3）自定义身份验证，对用户凭据的获取和用户标识的设置进行手动管理。

ASP.NET Forms 身份验证需要创建登录窗体并提示用户提供凭据。使用 ASP.NET 登录控件，无须编写任何代码即可创建登录窗体并执行 Forms 身份验证。

2. 匿名用户

个性化配置还可由匿名用户使用。默认情况下，并不会启用匿名个性化配置支持，因此必须显示启用。此外，当在 Web. config 文件中定义个性化配置属性时，必须将其显示定义为可由匿名用户单独使用。由于个性化配置可能设计为由通过身份验证的用户使用，并且许多属性可能包含匿名用户不可用的个人信息，因此默认情况下个性化配置属性并不支持匿名访问。

如果启用了匿名标识，则用户首次访问站点时，ASP.NET 将为其创建一个唯一标识。该唯一用户标识存储在用户计算机上的 Cookie 中，这样，对于每个页请求，其用户都可以得到标识。Cookie 的默认有效期设置为大约 70 天，当用户访问站点时会定期对其进行更新。如果用户的计算机不接受 Cookie，则可将该用户的标识作为请求的页 URL 的一部分来维护。

那么如何启用对匿名用户的支持呢？其方法是对 Web. config 中的 anonymouseIdentification 元素进行设置，该元素位于 Web. config 文件中的 configuration\system. web 元素下，设置语法如下：

```
<anonymouseIdentification
    enabled = "[true|false] "
    cookieless = "[UseUri | UseCookies | AutoDetect | UseDeviceProfile] "
    cookieName = ""
    cookiePath = ""
    cookieProtection = "[None | Validation | Envryption | All] "
    cookieRequireSSL = "[true | false] "
    cookieSlidingExpiration = "[true | false] "
    cookieTimeout = "[DD.HH:MM:SS] "
    domain = "cookie domain"
/>
```

如表 11.1 所示是对该配置元素进行设置的参数说明。

表 11.1 配置元素参数

属 性	说 明
cookieless	指定对于 Web 应用程序是否使用 Cookie。HttpCookieMode 枚举用于在配置节中指定该属性的值。它由支持无 Cookie 身份验证的所有功能使用。指定 AutoDetect 值时，ASP.NET 将查询浏览器或设备以确定它是否支持 Cookie。如果浏览器或设备支持 Cookie，则使用 Cookie 保存用户数据，否则在查询字符串中使用标识符。属性值为 AutoDetect 时，指定由 ASP.NET 决定发出请求的浏览器或设备是否支持 Cookie。如果发出请求的浏览器或设备支持 Cookie，则 AutoDetect 使用 Cookie 来保存用户数据；否则在查询字符串中使用标识符。如果浏览器或设备支持 Cookie，但当前禁用了 Cookie，则请求功能依然会使用 Cookie。属性值为 UseCookies 时，指定无论浏览器或设备是否支持 Cookie，都使用 Cookie 来保存用户数据。这是默认设置。属性值为 UseDeviceProfile 时，指定由 ASP.NET 根据 HttpBrowserCapabilities 设置来确定是否使用 Cookie。如果该设置指示浏览器或设备支持 Cookie，将使用 Cookie；否则，将在查询字符串中使用一个标识符。属性值为 UseUri 时，指定无论浏览器或设备是否支持 Cookie，调用功能都使用查询字符串来存储标识符
cookieName	指定分配给 Cookie 的名称。默认值为". ASPXANONYMOUS"
cookiePath	指定存储 Cookie 的目录的路径。路径区分大小写。默认值为"/"指定的根目录
cookieProtection	指定 Cookie 保护方案。为 All 时，指定同时使用 Validation 和 Encryption 值来保护 Cookie 中的信息；为 Encryption 时，对 Cookie 中的信息进行加密；为 None 时，指定 Cookie 信息不受保护，Cookie 中的信息以明文形式存储，将这些信息发回服务器时不会对它们进行验证；为 Validation 时，确保 Cookie 中的信息在发回服务器之前不会被更改。默认值为 Validation
cookieReuireSSL	指定将 Cookie 传输到客户端时是否需要 SSL 连接。因为 ASP.NET 设置身份验证 Cookie 属性 Secure，所以，除非正在使用 SSL 连接，否则客户端不返回 Cookie。默认值为 false
cookieSlidingExpiration	必选的 Boolean 属性。指定 Cookie 超时是在每次请求时重置还是按预定义的固定时间间隔重置。如果为 true，则剩余的 TTL 少于 50%时 Cookie 超时；如果为 false，则 cookieTimeout 持续时间过后 Cookie 超时。默认值为 true
cookieTimeout	必选的 TimeSpan 属性。指定 Cookie 过期时间间隔（以分钟为单位）。默认值为 10000min
domain	指定 Cookie 域。使用此属性可以在具有共同 DNS 命名空间的域之间共享匿名标识 Cookie。若要共享匿名标识 Cookie，这些站点必须共享相同的解密和验证密钥。所有站点的其他匿名标识配置属性必须相同。默认值为空字符串("")
enabled	可选的 Boolean 属性。指定是否启用匿名标识。如果为 true，则使用 Cookie 来管理用户的匿名标识符。默认值为 false

3. 迁移匿名个性化配置信息

在有些情况下，某一应用程序最初可能维护着匿名用户的个性化设置信息，但最后该用户登录到了该应用程序中。在这种情况下，该用户的标识会从分配的匿名用户标识更改为身份验证进程提供的标识。例如，用户匿名进入了一个电子商务站点，选择了一些商品准备购买，购买之前，系统要求用户注册，注册完毕之后，用户具有了用户凭据，这时用户就不是匿名用户了，那么就需要将用户在使用匿名用户时所保存的相关商品的数据迁移过来，以方便用户进一步购买商品。

在 ASP.NET 中，当用户从匿名用户转移到注册用户时，将触发 MigrateAnonymous 事件。如果有必要，可以对此事件进行处理，以便将信息从用户的匿名标识迁移到新的通过身份验证的标识。下面的代码示例演示用户通过身份验证时如何迁移信息。

```
public void Profile_OnMigrateAnonymous(object sender, ProfileMigrateEventArgs args)
{
    ProfileCommon anonymousProfile = Profile.GetProfile(args.AnonymousID);
    //获取匿名用户个性化配置
    Profile.ZipCode = anonymousProfile.ZipCode;
    Profile.CityAndState = anonymousProfile.CityAndState;
    Profile.StockSymbols = anonymousProfile.StockSymbols;
    //删除匿名用户个性化配置信息，删除匿名用户 Cookie
    ProfileManager.DeleteProfile(args.AnonymousID);
    AnonymousIdentificationModule.ClearAnonymousIdentifier();
}
```

11.1.3 个性化配置的使用

ASP.NET 个性化配置功能允许存储简单(标量)值、集合和其他复杂类型，以及用户定义的类型。

1. 属性定义信息

定义简单的个性化配置属性，除了属性名称之外，还包括其他很多参数的设置。

(1) type：指定属性的类型。默认为 String。可以将任何 .NET 类指定为类型(Int32、DateTime、StringCollection 等)。如果 .NET Framework 中没有定义该类型，则必须确保 Web 应用程序可以访问该类型。可以在网站的 Bin 目录中或全局程序集缓存(GAC)中包含该类型编译后的程序集，也可以将该类型的源代码放入网站的 App_Code 目录中。

(2) serializeAs：指定序列化格式化程序。默认序列化为字符串。

(3) allowAnonymous：指定一个布尔值，该布尔值指示是否为匿名用户托管属性。默认情况下，该属性为 false。如果希望未经身份验证的用户使用该属性，则可以将该属性设置为 true。

(4) defaultValue：指定属性初始化时使用的值。

(5) readOnly：指定一个布尔值来指示属性是否可修改。

(6) provider：指定特定于属性的提供程序。默认情况下，使用为个性化配置属性指定的默认提供程序对所有属性进行管理，但个别属性也可以使用不同的提供程序。

(7) customProviderData：指定一个包含自定义信息的可选字符串，该字符串将被传递给个性化配置提供程序。各个提供程序可实现自定义逻辑来使用此数据。

此外，可使用 groupprofile 的 properties 的 group 元素将个性化配置属性组织为属性组。

2. 使用标量值

将标量值(如字符串、数字值或 DateTime 值)存储在个性化配置中仅需要很少的配置，即只需提供名称和类型。根据存储要求,个性化配置系统会将标量值进行指定类型与字符串的转换。

例如,要存储用户的姓名、体重和出生日期,可以定义一个名为 Name、类型为 String 的属性,一个名为 Weight、类型为 Int32 的属性,以及一个名为 Birthday、类型为 DataTime 的属性。在个性化配置中,属性定义的形式如下：

```
<profile defaultProvider = "AspNetSqlProfileProvider">
  <properties>
      <add name = "Name" />
      <add name = "Weight" type = "System.Int32" />
      <add name = "Birthday" type = "System.DateTime" />
  </properties>
</profile>
```

对于 Name 属性,由于该属性为默认的 String 类型,因此不需要显式指定类型。对于任何其他类型,则必须提供完全限定的类型引用。

当获取或设置属性值时,需要在代码中使用正确的类型。下面的代码示例演示如何使用 Birthday 属性。

```
DateTime bday = Profile.Birthday;
```

3. 使用复杂的属性类型

还可以在用户个性化配置中存储集合等复杂类型。对于复杂类型,必须提供有关如何序列化该类型的信息,使个性化配置系统可以获取属性值并将属性值设置为正确的类型。

下面的示例显示了类型化为集合的值的属性定义：

```
<profile defaultProvider = "AspNetSqlProfileProvider">
  <properties>
       <add name = "FavoriteURLs" type = "System.Collection.Specialized.StringCollection"
                  serializeAs = "Xml" />
  </properties>
</profile>
```

若要设置此类型的属性,可以使用如下代码：

```
System.Collections.Specialized.StringCollection favorites;
favorites = Profile.FavoriteURLs;
```

4. 使用用户定义的属性类型

也可以存储和使用个性化配置属性值,这些属性值是用户自己创建的类的实例。创建的类必须支持要存储在用户个性化配置中的成员的序列化。

5. 使用属性组

可在用户个性化配置中将属性组织为属性组,可使用 group 指定个性化配置属性组。例如,将用户地址信息的不同属性组织到一个 Address 组中,然后使用组标识符和属性名称访问已分组的属性。

下面的示例演示了一个个性化配置属性配置,该配置将一些属性组织到一个组中。

```
<profile enabled = "true">
  <properties>
        <add name = "PostalCode" />
        <group name = "Address">
              <add name = "Street" />
              <add name = "City" />
              <add name = "CountryOrRegion" />
        </group>
  </properties>
</profile>
```

11.1.4 个性化配置提供程序

ASP.NET 个性化配置功能与 ASP.NET 成员服务、ASP.NET 角色管理以及其他 ASP.NET 功能使用同一基于提供程序(Provider)的结构。ASP.NET 个性化配置功能是一个分层系统,其中个性化配置的功能(提供类型化属性值并管理用户标识)与基础数据存储区分离。个性化配置功能依赖于个性化配置提供程序(数据提供程序)来执行存储和检索个性化配置属性值所需要的后端任务。

1. 默认个性化配置提供程序

ASP.NET 包含一个使用 Microsoft SQL Server 存储数据的个性化配置提供程序。默认的 ASP.NET 计算机配置包含一个名为 AspNetSqlProfileProvider 的 SqlProfileProvider 默认实例,该实例连接至本地计算机上的 SQL Server。默认情况下,ASP.NET 个性化配置功能使用提供程序的此实例,或者,可以在应用程序的 Web. config 文件中指定其他默认提供程序。

若要使用 SqlProfileProvider,首先必须创建 SqlProfileProvider 使用的 SQL Server 数据库。可以通过执行 systemroot\Microsoft.NET\SDK\version\Aspnet_regsql. exe 命令来创建数据库。

执行该命令时,可指定-Ap 选项。下面的命令演示特定的语法,此语法用于创建使用 SqlProfileProvider 存储 ASP.NET 个性化配置所需要的数据库。

```
aspnet_regsql.exe -Ap
```

由于上面的示例没有为创建的数据库指定名称,因此将使用默认名称。默认的数据库名称为 Aspnetdb。

如果通过使用集成安全性的连接字符串对个性化配置提供程序进行配置,则 ASP .NET 应用程序的进程账户必须具有连接至 SQL Server 数据库的权限。

2. 自定义个性化配置提供程序

ASP.NET 个性化配置功能使我们能够轻松地使用不同的提供程序。可以使用.NET Framework 中包含的 SqlProfileProvider 类,也可以实现自己的提供程序。

可以在下列情况下创建自定义个性化配置提供程序:

(1) 需要在.NET Framework包含的个性化配置提供程序不支持的数据源中存储个性化配置信息，如在FoxPro数据库或在Oracle数据库中。

(2) 需要使用不同于.NET Framework包含的提供程序所使用的数据库架构来管理个性化配置信息。常见示例是希望将个性化配置信息与现有SQL Server数据库中的用户数据进行集成。

若要实现个性化配置提供程序，应创建一个继承System.Web.Profile.ProfileProvider抽象类的类。ProfileProvider抽象类继承自System.Configuration.SettingsProvider抽象类，而后者又继承自System.Configuration.Provider.ProviderBase抽象类。由于此继承链的存在，除ProfileProvider类的必需成员外，还必须实现SettingsProvider和ProviderBase类的必需成员。

11.2 主题和外观

11.2.1 CSS级联样式表

ASP.NET 2.0包含了大量用于定制外观的新特性。其中，服务器端控件提供Style对象模型用于定制字体、边界、背景前景色、宽度和高度等信息。控件支持使用CSS定制其外观。同时还可以将所有这些定制在一些Skin文件里，并将Skin文件放置在theme文件夹中，反复使用。

级联样式表(CSS)是W3C为弥补HTML在显示属性设定上的不足而指定的一套扩展样式标准。CSS标准中重新定义了HTML中原来文字的显示样式，并增加了一些新的概念，如类、层等，可以实现对文字重叠、定位等。CSS还允许将样式定义单独存储在样式文件中，将显示的内容和显示的样式定义分离，这样可以将多个网页链接到该样式表，从而为整个网站提供一个通用的外观。

CSS样式表定义的基本语法如下：

```
Selector{property1:value; property2:value2}
```

其中Selector是指要引用样式的对象，可以是一个或多个HTML标记(各个标记之间以逗号分开)。

一个或多个样式属性<properties>和属性的取值(value)，组成样式规则。

例如：

```
H1 {text - align: center; color: red;}
```

<h1></h1>标记内的所有文本居中显示，并采用红色字体的CSS样式表。

```
P{text - align: center; color: red}
```

段落居中排列，并采用红色字体的CSS样式表。

1. 内联样式表

内联样式表是写在标记内的，只对所在标记有效。

创建名为 neilian.aspx 的窗体，拖放一个 Label 标签，单击“样式…”按钮，出现“样式生成器”对话框。“样式生成器”将样式信息分类组织，并为每种样式设置了各种选项和值，帮助设置样式信息。单击“字体”、“系列”按钮，选择“(…)”菜单，出现“字体选择器”对话框，在“已安装的字体”下单击 Arial 按钮，再单击添加符号(">>")。在“大小”下单击“特定”按钮，在框中输入 24，然后在列表中输入 pt。单击“背景”中位于“颜色”框右边的省略号("…")，在“颜色选取器”对话框中，单击一种颜色。单击“确定”按钮关闭“样式生成器”对话框。标签中的文本现在反映所做的样式设置。

使用样式生成器无须知道语法就可以为任何元素设置任何内联样式：

```
<asp:Label ID = "Label1" runat = "server" Height = "76px" Style = "font - size: 24pt; font -
family: Arial;
            background - color: #ffff99" Text = "Label" Width = "303px"></asp:Label>
```

2. 内部级联样式表

利用<style>标记将样式表嵌在 HTML 文件的头部。<style>标记的属性 type 用于指明样式的类别，默认值为 text/css。内部样式表的作用范围是本 HTML 文件。

```
<head runat = "server">
    <title>无标题页</title>
    <style type = "text/css">
    h1 { text - align:center; color:green; font - family:"隶书"}
    </style>
</head>
<body>
<h1>这段文字居中,绿色,隶书</h1>
</body>
```

3. 外部级联样式表

外部样式表是一个具有.css 文件扩展名的纯文本文件，其中包含样式规则。使用<link>标记可以将样式表链接到网页上。当多个 HTML 文件要共享样式表时，可以采用这种方法，使整个网站应用一致的样式。将样式与内容分开，方便了样式的定位和编辑。

添加一个 style.css 样式表，编辑器打开了一个包含 body 的新样式表。将插入点定位到 body 元素的大括号之后，右击“添加样式规则”按钮，出现“添加样式规则”对话框。这个对话框用于创建绑定到特定 HTML 元素类型、样式类名或特定元素的新样式。单击“元素”按钮，选择 H1，单击“确定”按钮。将插入点定位在 H1 的左右大括号之间，然后右击“生成样式“，选择样式等。同上生成标记 P 的指定样式。将插入点定位到 H1 元素的右大括号之后，右击“添加样式规则”按钮。单击“类名”按钮，然后在框中输入类名，创建一个新样式类。

style.css 样式表如下：

```
body {
}
H1
{
```

```
        font-size: 24pt;
        color: #0066cc;
        font-family: 幼圆;
    }
    P
    {
        font-size: 16pt;
        color: #009900;
        font-family: 仿宋_GB2312;
        background-color: #ffff99;
    }
    .text
    {
        font-size: 14pt;
        color: #ff0033;
        font-family: 宋体;
    }
```

将 style.css 样式表拖到 wailian.aspx 页面上。显示和输入如下代码：

```
<head runat="server">
    <title>无标题页</title>
    <link href="style.css" rel="stylesheet" type="text/css" />
</head>
<body>
    <form id="form1" runat="server">
    <div>
    <h1>这是一个外部级联样式表</h1><br />
    <span class="text">这行文字应该是红色的</span>
    <p>这段的底色应该是黄色的</p>
    </div>
    </form>
</body>
```

CSS 是级联样式表，级联是指继承性，即在元素中嵌套的元素可以继承外部元素的样式。级联的优先级顺序是浏览器默认（优先级最低）、外部级联样式表、内部级联样式表、内联样式表（优先级最高）。

11.2.2 ASP.NET 主题和外观概述

“主题”是指页面和控件外观属性设置的集合，使用这些设置可以定义页面和控件的外观，然后可以在某个 Web 应用程序中的所有页、整个 Web 应用程序或服务器上的所有 Web 应用程序中一致地应用此外观。利用主题功能，开发人员可以方便地为整个网站定义外观。

主题由一个文件组构成，其中可以包括外观文件、级联样式表文件、图片和其他资源等，主题中至少包含一个外观文件。

外观文件是主题的核心，用于定义页面中服务器控件的外观。外观文件的文件扩展名为.skin，其中包括对各种服务器控件的属性设置。在主题中可以包含一个或多个外观文件。

控件外观可分为默认外观和命名外观两种类型。如果控件外观没有包含 SkinID 属性，则是默认外观。默认外观会自动应用于同一类型的所有控件。设置了 SkinID 属性的控件外观则是命名外观，命名外观只能应用于指定的控件，通过设置控件的 SkinID 属性可以将命名外观显式应用于控件。通过命名外观可以为同一类型控件的不同示例设置不同的外观。

主题中还可以包含级联样式表(.css)。将级联样式表放置在主题目录中时，样式表自动作为主题的一部分应用。

主题的应用范围：可以定义单个 Web 应用程序的主题，也可以定义供 Web 服务器上所有应用程序使用的全局主题。即主题可以分为两种类型：页面主题和全局主题。从组成角度看，这两种主题没有任何区别，只是主题的应用范围不同。

页面主题仅应用于单个 Web 应用程序中。每个主题都是应用程序根目录下的\App_Themes 文件夹的一个子文件夹。每个主题文件夹下都可以包含一个或多个外观文件。

全局主题应用于服务器上的所有网站主题。在维护同一个服务器上的多个网站时，可以使用全局主题定义域的整体外观。全局主题存储在 Web 服务器的名为\Themes 的全局文件夹中。服务器上的任何网站以及任何网站中的任何页面都可以引用全局主题。

常见的外观文件组织方式如表 11.2 所示。

表 11.2　外观文件组织方式

组织依据	说　　明
根据 SkinID	每个外观文件都包含具有相同 SkinID 的多个控件定义。这种方式适用于站点页面较多，设置内容复杂的情况
根据控件类型	每个外观控件都包含特点控件的一组外观定义。这种方式适用于站点页面中包含控件较少的情况
根据文件组成	每个外观文件定义一个页面中控件的外观。这种方式适用于站点中包含页面较少的情况

11.2.3　定义、应用主题和外观

举例：右击“添加 ASP.NET 文件夹”，选择主题。如果 App_Themes 文件夹不存在，会自动创建该文件夹。创建一个名为“主题 1”的新文件夹，作为 App_Themes 文件夹的子文件夹，将此文件夹重命名为 Blue。右击 App_Themes 文件夹，添加一个新的主题文件夹 Red。这样在网站中有两个主题。右击 Blue 文件夹，选择“添加新项”，选择外观文件，创建一个名为 BlueBits.skin 的外观文件。在 Red 主题下创建一个外观文件 RedBits.skin。创建一个新的 Web 页面 SkinSourcc.aspx，拖放两个日历控件和 3 个标签控件。

SkinSource.aspx 代码如下：

```
<asp:Calendar ID = "Calendar1" runat = "server" BackColor = "SteelBlue" Font - Size = "Small">
    <DayStyle BackColor = "LightSteelBlue" />
    <WeekendDayStyle ForeColor = "#C00000" />
    <DayHeaderStyle BackColor = "SteelBlue" />
    <TitleStyle BackColor = "LightSteelBlue" />
</asp:Calendar>
```

```
<asp:Calendar ID = "Calendar2" runat = "server" BackColor = "Violet" Font - Size = "Large"
ForeColor = "Black">
    <WeekendDayStyle ForeColor = "Red" />
    <DayHeaderStyle BackColor = "PaleVioletRed" />
    <TitleStyle BackColor = "Firebrick" />
</asp:Calendar>
<asp:Label ID = "Label1" runat = "server" Font - Names = "century gothic" Font - Size = "20pt"
ForeColor = "midnightblue" ></asp:Label>
<asp:Label ID = "Label2" runat = "server" Font - Names = "garamond" Font - Size = "15pt"
ForeColor = "darkred"></asp:Label>
<asp:Label ID = "Label3" runat = "server" Font - Size = "10pt" ForeColor = "green"></asp:
Label>
```

从 SkinSource.aspx 网页中复制一个日历控件和两个标签控件的源代码到 BlueBits.skin 文件中，删除控件的 ID 属性，给一个标签控件添加 SkinId 属性，创建一个命名外观"textlabel"。重复操作，在 RedBits.skin 文件中创建一个日历控件和两个标签控件。

BlueBits.skin 的代码如下：

```
<asp:Calendar runat = "server" BackColor = "SteelBlue" Font - Size = "Small">
    <DayStyle BackColor = "LightSteelBlue" />
    <WeekendDayStyle ForeColor = "#C00000" />
    <DayHeaderStyle BackColor = "SteelBlue" />
    <TitleStyle BackColor = "LightSteelBlue" />
</asp:Calendar>
<asp:Label SkinId = "textlabel" runat = "server" Font - Names = "century gothic" Font - Size =
"20pt" ForeColor = "midnightblue" ></asp:Label>
<asp:Label runat = "server" Font - Size = "10pt" ForeColor = "green"></asp:Label>
```

RedBits.skin 的代码如下：

```
<asp:Calendar runat = "server" BackColor = "Violet" Font - Size = "Large" ForeColor = "Black">
    <WeekendDayStyle ForeColor = "Red" />
    <DayHeaderStyle BackColor = "PaleVioletRed" />
    <TitleStyle BackColor = "Firebrick" />
</asp:Calendar>
<asp:Label SkinId = "textlabel" runat = "server" Font - Names = "garamond" Font - Size = "15pt"
ForeColor = "darkred"></asp:Label>
<asp:Label runat = "server" Font - Size = "10pt" ForeColor = "green"></asp:Label>
```

设置，可以轻松地创建各种控件的外观。这两段代码都用于设置日历控件和标签控件的外观，只是设置的样式不同。当两个控件外观随主题应用于控件时，将显示不同的外观。

应用主题：创建一个 Blue.aspx 文件，应用 BlueBits.skin 文件中的外观。拖放一个日历控件和两个标签控件在窗体上，其中一个标签控件的 text 属性设置为"定义样式的标签控件"，SkinId 属性为 textlabel。另一个标签控件的 text 属性设置为"未定义样式的标签控件"。在源视图中，将主题属性设置为 Blue。

Blue.aspx 代码如下：

```
<%@ Page Language = "C#" AutoEventWireup = "true" CodeFile = "Blue.aspx.cs" Inherits =
"Blue" Theme = "Blue" %><asp:Calendar ID = "Calendar1" runat = "server"></asp:Calendar>
```

```
<asp:Label ID="Label2" runat="server" Text="未定义样式的标签控件" ></asp:Label>
<asp:Label ID="Label1" runat="server" SkinID="textlabel" Text="定义样式的标签控件" >
</asp:Label>
```

应用主题的方法就是在<%@ Page%>标签中设置一个 Theme 属性。因为 BlueBits.skin 在主题 Blue 中,所以 BlueBits.skin 中定义的外观样式将自动应用到 Blue.aspx 文件中。Blue.aspx 文件中的两个标签控件,分别应用了 BlueBits.skin 文件中设置的外观。SkinId 为 textlabel 的标签控件应用了 BlueBits.skin 文件中定义的命名外观,另一个标签控件应用了 BlueBits.skin 文件中定义的默认外观。显然,SkinId 是创建和应用控件外观的一个关键属性。

网页中控件的属性设置和控件外观一起应用于外观,但是,如果网页中控件的属性设置与控件外观设置相冲突,页面最终显示的是控件外观的设置效果。

为单个页面设置主题,通常有下面两种方式:

(1) 在页头<%@ Page%>中设置 Theme 属性值为主题名,主题中定义的控件外观将直接应用于网页。

(2) 通过 StyleSheetTheme 为单个页面指定主题。

两者略有不同。使用 Theme 定义的主题设置页面时,主题中设置的控件外观属性优于页面中设置的控件属性,即当定义的属性发生冲突时,按控件外观中定义的属性来显示。但使用 StyleSheetTheme 时,控件外观的设置可被页面中的设置所替代。

打开 Blue.aspx 窗体,选择一个标签控件,在"属性"栏中修改字体属性,设置为"粗体":

```
<asp:Label ID="Label1" runat="server" SkinID="textlabel" Text="定义样式的标签控件"
Font-Bold="true"></asp:Label>
```

运行网页可以看见黑体的标签控件。现在修改外观文件 BlueBits.skin 中的定义:

```
<asp:Label SkinId="textlabel" runat="server" Font-Names="century gothic" Font-Size =
"20pt" ForeColor="midnightblue" Font-Bold="false" ></asp:Label>
```

再次浏览网页,可以看见标签控件不再是黑体了。

修改 Blue.aspx 窗体的主题设置,将 Theme 属性修改为 StylesheetTheme 属性。可见标签再次是黑体:

```
<%@ Page Language="C#" AutoEventWireup="true" CodeFile="Blue.aspx.cs" Inherits =
"Blue" StylesheetTheme="Blue" %>
```

当 Theme 应用于页面时,主题所设置的控件外观直接应用于网页中。如果开发人员希望替代某些控件的设置,使某些控件有特殊的外观显示时,需要使用主题 StyleSheetTheme。ASP.NET 中并没有规定只能在网页中使用属性 Theme 或 StyleSheetTheme。如果愿意,用户也可以在网页中同时声明这两种属性,但在应用过程中,它们对控件属性的优先级是不同的。

下面列出了应用时的优先级,首先应用的是 StyleSheetTheme 属性的设置,然后,应用的是页面中对控件属性的设置,最后,应用的是页面中对控件属性的设置,如果两者重复,则以页面中的属性设置替代 StyleSheetTheme 中的属性设置,优先级最高的是 Theme 中的属性设置,如果出现冲突的设置,它将取代其他的属性设置。

每个网站都包括很多页面，希望所有的页面有统一的外观设置，即希望所有的页面使用同一个主题，如果在每个页面头部都设置相同的 Theme 属性值，必然是很麻烦的。ASP.NET 2.0 中提供了一个为整个网站的所有页面配置相同主题的方式。在 Web.config 文件的<pages>属性中设置：

```
<pages theme = "Blue"/>
```

可以在 Web.config 文件中同时定义属性 Theme 和 StyleSheetTheme，如果网站中的网页没有指定主题，会自动应用 Web.config 文件中定义的主题。

主题中页可以创建 CSS 文件，主题中的 CSS 文件可用于设置页面或 HTML 控件的外观样式。如设置页面的背景颜色、设置文本的字体等。如果不是在主题中应用 CSS，必须在页面中引用 CSS 文件链接，才能加载所设置的样式的内容，而在主题中可以创建一个或多个 CSS 文件，且不需引用，可以自动随着主题应用到页面中。

右击 Blue 主题文件夹，选择“添加新项”，创建一个新的样式表文件 BlueStyleSheet.css。代码如下：

```
body
{
    background - color:Silver;
}
.bigtext
{
    font - size:xx - large;
}
```

运行 Blue.aspx 文件，页面背景颜色显示为银色。

切换到 BlueBits.aspx 文件中，增加一个 Label 控件的定义，代码如下：

```
<asp:Label runat = "server" SkinId = "biglabel" CssClass = "bigtext"></asp:Label>
```

修改 Blue.aspx 文件在未定义样式下的 Label 控件的代码：

```
<asp:Label ID = "Label2" runat = "server" Text = "未定义样式的标签控件" SkinID = "biglabel">
</asp:Label>
```

通过向主题文件夹添加 CSS 样式表，这个样式表可应用于所有使用该主题的页面。应用时的优先级为 StyleSheetTheme（最低）、CSS Style、Element styles、Theme（最高）。

11.3 习题

1. 填空题\选择题

(1) 主题可以包括________、样式表文件和________。

(2) 一个主题必须包含(　　)。

A. skin 文件　　B. css 文件　　C. 图片文件　　D. config 文件

(3) 主题不包括(　　)。

A. skin 文件　　B. css 文件　　C. 图片文件　　D. config 文件

(4) ASP.NET 2.0 中个性化配置是如何实现的?( )

A. 通过 HttpContext 对象的 Session 属性访问个性化数据

B. 通过 HttpContext 对象的 Profile 属性访问个性化数据

C. 通过 HttpContext 对象的 Cookie 属性访问个性化数据

D. 通过 HttpContext 对象的 Cache 属性访问个性化数据

(5) 假如已开发了一个页面,需要通过编写代码来动态地应用主题,那么应该使用( )事件方法。

A. Page_Load　　B. Page_Render

C. Page_PreRender　　D. Page_PreInit

(6) 如何在 Web.config 文件中配置对整个站点应用主题?( )

A. 在 Web.config 文件中<pages StyleSheetTheme="themeName">元素

B. 在 Web.config 文件中<system.web>节点下添加<pages Theme="themeName">元素

C. 在 Web.config 文件中<pages themeID="themeName">元素

(7) 下面( )是有效的.skin 文件。

A. <asp:Lable1 ID="Label1" BackColor="#FFE0C0" ForeColor="Red" Text="Lable1"> </asp: Label1>

B. <asp:Lable1 ID="Label1" runat="server" BackColor="#FFE0C0" ForeColor="Red" Text="Lable1"> </asp: Label1>

C. <asp:Lable1 runat="server" BackColor="#FFE0C0" ForeColor="Red" > </asp: Label1>

D. <asp:Lable1 BackColor="#FFE0C0" ForeColor="Red" > </asp: Label1>

2. 判断题

(1) 在同一个主题中每个控件类型只允许有一个默认的控件外观。 ( )

(2) 控件外观中必须指定 SkinId 值。 ( )

(3) 同一个主题中不允许一个控件类型有双重 SkinId。 ( )

3. 简答题

(1) 为单文件页设置主题时,通过 Theme 属性和 StyleSheetTheme 属性设置有何不同?

(<%@ Page Theme="ThemeName"%>和<%@ Page StylesheetTheme="ThemeName"%>有何区别?)

(2) 主题包括哪几种方式?

第12章 使用Web部件

12.1 Web部件

ASP.NET Web部件是一组集成控件,用于创建站点从而使最终用户直接从浏览器修改网页的内容、外观和行为。

12.1.1 Web部件概述

在ASP.NET中,使用Web部件可以实现以下这些功能:

(1) 对页内容进行个性化设置。用户可以像操作普通窗口一样在页上添加新Web部件控件,或者删除、隐藏、最小化这些控件。

(2) 对页面布局进行个性化设置。用户可以将Web部件控件拖到页的不同区域,也可以更改控件的外观、属性和行为。

(3) 导出和导入控件。用户可以导入、导出及设置Web部件控件以使其用于其他页或站点,从而保留这些控件的属性、外观甚至是其中的数据,这样可减少对最终用户的数据输入和配置要求。

(4) 创建连接。用户可以在各控件之间建立连接,例如,可以为天气预报控件提供地区数据信息,用户不仅可以对连接本身进行个性化设置,而且可以对天气预报控件如何显示数据的外观和细节进行个性化设置。

(5) 对站点级设置进行管理和个性化设置。授权用户可以配置站点级设置、确定谁可以访问站点或页、设置对控件的基于角色的访问等。例如,管理员角色中的用户可以将Web部件控件设置为由所有用户共享,并禁止非管理员用户对共享控件进行个性化设置。

12.1.2 Web部件体系结构

在ASP.NET中,对Web部件的支持主要由3个功能模块组成:个性化设置、用户界面(UI)结构组件和实际的Web部件UI控件,如图12.1所示。

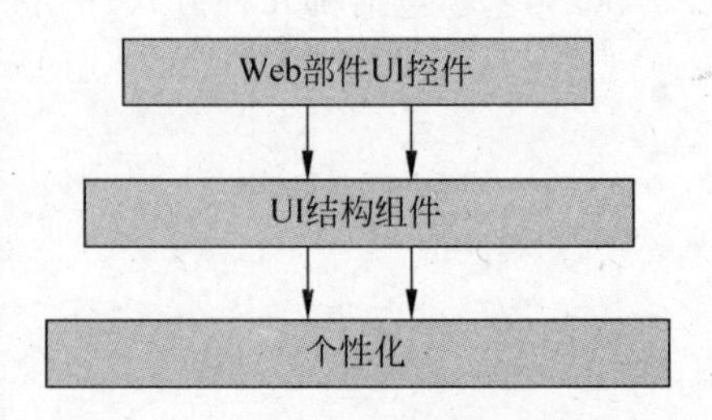

图12.1 Web部件体系结构

个性化设置是Web部件功能的基础,它使用户对页上Web部件控件的布局、外观和行为进行修改或个性化设置。默认情况下,会为Web部件页启用个性化设置。

UI(用户界面)结构组件依赖于个性化设置，并提供所有 Web 部件控件需要的核心结构和服务。其中有一个用户界面结构组件是所有 Web 部件页必需的，这就是 WebPartManager 控件。尽管该控件从不可见，但它执行着协调页面上所有 Web 部件控件的重要任务。例如，它跟踪各个 Web 部件控件；管理 Web 部件区域(页上包含 Web 部件控件的区域)，并管理哪些控件位于哪些区域；还跟踪并控制页可使用的不同显示模式(如浏览器、连接、编辑或目录模式)以及个性化设置更改是应用于所有用户还是个别用户；最后，它启动 Web 部件控件之间的连接和通信并进行跟踪。还有一种用户界面结构组件是区域部件，区域充当 Web 部件页上的布局管理器，包含并组织从 Part 类派生的部件控件，并使用户能在水平或垂直方向进行模块化页面布局。此外，区域还为所包含的每个控件提供常见的和一致的用户界面元素(如页眉和页脚样式、标题、边框样式、操作按钮等)，这些常见元素称为控件镶边。

Web 部件用户界面控件都从 Part 类派生，这些控件构成了 Web 部件页上的主要用户界面。Web 部件控件集为创建部件控件提供了灵活多样的选择。除了创建自定义 Web 部件控件外，还可以将现有 ASP.NET 服务器控件、用户控件或自定义服务器控件用作 Web 部件控件。

12.2　Web 部件页

Web 部件页是指在 ASP.NET 中，放置 Web 部件、Web 部件区域和 Web 部件管理器的页面，在 Web 部件页中可以对 Web 部件进行调整和编辑，所以与一般的网页相比，它有一些特殊的要求。

12.2.1　Web 部件区域

Web 部件区域是一个包含网页上的服务器控件，并且为所包含的控件提供一致的用户界面(UI)、布局和呈现的预定义区域，在浏览器中区域呈现为 HTML 表。Web 部件区域的一个重要作用就是启用其包含控件的全部 Web 部件功能。每个 Web 部件页至少包含一个区域，并且每个区域可以包含控件的全部 Web 部件功能。每个 Web 部件页至少包含一个区域，并且每个区域可以包含零个或多个部件控件。区域对于 Web 部件功能来说是必要的。如果没有区域，即便是那些从 WebPart 类派生的控件也只具有很少的 Web 部件功能。反过来，基于 Web 部件控件集的设计，可以将普通的 ASP.NET 控件、服务器控件或用户控件放在 WebPartZoneBase 区域中，而这些普通的服务器控件一旦置于区域中，就可以在运行时用作 WebPart 部件。

Web 部件控件集中的区域可大致划分为两个类别。

(1) WebPartZoneBase 区域：包含 WebPart 控件以及其他服务器控件和用户控件，并且构成了用户在与 Web 部件页交互的大多数时间里使用的主要用户界面。WebPartZone 控件的专项功能是包含 WebPart 控件，从而形成 Web 部件应用程序的主用户界面。可以在网页上以持久性格式声明一个 WebPartZone 控件，这样，开发人员便可以将这个控件作为模板使用，还可以在<asp:webpartzone>元素内添加其他服务器控件。任何类型的服务器控件在添加到 WebPartZone 区域以后，就可以在运行时作为 WebPart 控件使用。无论添加的是 WebPart 控件、用户控件、自定义控件，还是 ASP.NET 控件，除了 WebPart 控件外，WebPartZone 控件还为其包含的控件提供公共用户界面。此公共用户界面统称为 chrome，由所有控件上的外围 UI 元素组成，这些元素有边框、标题、页眉和页脚、样式特性以及谓词(即用户可以对控件执行的 UI 操作，如关闭或最小化)。

(2) ToolZone 区域：提供了 Web 部件页的特殊视图，允许用户修改(个性化)Web 部件页上的 WebPartZoneBase 区域中所包含控件的内容、布局、外观、行为以及属性。它们仅当页处于某些与该区域关联的显示模式下时才会出现，这些区域还包含特殊的服务器控件，使用户能够在浏览器中修改网页的布局、外观、属性和内容。开发人员可以从 ToolZone 基类或任何派生的 ToolZone 区域继承，以创建自定义区域。

Web 部件控件集包含 3 种类型的 ToolZone 区域，如下所示。

(1) EditorZone 控件：包含 EditorPart 控件，通过这些控件可以修改关联的 WebPart 控件的属性、布局和外观等。用户可以在此区域对页面上的 Web 部件进行编辑和个性化设置。EditorZone 控件在 Web 部件页进入编辑模式时变为可见。

(2) CatalogZone 部件：包含 CatalogPart 控件，用户可以在此区域创建 Web 部件控件目录。每个 CatalogPart 控件是一类容器，包含用户可添加至页面的服务器控件，用户可在该目录中选择要添加到页上的控件。CatalogZone 控件仅当用户将网页切换至目录显示模式时才变为可见。

(3) ConnectionZone 控件：包含 WebPartConnection 控件，允许用户在区域中创建一个用户界面，以实现两个不同 WebPart 控件之间的通信连接。ConnectionZone 控件也是仅当其网页处于连接模式时才可见。

所有区域都拥有从 WebZone 基类继承的基本的公共用户界面元素。这些元素并不是在所有区域上都是可见的，但是每种区域类型都能够拥有与区域相关的公共用户界面元素，如下所示。

标头：区域的顶端部分。它包括标头文本(文本可包括区域的标题)，用于区分标头的样式属性(如边框和背景色)，区域级别的谓词(由按钮、超链接或图像表示)。用户可以单击这些谓词以执行应用于整个区域的用户界面操作(如关闭区域)。一些 WebZone 属性与区域的标头部分相关，例如，HasHeader、HeaderStyle 和 HeaderText。如果区域中存在区域级别的谓词，则可对它们应用 VerbButtonType 和 VerbStyle 属性。注意，这两个谓词属性仅应用于区域级别的谓词，而不应用于区域中包含的每个部件控件中的谓词。标头并不出现在所有类型的区域中。通常，它们出现在 ToolZone 区域中，该区域需要一个带有文本和谓词(如一个关闭谓词)的公共标题部分。

主体：区域的主要内容部分。从 WebZone 派生的每个区域都有一个主体部分。对于 Web 部件控件集中的所有类型的区域，区域的主体包含与区域类型对应的指定类型的 Part 控件(或其他服务器控件)。WebZone 类的各个成员会影响主体部分的内容，如 BackImageUrl、PartChromeStyle、PartChromeType 和 PartStyle 属性。如果主体部分为空，则会在某些情况下显示 EmptyZoneText 消息。

镶边：为区域中的每个部件控件呈现的公共用户界面元素。它与我们讨论的应用于区域本身的样式属性截然不同。镶边只应用于包含的部件控件。镶边包括了区域中部件控件的谓词、边框以及其他样式属性，如背景颜色或标题文本的字体演示。区域使用与其包含的部件控件的类型相对应的单个镶边对象来确定镶边的详细信息。（如包含的 CatalogPart 控件的 CatalogZone 的 CatalogPartChrome 对象）。这个镶边对象处理镶边详细信息，并负责呈现区域中的所有部件控件。这使得开发人员可以创建一些属性，包括 PartChromeStyle、PartChromeType、PartStyle 和 PartTitleStyle 属性。注意，大多数与镶边有关的属性（包括用于引用特殊类型区域的镶边对象的特定属性）在 WebZone 基类中都没有实现。相反，区域的大多数特定于镶边的功能都是在特定的区域类型上实现的，以适应这些区域的部件控件的独特需要。

部件控件：位于区域的主体部分中的控件。从 WebZone 类继承的每个区域在其主体部分都包含一个或多个相应类型的部件控件。这些部件控件形成了 Web 部件应用程序的主用户界面。从 WebZone 派生的大多数区域类型都有一个集合属性，以允许它们引用其包含的所有部件控件，如 WebPartZoneBase 类的 WebParts 属性，以及 EditorZoneBase 类的 EditorParts 属性。

脚注：区域的底端部分。和标头部分一样，它并非存在于所有的区域类型中，而是通常出现在 ToolZone 区域中。脚注部分的典型内容是一些谓词，如“确定”谓词或“应用”谓词，它们出现在 EditorZoneBase 区域的脚注部分中。与脚注部分有关的属性包括 HasFooter、FooterStyle、VerbButtonType 和 VerbStyle 属性。

12.2.2　Web 部件管理器

Web 部件管理器（WebPartManager）是 Web 部件页必须具有的控件，并且只能有一个。在整个页面上 Web 部件管理器作为 Web 部件的控制中心，WebPartManager 控件可执行表 12.1 所示类型的任务。

表 12.1　WebPartManager 控件的任务

任务类别	控件功能
跟踪 Web 部件控件	跟踪在页上提供 Web 部件功能的许多不同类型的控件，包括 WebPart 控件、连接控件、区域控件以及其他控件
添加和删除 Web 部件控件	提供在页上添加、删除和关闭 WebPart 控件的方法
管理连接	在控件之间创建连接，监视这些连接以及这些连接的添加和删除过程
对控件和页进行个性化设置	使用户可以将控件移动至页上的不同位置，并启动用户可以在其中编辑控件的外观、属性和行为的视图。维护每一页上的用户特定的个性化设置
在不同页面视图之间切换	在页的不同专用视图之间切换页，以便用户可以执行某些任务（如更改页面布局或编辑控件）
触发 Web 部件生命周期事件	定义、触发 Web 部件控件的生命周期事件，并允许开发人员处理这些事件（如在添加、移动、连接或删除控件时）
启用控件的导入和导出	导出包含 WebPart 控件属性的状态的 XML 流，并允许用户导入文件以便对其他页或站点中的复杂控件进行个性化设置

WebPartManager 具有强大功能，有很多属性、方法和事件集，通过对这些属性和方法的运用，可以很方便地实现上述功能。

12.2.3 Web部件页显示模式

ASP.NET Web 部件页可以进入几种不同的显示模式。显示模式是一种应用于整个页的特殊状态，在该状态中，某些 UI 元素可见并且已启用，而其他 UI 元素则不可见且被禁用。利用显示模式，最终用户可以执行某些任务来修改或个性化页，如编辑 Web 部件控件、更改页面布局，或者在可用控件目录中添加新控件。

一个页面一次只能处于一种显示模式，可以通过 WebPartManager 控件的 DisplayMode 属性实现显示模式的切换，并且管理某页的所有显示模式操作。Web 部件控件集内有下面 5 种标准显示模式。

(1) BrowseDisplayMode(浏览模式)：用户查看网页的普通模式，显示 Web 部件控件和用户界面元素。

(2) DesignDisplayMode(设计模式)：显示区域用户界面，允许用户拖动 Web 部件控件以更改页面布局。

(3) EditDisplayMode(编译模式)：显示特殊的编辑用户界面元素，允许用户编译页上的控件。

(4) CatalogDisplayMode(目录模式)：显示特殊的目录用户界面元素，允许用户添加和删除页控件。

(5) ConnectionDisplayMode(连接模式)：显示特殊的连接用户界面元素，允许用户连接 Web 部件内容。

12.3 创建和使用 Web 部件

举例创建和使用 Web 部件，来实现个性化的设置。

(1) 创建一个用户控件 WebUserControl.ascx，设计界面如图 12.2 所示。

(2) 在用户控件的代码隐藏页中，编写如下代码：

显示模式：未绑定 重置

图 12.2 用户控件的界面

```
WebPartManager _manager;
void Page_Init(object sender, EventArgs e)
{
    Page.InitComplete + = new EventHandler(Page_InitComplete);
}
void Page_InitComplete(object sender, EventArgs e)
{
    _manager = WebPartManager.GetCurrentWebPartManager(Page);
    string browserModeName = WebPartManager. BrowseDisplayMode.Name;
    foreach (WebPartDisplayMode mode in _manager.SupportedDisplayModes)
    {
        string modeName = mode.Name;
        if (mode.IsEnabled(_manager))
        {
            ListItem item = new ListItem(modeName, modeName);
            DropDownList1.Items.Add(item);
        }
```

```
        }
    }
    void Page_PreRender(object sender, EventArgs e)
    {
        ListItemCollection items = DropDownList1.Items;
        int selectedIndex = items.IndexOf(items.FindByText(_manager.DisplayMode.Name));
        DropDownList1.SelectedIndex = selectedIndex;
    }
    protected void DropDownList1_SelectedIndexChanged(object sender, EventArgs e)
    {
        String sm = DropDownList1.SelectedValue;
        WebPartDisplayMode mode = _manager.SupportedDisplayModes[sm];
        if (mode != null)
            _manager.DisplayMode = mode;
    }
    protected void LinkButton1_Click(object sender, EventArgs e)
    {
        _manager.Personalization.ResetPersonalizationState();
    }
```

(3) 将用户控件拖到窗体上，窗体上放置如图 12.3 所示的界面。在窗体上放置 1 个 WebPartManager 用户控件、2 个 WebPartZone、1 个 EditorZone。在编辑区域中放置 1 个 AppearanceEditorPart、1 个 LayoutEditorPart 控件。

图 12.3　Web 部件的设计界面

(4) 最后浏览时，可以在下拉列表框中显示 Browser、Design 和 Edit 3 种模式。在 Browser 模式下，是浏览 Web 部件控件，可以将 Web 部件控件最小化和关闭。在 Design 模式下，可以随意更改 Web 部件控件的位置，拖到其他的位置。在 Edit 模式下，可以编辑

Web 部件的属性。

12.4 习题

1. 选择题

在(　　)模式下,允许重新启用被用户关闭的 WebPart 控件。

A. BrowseDisplayMode　　B. DesignDisplayMode

C. EditDisplayMode　　D. CatalogDisplayMode

2. 简答题

(1) 简述 Web 部件的 5 种标准显示模式及其功能。

(2) Web 部件控件集中的控件可大致划分为哪两个类别?

第13章 Web应用性能调优和跟踪检测

13.1 如何开发高性能的Web应用

13.1.1 性能参数及优化原则

1. 性能参数

(1) 吞吐量：网络中的数据由一个个数据包组成，对每个数据包的处理都要耗费资源。吞吐量是指在不丢包的情况下单位时间内通过的数据包数量。

(2) 响应时间：从开始运行到返回数据的时间。

(3) 执行时间：最后一行的执行时间－第一行的执行时间。

(4) 可伸缩性：可伸缩性指的是一个应用程序在工作负载和可用处理资源增加时其吞吐量的表现情况。一个可伸缩的程序能够通过使用更多的处理器、内存或者I/O带宽来相应地处理更大的工作负载。

2. 基本优化原则

(1) 减少不必要的资源消耗。

(2) 提高CPU和内存的使用率。

13.1.2 性能优化技术

当不使用会话状态时要禁用它，但并不是所有的应用程序或页都需要禁用。针对具体用户的会话状态，通常只对不需要任何会话状态的应用程序或页禁用会话状态。若要禁用页的会话状态，可以将@Page指令中的EnableSessionState属性设置为false，如<%@ Page EnableSessionState="false"%>。

注意：如果页需要访问会话变量，但不打算创建或修改它们，则将@ Page指令中的EnableSessionState属性设置为ReadOnly。

还可以禁用XML Web services方法的会话状态。若要禁用应用程序的会话状态，则在应用程序Web.config文件的sessionstate配置节点中将mode属性设置为off，如<sessionstate mode="off" />。

1. 选择会话状态提供程序

ASP.NET 为存储应用程序的会话数据提供了 3 种不同的方法：进程内会话状态，作为 Windows 服务的进程外会话状态，SQL Server 数据库中的进程外会话状态。

每种方法都有自己的优点，但进程内会话状态是迄今为止速度最快的解决方案。如果只在会话状态中存储少量易失数据，则建议使用进程内提供程序。进程外解决方案主要用于跨多个处理器或多个计算机缩放的应用程序，或者用于服务器或进程重新启动时不能丢失数据的情况。

2. 避免不必要的服务器往返

虽然用户希望尽量多地使用 Web 窗体页框架的那些节省时间和代码的功能，但在某些情况下却不宜使用 ASP.NET 服务器控件和回发事件处理。通常，只有在检索或存储数据时，才需要启动服务器的往返过程。多数数据操作可在这些往返过程间的客户端上进行。如果用户开发自定义服务器控件，就要考虑让它们为支持 ECMAScript 的浏览器呈现客户端代码。通过这种方式使用服务器控件，可以显著地减少信息被发送到 Web 服务器的次数。

3. 在适当的环境中使用服务器控件

检查应用程序代码以确保对 ASP.NET 服务器控件的使用是必要的。即使非常易于使用，服务器控件也不总是完成任务的最佳选择，因为它们会使用服务器资源。

在许多情况下，一个简单的呈现或数据绑定代入就可以完成任务。使用服务器控件并不是最有利的方法，因为 Page_Load 事件要求调用服务器以进行处理。相反，应该使用呈现语句或数据绑定表达式。

4. 只有在必要时使用视图状态

自动视图状态管理是服务器控件的功能，该功能使服务器控件可以在往返过程上重新填充它们的属性值。但是，因为服务器控件的视图状态在隐藏的窗体字段中往返于服务器，所以该功能会对性能产生影响。默认情况下，为所有服务器控件启用视图状态。

若要禁用视图状态，可将控件的 EnableViewState 属性设置为 false。还可以使用 @ Page 指令禁用整个页的视图状态：＜%@ Page EnableViewState="false" %＞。当用户不从页回发到服务器时，将十分有用。

注意：@ Control 指令也支持 EnableViewState 属性，该指令允许用户控制是否为用户控件启用视图状态。除非有特殊的原因要关闭缓存，否则使其保持打开状态。禁用 Web 窗体页的缓存会导致大量的性能开销。

5. 不要依赖代码的异常处理

因为异常大大地降低了性能，所以不应该将它们用作控制正常程序流程的方式。如果检测到代码中可能导致异常的状态，则执行这种操作。例如：

```
try {
    result = 100 / num;
```

```
}
catch (Exception e) {
      result = 0;
}
```

6. 尽可能地使用自动垃圾回收

尽量不要给每个请求分配过多内存，因为这样垃圾回收器必将频繁地进行工作。另外，不要让不必要的指针指向对象，因为它们将使对象保持活动状态，并且应尽量避免含Finalize方法的对象，因为它们在后面会导致更多的工作。特别是在Finalize调用中永远不要释放资源，因为资源在被垃圾回收器回收之前可能一直消耗着内存。最后这个问题经常会对Web服务器环境的性能造成毁灭性的打击，因为在等待Finalize运行时，很容易耗尽某个特定的资源。

7. 使用服务器端重定向

使用HttpServerUtility.Transfer方法在同一应用程序的页面间重定向。也可以采用Server.Transfer语法，在页面中使用该方法可避免不必要的客户端重定向。

8. 使用存储过程

在.NET Framework提供的所有数据访问方法中，基于SQL Server的数据访问是生成高性能、可缩放Web应用程序的推荐选择。使用托管SQL Server提供程序时，可通过使用编译的存储过程而不是特殊查询获得额外的性能提高。

9. 使用DataReader

SqlDataReader类提供了一种读取从SQL Server数据库检索的只进数据流的方法。如果创建A$SP.NET应用程序时出现允许用户使用它的情况，则SqlDataReader类提供比DataSet类更高的性能。那是因为SqlDataReader使用SQL Server的本机网络数据传输格式从数据库中直接读取数据。另外，SqlDataReader类实现IEnumerable接口，该接口也允许用户将数据绑定到服务器控件。

10. 选择合适的控件

根据用户选择在Web窗体页显示数据的方式，在便利和性能间常常存在着重要的权衡。例如，DataGrid Web服务器控件可能是一种显示数据的方便快捷的方法，但就性能而言，它的开销常常是最大的。在某些简单的情况下，通过生成适当的HTML来呈现数据可能很有效，但是自定义和浏览器定向会很快抵消所获得的额外功效。Repeater Web服务器控件是便利和性能的折中，它高效、可自定义且可编程。

11. 尽可能使用缓存

ASP.NET提供了一些简单的机制，它们会在不需要为每个页请求动态计算页输出或数据时缓存这些页输出或数据。另外，通过设计要进行缓存的页和数据请求，可以优化这些页的性能。与.NET Framework的任何Web窗体功能相比，适当地使用缓存可以更好地提高站点的性能，并且有时这种提高是超数量级的。

12. 使用 ASP.NET 缓存机制的注意事项

首先，不要缓存太多项。缓存每个项均有开销，特别是在内存使用方面。不要缓存容易重新计算和很少使用的项。

其次，给缓存的项分配的有效期不要太短。很快到期的项会导致缓存不必要的周转，并且会导致更多的代码清除和垃圾回收工作。高周转率说明可能存在问题，特别是当缓存项到期前被移除时，这也称作内存压力。

13. 一定要禁用调试模式

在部署产生应用程序或进行任何性能测量之前，始终要禁用调试模式。如果启用了调试模式，应用程序的性能会受到非常大的影响。

13.2 跟踪检测

13.2.1 跟踪概述

通过跟踪技术，可以查看有关对 ASP.NET 页请求的诊断信息，并且允许在代码中直接编写调试语句，而不必在将应用程序部署到成品服务器时从应用程序中删除这些语句，仅仅通过设置编译开关就可以完成。例如，可以在页面中设置变量或结构，断言是否满足某个条件，或者只是跟踪通过页面或应用程序的执行路径，并将一些关键变量值输出（通过 Trace 输出，也称自定义输出），从而帮助诊断系统是否正确执行。

ASP.NET 跟踪机制写入显示在 ASP.NET 网页和 ASP.NET 跟踪查看器（Trace. axd）上的消息。可以直接查看追加到页面末尾的跟踪信息，也可以用单独的跟踪查看器查看（trace. axd），或者同时用这两种方法查看。若要通过跟踪查看器查看，一般在浏览器中定位到 Web 应用的根目录，在后面加上 trace. axd，即可打开跟踪查看器。

跟踪输出的内容如表 13.1 所示。

表 13.1 跟踪信息类别表

输出信息类别	说　明
请求详细信息	显示关于当前请求和响应的常规信息
跟踪信息	显示页级事件流。如果创建了自定义跟踪消息，这些消息也将显示在"跟踪信息"部分。这部分通常是分析代码执行逻辑的重点，可以从中查看页面生命周期中各事件的执行情况（如执行时间以及在事件中输出的自定义输出消息等），从而判断出代码执行效率等情况
控件树	显示关于在页中创建的 ASP.NET 服务器控件的信息
会话状态	显示关于存储在会话状态中的值（如果有的话）的信息
应用程序状态	显示关于存储在应用程序状态中的值（如果有的话）的信息
Cookie 集合	显示关于针对每个请求和响应在浏览器和服务器之间传递的 Cookie 的信息。该部分既显示持久性 Cookie，也显示会话 Cookie

续表

输出信息类别	说　明
标头集合	显示关于请求和响应消息的标头名称/值对(提供关于消息体或所请求的资源的信息)的信息。标头信息用来控制请求消息的处理方式和响应消息的创建方式
窗体集合	显示名称/值对,该名称值/对显示在 POST(回发)期间的请求中提交的窗体元素值(控件值)
Querystring 集合	显示在 URL 中传递的值。在 URL 中,查询字符串信息通过问号 (?) 与路径信息分隔开;多个查询字符串元素用 & 符分隔开;查询字符串名称/值对通过等号 (=) 分隔开
服务器变量	显示服务器相关的环境变量的集合和请求标头信息。HttpRequest 对象的 ServerVariables 属性返回服务器变量的 NameValueCollection

13.2.2　页面级跟踪

可以控制是否启用单个页面的跟踪。如果启用了跟踪,在请求该页时,ASP.NET 会为该页附加一系列的表,表中包含关于该页请求的执行详细信息。默认情况下,ASP.NET 网页是禁用跟踪的。

在页面文件.aspx 的@Page 指令中设置 Trace 属性为 true,即可启用页面级跟踪。代码如下:

```
<%@Page Trace="true"%>
```

还可以设置 TraceMode 属性,以指定跟踪消息出现的顺序。该属性包括 SortByTime 和 SortByCategory,前者将按跟踪消息的处理顺序对跟踪消息进行排序,后者则按用户在页或服务器控件代码的 System.Web.TraceContext.Warn 和 System.Web.TraceContext.Write 方法调用中指定的类别对消息进行排序。默认值为 SortByTime。

在实际开发中,经常需要对某些关键变量进行跟踪,或者执行到一段代码后需要给出提示消息等。这些消息的输出,可通过 Page 类的 Trace 属性来完成。Trace 属性返回当前 Web 请求的 TraceContext 对象,该对象捕获并提供有关 Web 请求的执行详细信息,通过调用它的方法(Write 和 Warn)可将消息追加到特定的跟踪类别。Write 和 Warn 都是将跟踪信息输出,只是后者输出的文本显示为红色。

下面启用页面 Default.aspx 的页面级跟踪,并在页面的默认事件(Page_Load)中自定义输出消息。代码如下:

```
protected void Page_Load(object sender, EventArgs e)
{
    Trace.Write("ASPNET_TRACE", "Page_Load...");
}
```

上面的代码中,通过将消息"Page_Load..."输出到 ASPNET_TRACE 类别。浏览页面查看跟踪信息,界面如图 13.1 所示。其中,椭圆圈中的消息即通过编写代码输出的自定义消息。

13.2.3　应用程序级跟踪

另外,通过对应用程序的 Web.config 文件进行配置,而不必对各个页进行更改以启用

Trace Information			
Category	Message	From First(s)	From Last(s)
aspx.page	Begin PreInit		
aspx.page	End PreInit	0.0162042941211802	0.016204
aspx.page	Begin Init	0.0175309990515554	0.001327
aspx.page	End Init	0.0453987867173063	0.027868
aspx.page	Begin InitComplete	0.0454879041889402	0.000089
aspx.page	End InitComplete	0.0461469264948478	0.000659
aspx.page	Begin PreLoad	0.0474077012581208	0.001261
aspx.page	End PreLoad	0.0525158923829705	0.005108
aspx.page	Begin Load	0.0526027749336857	0.000087
ASPNET_TRACE	Page_Load ...	0.0572857723537489	0.004683
aspx.page	End Load	0.0786477052251054	0.021362
aspx.page	Begin LoadComplete	0.0787365433316246	0.000089
aspx.page	End LoadComplete	0.0900036177782372	0.011267
aspx.page	Begin PreRender	0.0900921765196415	0.000089
aspx.page	End PreRender	1.62145747574063	1.531365
aspx.page	Begin PreRenderComplete	1.62270875209	0.001251
aspx.page	End PreRenderComplete	1.6234524220257	0.000744
aspx.page	Begin SaveState	1.71751800857372	0.094066
aspx.page	End SaveState	1.85337745439714	0.135859
aspx.page	Begin SaveStateComplete	1.85346545440831	0.000088
aspx.page	End SaveStateComplete	1.85413006401652	0.000665
aspx.page	Begin Render	1.85422029894861	0.000090
aspx.page	End Render	2.0025620574682	0.148342

图 13.1　页面级跟踪

或禁用跟踪，就可以在所有页(除显式设置跟踪的页)中控制是否显示跟踪消息。

页面级的跟踪设置将覆盖应用程序级的设置。也就是说，即使应用程序级启用了跟踪，如果在页面中通过显式设置禁用了跟踪，则该页面上不会显示跟踪信息，或者说在应用程序级禁用了启用跟踪，而页面上启用跟踪后也可以查看该页的跟踪信息。

在 Web.config 文件中，通过对＜trace＞节点进行设置，即可启用或禁用应用程序级跟踪。＜trace＞节点的相关配置属性如下。

enabled：若要对应用程序启用跟踪，则为 true；否则为 false。默认为 false。

pageOutput：若要在页中和跟踪查看器(Trace.axd)中显示跟踪，则为 true；否则为 false。默认为 false。

RequestLimit：要在服务器上存储的跟踪请求数。默认值为 10。

traceMode：跟踪信息的显示顺序。

localOnly：若要使跟踪查看器(Trace.axd)只在主机 Web 服务器上可用，则为 true；否则为 false。默认为 true。

mostRecent：若要在跟踪输出中显示最新的跟踪信息，则为 true；否则为 false，表示一旦超出 requestLimit 值，则不存储新的请求。默认为 false。

假设要为应用配置跟踪，要求最多可收集 40 个请求的跟踪信息，并允许使用服务器以外的计算机上的浏览器显示跟踪查看器。其代码如下：

```
<configuration>
  <system.web>
    <trace enabled = "true" requestLimit = "40" localOnly = "false" />
  </system.web>
</configuration>
```

通过该配置，在浏览应用中的任何页面时，都将看到跟踪消息，但若页面的@Page 指令中禁用了跟踪，将不会看到任何跟踪信息。

13.3　缓存技术

13.3.1　缓存概述

ASP.NET 提供了两种可以用来创建高性能 Web 应用程序的缓存类型。

第一种叫做输出缓存，它允许将动态页或用户控件响应存储在输出流(从发起服务器到请求浏览器)中任何具备 HTTP 1.1 缓存功能的设备上。当后面的请求发生时，不执行页或用户控件代码，用缓存的输出满足该请求。

第二种叫做数据缓存，可以使用它以编程方式将任意对象(如数据集)存储到服务器内存上，这样应用程序可以节省重新创建这些对象所需要的时间和资源。

缓存是一项在计算中广泛用来提高性能的技术，它将访问频率高的数据或构造成本高的数据保留在内存中。在 Web 应用程序的上下文中，缓存用于在 HTTP 请求间保留页或数据，并在无须重新创建的情况下重新使用它们。

13.3.2　应用程序缓存

在网络数据库的应用上，数据缓存有很大的意义，在研究网页上使用数据时，每当离开这个网页然后又访问时，总需要重新调用数据库，这就极大地影响了网页的调用速度，解决的办法就是使用数据缓存。

ASP.NET 提供了一个强大的、便于使用的缓存机制，允许将需要大量服务器资源创建的对象存储在内存中。它是由 Cache 类实现的，实例是每个应用程序专用的，其生存期依赖于该应用程序的生存期。重新启动应用程序后，将重新创建 Cache 对象。

设计 Cache 类是为了便于使用。通过使用与值成对的键，可以将项放置在 Cache 中并在以后检索它们。

下面的这个例子是从 XML 文件中读取数据，同时将其放入缓冲区，第 2 次读取时，若缓冲区中有数据，就直接从缓冲区中读取。这里就使用了文件和键值依赖。数据缓存示例页面，如图 13.2 所示。

```
protected void Page_Load(object sender, EventArgs e)
    {
        DataView dv = (DataView) Cache["customer"];
        if (dv == null)
        {  //从 XML 文件中读取数据
            DataSet ds = new DataSet();
            string path = Server.MapPath("~/App_Data/Custom.xml");
            ds.ReadXml(path);

            //将取出来的数据放入缓冲区
            dv = ds.Tables[0].DefaultView;
            Cache.Insert("customer", dv, new System.Web.Caching.CacheDependency(path));
            lblCustom.Text = "Read From XML file!";
```

```
        }
        else
        {
            lblCustom.Text = "Read From Cache!";
        }
        gvCustom.DataSource = dv;
        gvCustom.DataBind();
}
```

XML数据缓存

id	name
C001	Microsoft
C002	IBM
C003	DELl
C004	HP
C005	SUN

Read From XML file!

图 13.2 数据缓存示例页面

13.3.3 页输出缓存

页面输出缓存通过保存动态页面的输出内容，大大提高了服务器应用的能力。默认情况下，输出缓存选项是被打开的，但并不是任意给定的输出响应都将被缓存，除非显式地指定页面应被缓存。

为使输出能够被缓存，输出响应至少应有一个有效的日期、有效策略以及公用 Cache 的访问权限。当一个 GET 请求被送往页面时，将创建一个输出缓冲入口。接下来，将该页面的 GET 请求和 HEAD 请求直接从该缓冲入口中取出返回给用户，而对该页面的 POST 请求通常是显式地产生动态内容，并非同 GET 和 HEAD 请求一样从缓冲入口中取出。

举例：在窗体的 HTML 视图中，输入＜%@OutputCache Duration＝"10" VaryByParam＝"none"%＞。输出缓存主要是在脚本中写入 OutputCache 代码，Duration＝"10" 指每隔 10s 重新取一次数据，否则就直接从缓存中读取。VaryByParam＝"none" 分号分隔的字符串列表，用于使输出缓存发生变化。默认情况下，这些字符串与随 Get 方法发送的查询字符串值对应，或与使用 Post 方法发送的参数对应。当属性设置为多个参数时，对于每个指定的参数组合，输出缓存都包含一个不同版本的请求文档。可能的值包括 none、星号（*）以及任何有效的查询字符串或 Post 参数名称。

在窗体中放置一个 Label 标签，在代码隐藏页中输入如下内容：

```
protected void Page_Load(object sender, EventArgs e)
    {
        Label1.Text = DateTime.Now.ToString();
}
```

这样在 10s 之内，Label1 中的内容不会改变。

13.4 在 Web 应用中的异步处理

13.4.1 异步处理概述

异步操作通常用于执行完成时间可能较长的任务，例如打开大文件、连接远程计算机或数据库查询等。异步操作在主应用程序线程以外的线程中执行。当应用程序调用异步方法执行某个操作时，应用程序可在异步方法执行其任务时继续执行，从而增加了整个应用的吞吐量，提高了应用的响应速度。

13.4.2 页面的异步处理

Web 服务器在收到客户端 HTTP 请求后，将请求转交给 ASP.NET 引擎；引擎将以流水线方式调用合适的 Web 应用程序和最终的页面进行处理；页面会根据请求内容，执行某些后台操作，如访问数据库、调用远程 WebService 等；最终将结果以某种可视化形式展示到最终用户的浏览器中。

为了提高响应速度和吞吐量，可以使用页输出缓存技术，避免每次处理请求时重建环境。请求到来时，Web 服务器会从一个系统线程池中获取临时线程，调用从 Web 应用程序和页面缓冲池中获取的处理实例，完成对请求的处理，并最终返回处理的结果。

Web 服务器在从线程池获取临时线程后，在线程中调用页面相关代码处理请求。而这里的请求处理过程往往涉及较为缓慢的操作，如访问数据库、调用远程 WebService 等，此时此线程就只能无谓地等待操作结束。作为 Web 服务器处理客户端请求的线程池，可容纳的最大线程数量肯定是有限的。因此，一旦超过此数量的请求正在并行执行，或者说正在等待后台缓慢的操作，此时新来的请求就会因为处理请求线程池中无可用线程，出现虽然 CPU 负荷非常低，但仍提示类似“503 服务器不可用”的错误，从而造成拒绝服务攻击。如果将上限设置调大，虽然能够在一定程度上提高对请求的响应速度，但是仍然会由于大量等待操作，降低其他本可以快速处理的页面的响应速度。

要处理这种情况，一般不能简单地调整处理线程最大数，更好的方法就是将请求处理和页面处理分离。那么，当页面接收到处理请求后，通过调用异步方法来完成实际页面的处理，处理结果从单独线程池获取线程进行监控，而发送页面请求的请求处理线程将被立即直接释放回线程池，以便继续处理其他的页面请求，从而提高站点的吞吐量，有效改善站点的平均页面响应速度。这就是 ASP.NET 异步页面的基本思路。

对于同步执行和异步执行页面的实际处理流程的分析，可以简单地用如图 13.3 所示的页面流程来说明。

(1) 在页面@Page 指令中设置属性 Async 为 true。

(2) 在 Page_Load 事件方法中调用 Page 类的 AddOnPreRenderCompleteAsync 方法，为异步页面注册异步处理的开始和结束事件处理程序委托。

(3) 在服务器端申明异步请求的发起方法(BeginGetAsyncData)和结束后调用的方法(EndGetAsyncData)，并在 Page_Load 方法中通过调用 Page 类的 AddOnPreRenderCompleteAsync

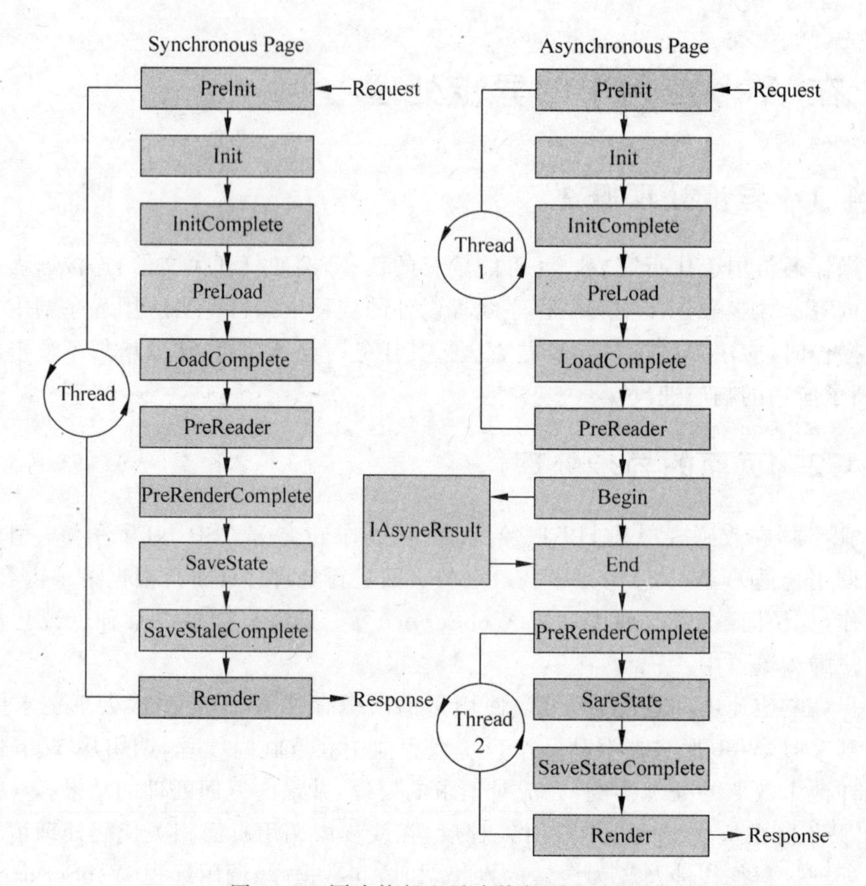

图 13.3　同步执行和异步执行页面流程

方法注册这两个方法。

13.4.3　创建一个异步处理页面

在页面中，使用异步请求在 TextBox 控件中显示某个站点默认页的 HTML 内容。首先，添加 3 个 Label 控件，分别用来显示在执行 Page_Load 方法时的当前线程 ID 以及发出请求时和返回请求时的线程 ID。代码如下：

（1）窗体的源视图中。

```
<%@ Page Language = "C#" AutoEventWireup = "true" CodeFile = "Default3.aspx.cs" Inherits =
"Default3" Async = "true" %>
```

（2）代码隐藏页中。

```
using System.Threading;
System.Net.WebRequest myRequest;
IAsyncResult BeginGetAsyncData(object src, EventArgs args, AsyncCallback cb, Object state)
{
    Label2.Text = "Begin:thread#" + Thread.CurrentThread.GetHashCode();
    return myRequest.BeginGetResponse(cb, state);
}
```

```
void EndGetAsyncData(IAsyncResult ar)
{
    Label3.Text = "End:thread#" +  Thread.CurrentThread.GetHashCode();
    System.Net.WebResponse myResponse = myRequest.EndGetResponse(ar);
    TextBox1.Text = new System.IO. StreamReader(myResponse. GetResponseStream()).ReadToEnd
();
    myResponse.Close();
}
protected void Page_Load(object sender, EventArgs e)
{
    Label1.Text = "Page:thread#" + Thread.CurrentThread.GetHashCode();
    BeginEventHandler bh = new BeginEventHandler(this.BeginGetAsyncData);
    EndEventHandler eh = new EndEventHandler(this. EndGetAsyncData);
    AddOnPreRenderCompleteAsync(bh, eh);
    string address = "http://localhost:2309/最后内容/Default2.aspx";
    myRequest = System.Net.WebRequest.Create(address);
}
```

显示的结果，如图 13.4 所示。

```
Page:thread#4

Begin:thread#4

End:thread#7

<!DOCTYPE html PUBLIC "-//W3C//DTD XHTML 1.0
Transitional//EN" "http://www.w3.org/TR/xhtml1/DTD/xhtml1-transitional.dtd">

<html xmlns="http://www.w3.org/1999/xhtml" >
<head><title>
        无标题页
</title></head>
<body>
    <form name="form1" method="post" action="Default2.aspx" id="form1">
<input type="hidden" name="__VIEWSTATE" id="__VIEWSTATE"
value="/wEPDwULLTIwMDA3NTA3MjcPZBYCAgMPZBYEAgEPPCsADQIADxYGHgtfIURhdGFCb3VuZGceC
VBhZ2VDb3VudAIBHgtfIU10ZW1Db3VudAICZAwUKwACFggeBE5hbWUFAmlkHgpJc1J1YWRPbmx5aB4EV
HlwZRkrAh4JRGF0YUZpZWxkBQJpZBYIHwMFBG5hbWUfBGgfBRkrAh8GBQRuYW1lFgJmD2QWBgIBD2QWB
GYPDxYCHgRUZXh0BQMwMDFkZAIBDw8WAh8HBQRzc3NzZGQCAg9kFgRmDw8WAh8HBQMwMDJkZAIBDw8WA
h8HBQRkZGRkZGQCAw8PFgIeB1Zpc2libGVoZGQCAw8PFgIfBwUDeG1sZGQYAQUJR3JpZFZpZXcxD2dkL
TvwzdoMR5Min1cxPBiQRyN9Iu4=" />

    <div>
        <div>
        <table cellspacing="0" rules="all" border="1" id="GridView1">
                <tr>
                        <th scope="col">id</th><th scope="col">name</th>
                </tr><tr>
                        <td>001</td><td>ssss</td>
```

图 13.4 异步处理页面结果

13.5 习题

1. 选择题

(1) 创建一个自定义 Web 事件类，它应该派生自(　　)类。

A. WebEvent　　B. BeginRequest

C. CustomWebEvents　　D. WebBaseEvent

(2) 假设开发一个页面，并将页面缓存了60min，在页面上显示当前时间。要求当每个用户请求该页面时，显示的是准确的当前时间，而不是缓存时间。应该选择(　　)控件。

A. Localize　　B. Substitution

C. Literal　　D. Panel

(3) 需要开发一个客户端异步页面，则该页面需要实现(　　)接口。

A. ICallbackEventHandler　　B. IAsyncCallBack

C. IAsyncResult　　D. ICallback

2. 简答题

(1) 页面级跟踪和应用程序级跟踪之间的区别是什么？如要执行跟踪二者分别应该如何设置？

(2) 简述异步页面和一般页面执行过程有何不同，并分析各自的优点。

第14章 部署Web应用

14.1 复制网站

复制站点就是通过使用站点复制工具将 Web 站点的源文件复制到目标站点来完成站点的部署。站点复制工具集成在 VS 2005 的 IDE 中。

14.1.1 网站复制工具简介

使用站点复制工具可以在当前站点与另一个站点之间复制文件。站点复制工具与 FTP 实用工具相似,但存在以下两个不同点:

(1) 使用站点复制工具可在 Visual Studio 中创建的任何类型的站点,包括本地站点、IIS 站点、远程(FrontPage)站点和 FTP 站点之间建立连接或复制文件。

(2) 该工具支持同步功能,同步功能检查两个站点上的文件并确保所有文件都是最新的。

使用站点复制工具可将文件从本地计算机移植到测试服务器或成品服务器上。站点复制工具在无法从远程站点打开文件以进行编辑的情况下特别有用。可以使用站点复制工具将文件复制到本地计算机上,在编辑这些文件后将它们重新复制到远程站点。还可以在完成开发后使用该工具将文件从测试服务器复制到成品服务器。但是,在使用该工具时,应该充分考虑其优缺点。

使用站点复制工具的优点主要有:

(1) 只需将文件从站点复制到目标计算机即可完成部署。

(2) 可以使用 Visual Web Developer 所支持的任何连接协议部署到目标计算机。可以使用 UNC(Universal Naming Convention)复制到网络上另一台计算机的共享文件夹中,使用 FTP 复制到服务器中,或使用 HTTP 协议复制到支持 FrontPage 服务器扩展的服务器中。

(3) 如果需要,可以直接在服务器上更改网页或修改网页中的错误。

(4) 如果使用的是其文件存储在中央服务器中的项目,则可以使用同步功能确保文件的本地和远程版本同步。

使用站点复制工具的缺点主要有:

(1) 站点是按原样复制的。因此,如果文件包含编译错误,则直到有人(也许是用户)运行引发该错误的网页时才会发现该错误。

（2）由于没有经过编译，所以当用户请求网页时将执行动态编译，并缓存编译后的资源。因此，对站点的第一次访问会比较慢。

（3）由于发布的是源代码，因此其代码是公开的，可能导致代码泄露。

14.1.2 使用网站复制工具

1. 连接到目标网站

假设已经开发完成了一个 Web 站点，现在需要使用站点复制工具来部署该站点。首先，从 VS 2005 的 IDE 中选择"站点"菜单项，然后单击"复制站点"按钮即可打开站点复制工具，如图 14.1 所示。

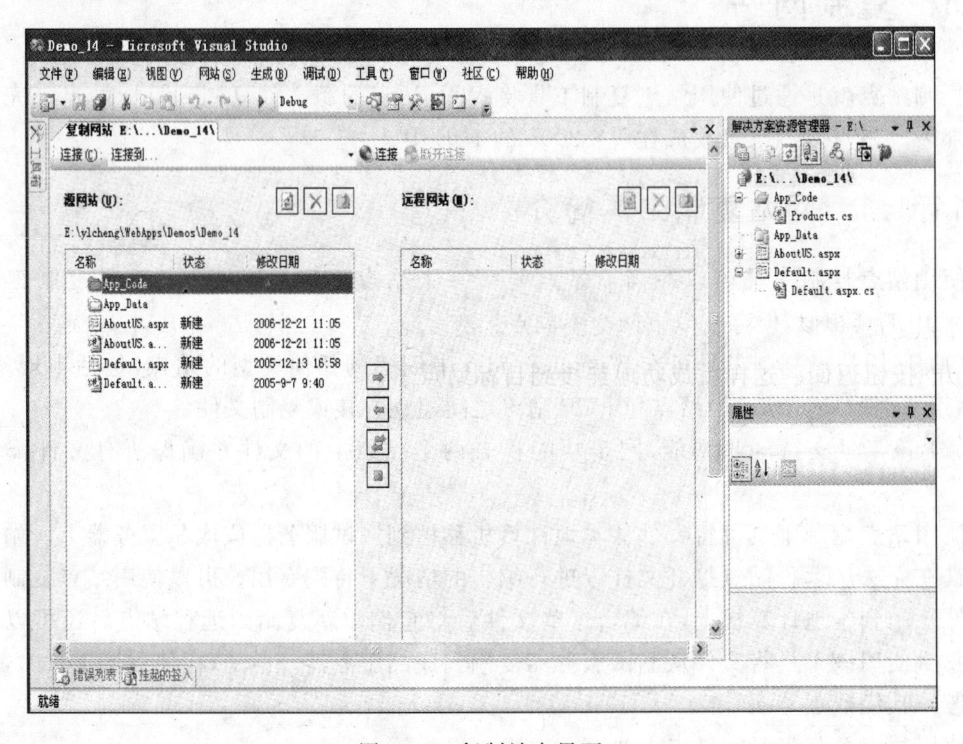

图 14.1 复制站点界面

从图 14.1 中可以看出，该界面非常类似于常见的 FTP 文件上传工具，第一行区域设定连接的目标站点，其下分为左右两部分，左边为源站点，右边为远程站点（也称目标站点）。在源站点和远程站点的文件列表框中，显示了站点的目录结构，并能看到每个文件的状态和修改日期。

要复制站点文件，必须先连接到目标站点。该复制工具为复制操作指定目标，该目标可以是以下任何类型：

（1）文件系统站点。

（2）本地 IIS Web 站点。

（3）FTP 站点。

（4）远程 Web 站点。

单击“连接”按钮，弹出“打开站点”对话框，如图 14.2 所示，在该对话框中可以指定上述 4 种类型的任一种作为目标站点。

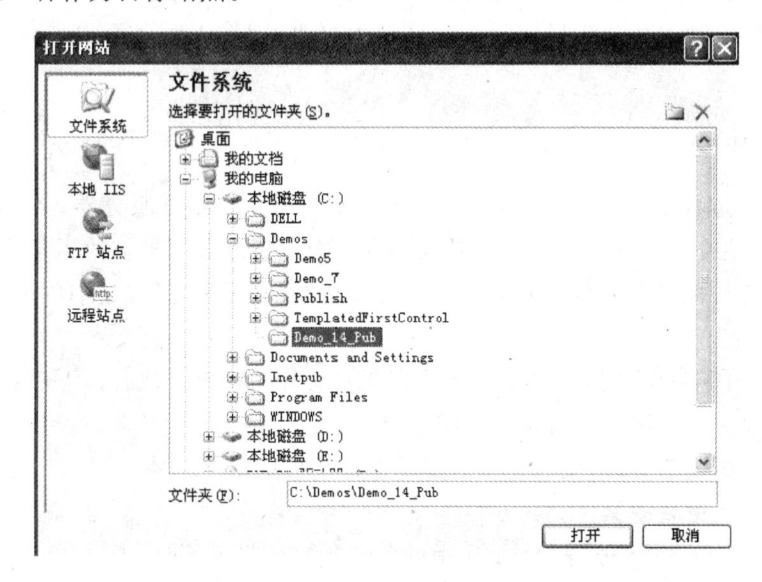

图 14.2 打开网站界面

这里选择“文件系统”，并指定目标站点存储在“C:\Demos\Demo_14_Pub”目录下，单击“打开”按钮返回。这样就成功地连接到目标站点了。

一旦连接成功后，该连接再打开该站点时就是活动的。如果不需要连接到远程站点，则可以删除连接。例如，先选中要断开的连接，再单击“断开连接”即可。

2. 复制源文件

可以使用站点复制工具复制构成站点的所有源文件，具体包括：

(1) ASPX 文件。

(2) 代码隐藏文件。

(3) 其他 Web 文件，如静态 HTML 文件、图像等。

复制工具允许逐个复制文件或一次复制所有文件。一般第一次发布时使用一次复制所有文件，而以后每次在本地修改个别文件后则使用逐个复制的方法。例如，在源站点的文件列表选中所有文件后单击复制按钮或直接右击并选择“将站点复制到远程站点”，将一次复制所有文件；当选中某个文件后单击复制按钮或右击并选择“复制选定的文件”，即可复制该文件。操作界面，如图 14.3 所示。

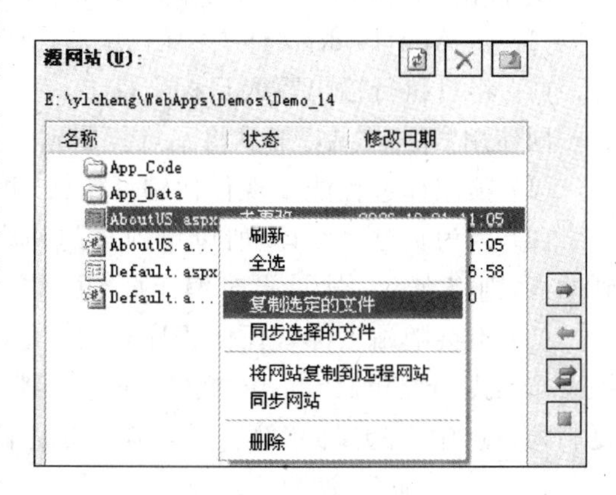

图 14.3 复制源文件

在进行文件复制时，有几点需要注意：

(1) 文件的较旧版本不会覆盖较新版本。因此，即使在复制了整个站点以后，两个站点也可能不同。

(2) 如果所复制的文件包括一个已删除的文件而目标站点中仍有该文件的副本，则将提示是否也要删除目标站点中的该文件。

(3) 如果所复制的文件在目标站点中已发生更改，则将提示是否要改写目标站点中的该文件。

3. 同步文件

在实际开发过程中，有时需要将开发的站点部署到一个测试服务器。但在测试的过程中，有可能在本地开发中修改了某个文件或者直接在测试服务器上修改了某些文件，这时源站点和远程站点中的某些文件就不同步了。可以选择“同步站点”或选中单个文件后再单击同步按钮进行同步。

一般在使用同步站点时，复制工具将检查所有文件的状态并执行以下任务：

(1) 将新建文件复制到没有该文件的站点中。

(2) 复制已更改的文件，使两个站点都具有该文件的最新版本。

(3) 不复制未更改的文件。

在同步过程中，将检测如表 14.1 所示的条件并给出提示信息。

表 14.1　同步过程检测条件

条　　件	结　　果
已删除一个站点上的文件	提示是否要删除另一个站点上的相应文件
文件在两个站点上的时间戳不同(在不同时间对两个站点上的该文件进行了添加或编辑)	提示要保留哪一个版本

14.2 发布网站

14.2.1 发布网站概述

发布站点将编译站点并将输出复制到指定的位置，如成品服务器。主要完成以下任务：

(1) 将 App_Code 文件夹中的页、源代码等预编译到可执行输出中。

(2) 将可执行输出写入目标文件夹。

同使用“站点复制”工具将站点复制到目标 Web 服务器相比，发布站点具有以下优点：

(1) 预编译过程能发现任何编译错误，并在配置文件中标识错误。

(2) 因为页已经编译，所以单独页的初始响应速度更快。如果不先编译页就将其复制到站点，则将在第一次请求时编译页，并缓存其编译输出。

(3) 不会随站点部署任何程序代码，从而为文件提供了一项安全措施。可以带标记保护发布站点，这将编译.aspx 文件；或者不带标记保护发布站点，这将把.aspx 文件按原样复制到站点中，并允许在部署后对其布局进行更改。

14.2.2 预编译网站

1. 预编译概述

发布的第一步是预编译站点。预编译实际执行的编译过程与通常在浏览器中请求页时发生的动态编译的编译过程相同。预编译站点将带来以下好处：

(1) 可以加快用户的响应时间，因为页和代码文件在第一次被请求时无须编译。这对于经常更新的大型站点尤其有用。

(2) 可以在用户看到站点之前识别编译时 bug。

(3) 可以创建站点的已编译版本，并将该版本部署到成品服务器，而无须使用源代码。

ASP.NET 提供了预编译站点的两个选项：预编译现有站点(也称就地预编译)和针对部署的预编译。

- 预编译现有站点。

可以通过预编译现有站点来稍稍提高站点的性能。对于经常更改和补充 ASP.NET 网页及代码文件的站点更是如此。在这种内容不固定的站点中，动态编译新增页和更改页所需要的额外时间会影响用户对站点质量的感受。

在执行就地预编译时，将编译所有 ASP.NET 文件类型(HTML 文件、图形和其他非 ASP.NET 静态文件将保持原状)。预编译过程的逻辑与 ASP.NET 进行动态编译时所用的逻辑相同，说明了文件之间的依赖关系。在预编译过程中，编译器将为所有可执行输出创建程序集，并将程序集放在%SystemRoot%\Microsoft .NET\version\Temporary ASP .NET Files 文件夹下的特殊文件夹中。然后，ASP.NET 将通过此文件夹中的程序集来完成页请求。

如果再次编译站点，那么将只编译新文件或更改过的文件(或那些与新文件或更改过的文件具有依赖关系的文件)。由于编译器的这一优化，即使在细微的更新之后也可以编译站点。

- 针对部署的预编译。

预编译站点的另一个用处是生成可部署到成品服务器的站点的可执行版本。针对部署进行预编译将以布局形式创建输出，其中包含程序集、配置信息、有关站点文件夹的信息以及静态文件(如 HTML 文件和图形)。

编译站点之后，可以使用 Windows XCopy 命令、FTP、Windows 安装等工具将布局部署到成品服务器。布局在部署完之后将作为站点运行，且 ASP.NET 将通过布局中的程序集来完成页请求。

可以按照以下两种方式来针对部署进行预编译：仅针对部署进行预编译，或者针对部署和更新进行预编译。

1) 仅针对部署进行预编译

当仅针对部署进行预编译时，编译器实质上将基于正常情况下运行时编译的所有 ASP .NET 源文件来生成程序集。其中包括页中的程序代码、.cs 和 .vb 类文件以及其他代码文件和资源文件。编译器将从输出中删除所有源代码和标记。在生成的布局中，为每个 .aspx 文件生成编译后的文件(扩展名为 .compiled)，该文件包含指向该页相应程序集的指针。

要更改站点(包括页的布局)，必须更改原始文件，重新编译站点并重新部署布局。唯一的例外是站点配置,可以更改成品服务器上的 Web.config 文件,而无须重新编译站点。

此选项不仅为页提供了最大程度的保护,还提供了最佳启动性能。

2）针对部署和更新进行预编译

当针对部署和更新进行预编译时,编译器将基于所有源代码(单文件页中的页代码除外)及正常情况下用来生成程序集的其他文件(如资源文件)来生成程序集。编译器将.aspx文件转换成使用编译后的代码隐藏模型的单个文件,并将它们复制到布局中。

使用此选项,可以在编译站点中的 ASP.NET 网页后,对它们进行有限的更改。例如,可以更改控件的排列、页的颜色、字体和其他外观元素,还可以添加不需要事件处理程序或其他代码的控件。

当站点第一次运行时,为了从标记创建输出,ASP.NET 将执行进一步的编译。

2. 执行预编译

可以通过以下两种方式执行预编译：使用 Aspnet_compiler.exe 工具预编译站点,使用 Visual Studio 2005 的 IDE 自带的预编译站点工具。

1）使用 Aspnet_compiler.exe 工具

Aspnet_compiler.exe 工具是一个命令执行工具,使用它可以就地编译 ASP.NET Web 应用程序,也可以针对部署编译 ASP.NET Web 应用程序。该工具位于%windir%\Microsoft.NET\Framework\version 目录,它的命令参数如下：

```
aspnet_compiler [ - ?]
        [ - m metabasePath | - v virtualPath [ - p physicalPath]]
        [[ - u] [ - f] [ - d] targetDir]
        [ - c]
        [ - errorstack]
        [ - fixednames]
        [ - nologo]
        [ - keyfile file | - keycontainer container [ - aptca] [ - delaysign]]
```

各选项参数,如表 14.2 所示。

表 14.2 参数选择

选　项	说　明
-?	显示该工具的命令语法和选项
-m metabasePath	指定要编译的应用程序的完整 IIS 元数据库路径。IIS 元数据库是用于配置 IIS 的分层信息存储区。例如,默认 IIS 站点的元数据库路径是 LM/W3SVC/1/ROOT。此选项不能与-v 选项或-p 选项一起使用
-v virtualPath	指定要编译的应用程序的虚拟路径。如果还指定了-p,则使用伴随的 physicalPath 参数的值来定位要编译的应用程序,否则,将使用 IIS 元数据库,并且此工具假定源文件位于默认站点(在 LM/W3SVC/1/ROOT 元数据库节点中指定)中。此选项不能与-m 选项一起使用
-p physicalPath	指定包含要编译的应用程序的根目录的完整网络路径或完整本地磁盘路径。如果未指定-p,则使用 IIS 元数据库来查找目录。此选项必须与-v 选项一起使用,不能与-m 选项一起使用

续表

选　　项	说　　明
-u	指定 Aspnet_compiler. exe 应创建一个预编译的应用程序,该应用程序允许对内容(如. aspx 页)进行后续更新。如果省略该选项,生成的应用程序将仅包含编译的文件,而无法在部署服务器上进行更新。只能通过更改源标记文件并重新编译来更新应用程序。必须包括参数 targetDir
-f	指定该工具应该改写 targetDir 目录及其子目录中的现有文件
-d	重写应用程序源配置文件中定义的设置,强制在编译的应用程序中包括调试信息,否则,将不会发出调试输出。如果省略此选项,就地编译将在调试选项时使用配置设置
targetDir	将包含编译的应用程序的根目录的网络路径或本地磁盘路径。如果未包括 targetDir 参数,则就地编译应用程序
-c	指定应完全重新生成要编译的应用程序。已经编译的组件将重新进行编译。如果省略此选项,该工具将仅生成应用程序中自上次执行编译以来被修改的部分
-errorstack	指定该工具应在未能编译应用程序时包括堆栈跟踪信息
-keyfile file	指定应该将 AssemblyKeyFileAttribute(指示包含用于生成强名称的公钥/私钥对的文件名)应用于编译好的程序集。如果代码文件中已经将该属性应用于程序集,Aspnet_compiler. exe 将引发一个异常
-keycontainer container	指定应该将 AssemblyKeyNameAttribute(指示用于生成强名称的公钥/私钥对的容器名)应用于编译好的程序集。如果代码文件中已经将该属性应用于程序集,Aspnet_compiler. exe 将引发一个异常
-aptca	指定应该将 AllowPartiallyTrsutedCallersAttribute(允许部分受信任的调用方访问程序集)应用于 Aspnet_compiler. exe 生成的具有强名称的程序集。此选项必须与-keyfile 或-keycontainer 选项一起使用。如果代码文件中已经将该属性应用于程序集,Aspnet_compiler. exe 将引发一个异常
-delaysign	指定应该将 AssemblyDelaySignAttribute(指示应该只使用公钥标记对程序集进行签名,而不使用公钥/私钥对)应用于生成的程序集。此选项必须与-keyfile 或-keycontainer 选项一起使用。如果代码文件中已经将该属性应用于程序集,Aspnet_compiler. exe 将引发一个异常
-fixednames	指定应该为应用程序中的每一页生成一个程序集。每个程序集的名称使用原始页的虚拟路径,除非此名称超过操作系统的文件名限制。如果超过限制,将生成一个哈希值,并将其用于程序集名称。不能将-fixednames 选项用于就地编译
-nologo	取消显示版权信息

下面的命令就地编译 WebApplication1 应用程序,如下所示:

```
Aspnet_compiler -v/WebApplication1
```

在上面的命令中,WebApplication1 是 IIS 中的虚拟路径。当然也可以编译文件系统站点,命令如下所示:

```
Aspnet_compiler -p physicalOrRelativePath -v /
```

在上面的命令中，physicalOrRelativePath 参数是指站点文件所在的完全限定目录路径，或者相对于当前目录的路径，其中允许使用句点(.)运算符。-v 开关指定一个根目录，编译器将使用该目录来解析应用程序根目录引用，例如，用颚化符(～)运算符。当为-v 开关指定值“/”时，编译器将以物理路径为根目录来解析路径。

下面的命令就地编译 WebApplication1 应用程序。编译好的应用程序还包括调试信息，如果必须报告错误，此工具还会添加堆栈跟踪信息。如下所示：

```
Aspnet_compiler -v /WebApplication1 -d -errorstack
```

下面的命令使用物理路径就地编译 WebApplication1 应用程序。它还向输出程序集添加两个属性。它使用-keyfile 选项添加一个 AssemblyKeyFileAttribute 属性，该属性指定 Key.sn 文件包含公钥/私钥对信息，该工具为生成的程序集指定强名称时应使用这些信息。该命令还使用-aptca 选项将一个 AllowPartiallyTrustedCallersAttribute 属性添加到生成的程序集。命令如下所示：

```
Aspnet_compiler -v/WebApplication1 -p C:\Documents and Settings\Default\My Documents\
MyWebApplications\WebApplication1 -keyfile C:\Documents and Settings\Default\MyDocuments\
Key.sn -aptca
```

2) 使用 Visual Studio 2005 的 IDE 自带的预编译站点工具

也可使用 Visual Studio 2005 的 IDE 自带的预编译站点工具，具体操作可查阅相关资料。

3. 预编译期间对文件的处理

1) 编译的文件

预编译过程对 ASP.NET Web 应用程序中各种类型的文件执行操作。文件的处理方式各不相同，这取决于应用程序预编译是只用于部署还是用于部署和更新。

表 14.3 描述了不同的文件类型，以及应用程序预编译只是用于部署时对这些文件类型所执行的操作。

表 14.3 部署时所执行的操作

文件类型	预编译操作	输出位置
.aspx、.ascx、.master	生成程序集和一个指向该程序集的.compiled 文件。原始文件保留在原位置，作为完成请求的占位符	程序集和.compiled 文件写入 Bin 文件夹中。页被输出至与源文件相同结构的位置，并删除.aspx 文件的内容，而.ascx、.master 文件不会被复制
.asmx、.ashx	生成程序集。原始文件保留在原位置，作为完成请求的占位符	Bin 文件夹
App_Code 文件夹中的文件	生成一个或多个程序集（取决于 Web.config 设置），App_Code 文件夹中的静态内容不复制到目标文件夹中	Bin 文件夹
未包含在 App_Code 文件夹中的.cs 或.vb 文件	与依赖于这些文件的页或资源一起编译	Bin 文件夹
Bin 文件夹中的现有.dll 文件	按原样复制文件	Bin 文件夹

续表

文件类型	预编译操作	输出位置
资源(.resx)文件	对于 App_LocalResources 或 App_GlobalResources 文件夹中找到的.resx 文件,生成一个或多个程序集以及一个区域性结构	Bin 文件夹
App_Themes 文件夹及子文件夹中的文件	在目标位置生成程序集并生成指向这些程序集的.compiled 文件	Bin
静态文件(.htm、.html、图形文件等)	按原样复制文件	与源结构相同
浏览器定义文件	按原样复制文件	App_Browsers
依赖项目	将依赖项目的输出生成到程序集中	Bin 文件夹
Web.config 文件	按原样复制文件	与源结构相同
Global.asac 文件	编译到程序集中	Bin 文件夹

表 14.4 描述了不同的文件类型,以及应用程序预编译针对部署和更新时对这些文件类型所执行的操作。

表 14.4　部署和更新时所执行的操作

文件类型	预编译操作	输出位置
.aspx、.ascx、.master	对于具有代码隐藏类文件的所有文件,生成一个程序集,并将这些文件的单文件版本原封不动地复制到目标位置	程序集文件写入 Bin 文件夹中。.aspx、.ascx、.master 文件被输出至与源结构相同的位置
.asmx、.ashx	按原样复制文件,但不编译	与源结构相同
App_Code 文件夹中的文件	生成一个程序集和一个.compiled 文件	Bin 文件夹
未包含在 App_Code 文件夹中的.cs 或.vb 文件	与依赖于这些文件的页或资源一起编译	Bin 文件夹
Bin 文件夹中的现有.dll 文件	按原样复制文件	Bin 文件夹
资源(.resx)文件	对于 App_GlobalResources 文件夹中的.resx 文件,生成一个或多个程序集以及一个区域性结构。对于 App_LocalResources 文件夹中的.resx 文件,将它们按原样复制到输出位置的 App_LocalResources 文件夹中	程序集放置在 Bin 文件夹中
App_Themes 文件夹及子文件夹中的文件	按原样复制文件	与源结构相同
静态文件(.htm、.html、图形文件等)	按原样复制文件	与源结构相同
浏览器定义文件	按原样复制文件	App_Browsers
依赖项目	将依赖项目的输出生成到程序集中	Bin 文件夹
Web.config 文件	按原样复制文件	与源结构相同
Global.asac 文件	编译到程序集中	Bin 文件夹

2）.compiled 文件

对于 ASP.NET Web 应用程序中的可执行文件、程序集和程序集名称以及文件扩展名为.compiled 的文件都是在编译时生成的,.compiled 文件不包含可执行代码，它只包含 ASP.NET 查找相应的程序集所需要的信息。

在部署预编译的应用程序之后，ASP.NET 使用 Bin 文件夹中的程序集来处理请求。预编译输出包含.aspx 或.asmx 文件作为页占位符。占位符文件不包含任何代码，使用它们只是为了提供一种针对特定页请求调用 ASP.NET 的方式，以便设置文件权限来限制对页的访问。

3）更新部署的站点

在部署预编译的站点之后，可以对站点中的文件或页面布局进行一定的更改。表 14.5 描述了不同类型的更改所造成的影响。

表 14.5 更新部署的站点

文件类型	允许的更改（仅部署）	允许的更改（部署和更新）
静态文件（.htm、.html、图形文件等）	可以更改、删除或添加静态文件。如果 ASP.NET 网页引用的页或页元素已被更改或删除，可能会发生错误	可以更改、删除或添加静态文件。如果 ASP.NET 网页引用的页或页元素已被更改或删除，可能会发生错误
.aspx	不允许更改现有的页。不允许添加新的.aspx 文件	可以更改.aspx 文件的布局和添加不需要代码的元素，例如，HTML 元素和不带事件处理程序的 ASP.NET 服务器控件。还可以添加新的.aspx 文件，该文件通常在首次请求时进行编译
.skin 文件	忽略更改和新增的.skin 文件	允许更改和新增的.skin 文件
Web.config 文件	允许更改，这些更改将影响.aspx 文件的编译。忽略调试或批处理编译选项。不允许更改配置文件属性或提供程序元素	如果所做的更改不会影响站点或页的编译（包括编译器设置、信任级别和全球化），则允许进行更改，并忽略影响编译或使已编译页中的行为发生变化的更改，否则在一些实例中可能会生成错误。允许其他更改
浏览器定义	允许更改和新增文件	允许更改和新增文件
从资源（.resx）文件编译的程序集	可以为全局和局部资源添加新的资源程序集文件	可以为全局和局部资源添加新的资源程序集文件

14.2.3 发布网站

1. 使用网站发布工具

可以使用集成在 VS 2005 的 IDE 中的站点发布工具来完成站点的发布。该发布工具可以指定以下发布目标：

（1）文件系统站点。

（2）本地 IIS 站点。

（3）FTP 站点。

(4) 远程 Web 站点。

假设已经完成了站点的开发,现在需要发布站点。通过选择 VS 2005 的 IDE 中"生成"菜单的"发布站点"选择项或在"解决方案资源管理器"里右击 Web 项目并选定"发布站点"项可打开"发布站点"对话框,如图 14.4 所示。

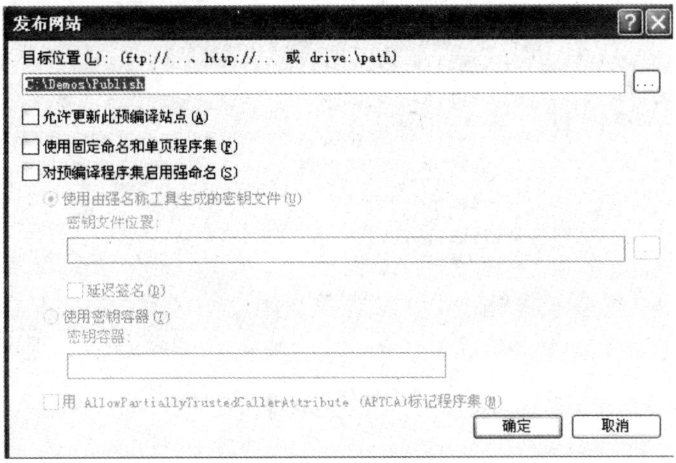

图 14.4 发布站点界面

如图 14.4 所示,在"发布站点"对话框中有几个选项控制着预编译的执行,它们的含义如下。

(1) 允许更新此预编译站点:指定.aspx 页面的内容不编译到程序集中,而是标记保留原样,从而能够在预编译站点后更改 HTML 和客户端功能。选择该项将执行部署和更新的预编译,反之,则执行仅部署的预编译。

(2) 使用固定命名和单页程序集:指定在预编译过程中关闭批处理,以便生成带有固定名称的程序集,将继续编译主题文件和外观文件到单个程序集,不允许对此选项进行就地编译。

(3) 对预编译程序集启用强命名:指定使用密钥文件或密钥容器使生成程序集具有强名称,以对程序集进行编码并保证不被恶意窜改。在选择此复选框后,可以执行以下操作:

① 指定要使用的密钥文件的位置以对程序集进行签名。如果使用密钥文件,可以选择"延迟签名",它以两个阶段对程序集进行签名。首先使用公钥文件进行签名,然后使用在稍后调用 aspnet_compiler.exe 命令过程指定的私钥文件进行签名。

② 从系统的 CSP(加密服务提供程序)中指定密钥容器的位置,用来为程序集命名。

③ 选择是否使用 AllowPartiallyTrustedCallers 属性标记程序集,此属性允许由部分受信任的代码调用强命名的程序集。没有此声明,只有完全受信任的调用方可以使用这样的程序集。

可以为发布站点选择不同的目标,单击"目标位置"文本框右边的按钮,即可进入发布目标选择对话框,如图 14.5 所示。

可以指定其中一种发布目标,如文件系统,并将预编译生成布局输出到"C:\Demos\Publish"目录。单击"打开"按钮返回"发布站点"对话框,单击"确定"按钮即可启动发布。

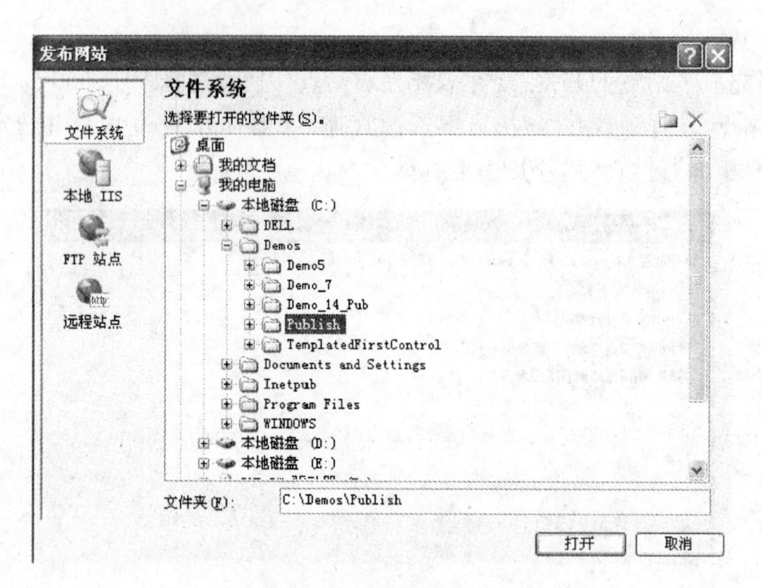

图 14.5 选择目标位置界面

2. 配置已发布站点

发布站点的过程将对站点中的可执行文件进行编译，然后输出写入指定的文件夹中。因为测试环境与发布应用程序的位置之间存在配置差异，所以发布的应用程序可能与测试环境中的应用程序行为不同。如果出现这种情况，在发布站点后需要更改配置设置。一般需要完成以下配置任务：

(1) 检查原始站点的配置，注意已发布的站点需要更改的设置。开发站点与成品站点的常见设置包括：

① 连接字符串。

② 成员资格设置和其他安全设置。

③ 调试设置。建议为成品服务器上的所有页关闭调试。

④ 跟踪。建议关闭跟踪功能。

⑤ 自定义错误。

⑥ 因为配置设置是继承的，所以可能需要查看 Machine.config 文件的本地版本或位于%SystemRoot%\Microsoft.NET\Framework\version\CONFIG 目录下的根 Web.comfig 文件以及应用程序中的任何 Web.config 文件。

(2) 发布站点之后，使用不同用户账户测试已发布站点的所有网页。如果已发布的站点与原始站点行为不同，可能需要对已发布的站点进行配置更改。

(3) 若要查看已发布站点的配置设置，打开远程站点并直接编辑远程站点的 Web.config 文件。或者，可以使用编辑 ASP.NET 配置文件中描述的其他配置方法。

(4) 比较已发布的站点与原始站点的配置设置。在已发布站点所在的 Web 服务器上，除了应用程序的 Web.config 文件以外，可能需要查看 Machine.config 文件或位于远程计算机的%SystemRoot%\Microsoft.NET\Framework\version\CONFIG 目录下的根 Web.comfig 文件。

(5) 在已发布站点的配置文件中，编辑 deployment 元素，将它的 retail 属性设置为 true。这将重写页或应用程序级别的 Web.config 文件的跟踪和调试模式的本地设置，从而提高站点的安全性以适应生产环境。

(6) 对敏感配置设置(如安全设置和连接字符串)进行加密。

14.3　Web 项目安装包

14.3.1　安装项目概述

安装项目用于创建安装程序，以便分发应用程序。最终的 Windows Installer(.msi)文件包含应用程序、任何依赖文件以及有关应用程序的信息(如注册表项和安装说明等)。当 .msi 文件在另一台计算机上分发和运行时，可以确定安装所需要的一切都已具备。如果安装因某种原因而失败(如目标计算机没有所需要的操作系统版本)，则将被回滚，计算机返回到安装前的状态。

在 Visual Studio 中，有两种类型的安装项目，即安装项目和 Web 安装项目。安装项目与 Web 安装项目之间的区别在于安装程序的部署位置：安装项目将文件安装到目标计算机的文件系统中，而 Web 安装项目将文件安装到 Web 服务器的虚拟目录中。此外，还提供了“安装向导”以简化创建安装项目或 Web 安装项目的过程。

与简单的复制文件相比，使用部署在 Web 服务器上的安装文件提供的好处是，部署可以自动处理任何与注册和配置相关的问题，如添加注册表项和自动安装数据库等。

14.3.2　创建 Web 安装项目

若要将 Web 应用程序部署到 Web 服务器，则创建 Web 安装项目，生成它并将它复制到 Web 服务器计算机，然后使用 Web 安装项目中定义的设置，在服务器上运行安装程序来安装应用程序。

1. 创建安装项目

在 VS 2005 的 IDE 中，从“文件”菜单打开“添加新项目”对话框，在“项目类型”中选择“其他项目类型”下的“安装和部署”，然后在“模板”列表中选择“Web 安装项目”，如图 14.6 所示。

输入安装项目的名称和选择好存储路径后，单击“确定”按钮即可创建 Web 安装项目。

创建好安装项目后，首先设置该安装项目的属性。先选中安装项目，然后在其属性窗口中修改属性，如将 ProductName 属性设为“第一个 Web 安装项目”。

另外，值得注意的一点就是是否为安装程序创建系统必备组件，以供应用程序运行。例如，Web 应用程序必须运行在安装.NET Framework 2.0 的计算机环境中，因此，可以为安装项目添加.NET Framework 2.0 组件。那么，在未安装.NET Framework 2.0 的计算机上运行该安装包时，即可自动为其安装.NET Framework 2.0。

打开 Web 安装项目的属性设置对话框，单击“系统必备”按钮，打开“系统必备”对话框，如图 14.7 所示。

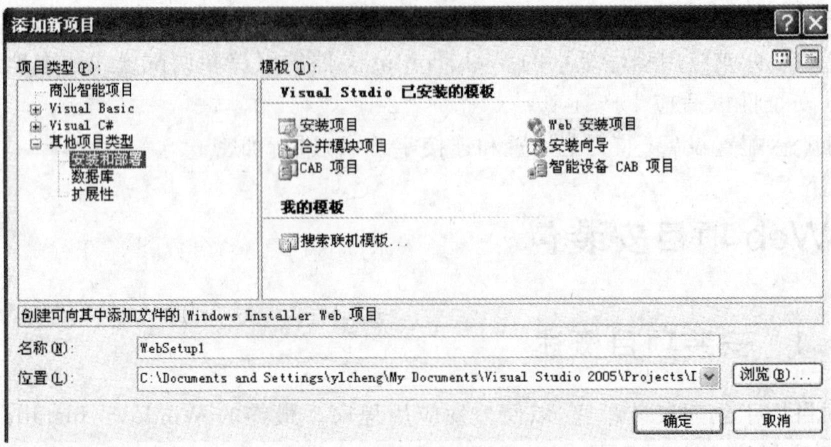

图 14.6　创建安装项目

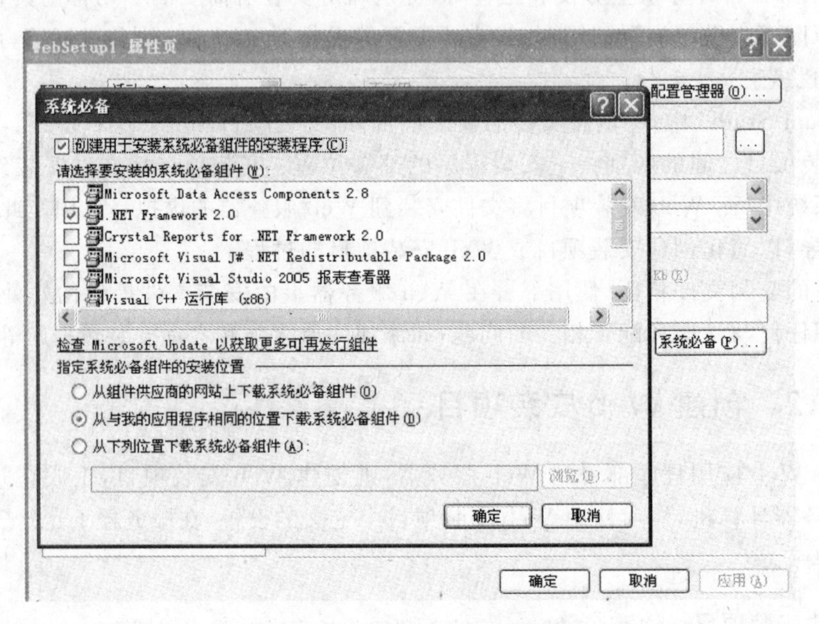

图 14.7　“系统必备”界面

在“系统必备”对话框中，可以指定是否为该安装程序创建系统必备组件。首先，选中“创建用于安装系统必备组件的安装程序”复选框，在“请选择要安装的系统必备组件”列表中选取组件，然后指定系统必备组件的安装位置：“从组件供应商的网站上下载系统必备组件”、“从与我的应用程序相同的位置下载系统必备组件”或从自己指定的位置下载系统必备组件。这里，选择必备组件.NET Framework 2.0，并设置其下载路径为第二项，单击“确定”按钮完成必备组件设置。

2. 添加输出文件

接下来需要为安装程序添加输出文件，即指定安装程序的内容以及这些内容将要被安装到目标计算机的什么位置。

首先，打开安装项目的“文件视图”编辑器（默认情况下该视图已打开），Web 安装项目默认创建了 Bin 目录。可以在视图中添加 Web 应用的部署文件，如程序集、.Compiled 文件以及页面文件和静态文件、资源文件等，即包括所有预编译输出文件及其布局结构，或者直接包括站点的源代码及其布局结构。在为某个站点添加了所有输出文件后，其界面如图 14.8 所示。

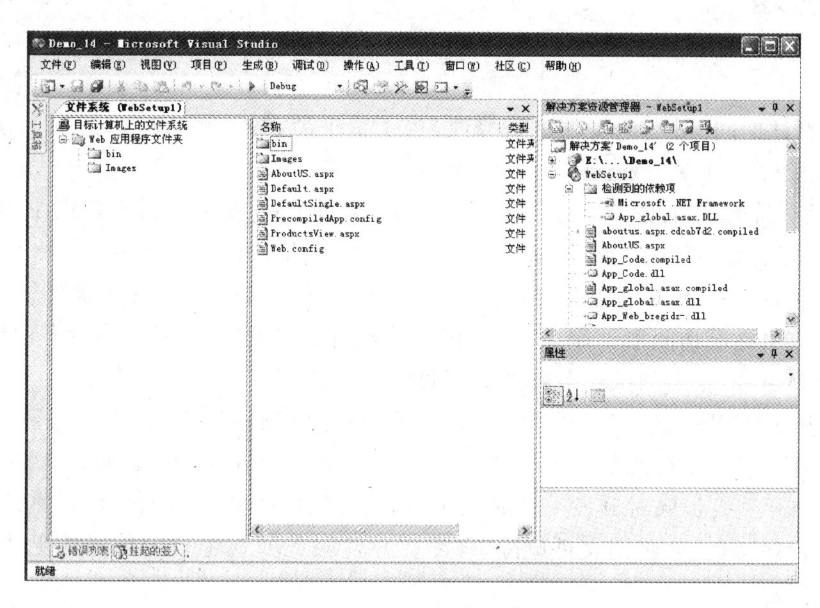

图 14.8 添加输出文件界面

3. 测试安装

现在需要编译安装项目，然后测试它是否能够正常运行。选中项目，单击“生成”按钮，启动编译。编译完成后，可以在项目输出文件夹下直接运行.msi 或 setup.exe 文件启动安装，或直接在“解决方案资源管理器”中右击安装项目，单击“安装”按钮来启动。安装向导界面，如图 14.9 所示。

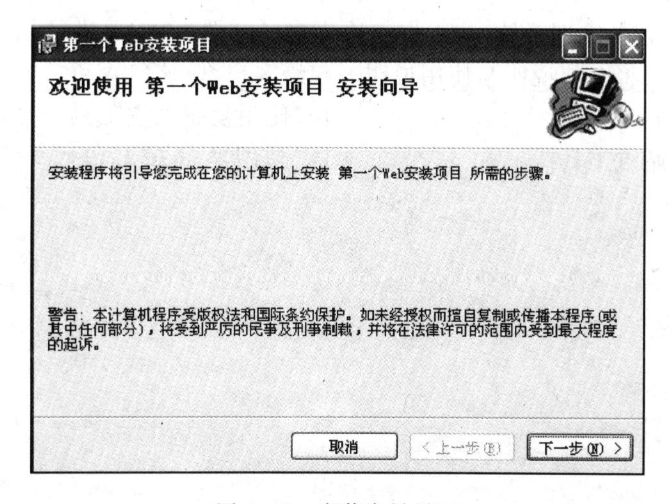

图 14.9 安装向导界面

在向导的指引下按默认设置逐步单击“下一步”按钮即可完成 Web 应用程序的安装。安装完成后，将在 IIS 下创建一个虚拟目录 WebSetup1，并在 C:\Inetpub\wwwroot 目录下创建文件夹 WebSetup1，所有输出文件都将以相同的布局放置在该文件夹中。

14.4 习题

选择题

(1) 在测试期间，对本地文件进行修改，为了保证测试的是最新代码，应该使用哪个工具来解决问题？(　　)

A. 使用发布站点工具　　B. 使用 Web 安装项目安装程序

C. 使用复制站点工具　　D. 使用 Aspent_compiler. exe

(2) 创建了一个 Web 站点。必须连同源代码文件一起从开发服务器复制到测试服务器上。不能使用终端访问测试服务器。为此，需要创建虚拟目录，然后在没有预编译站点的情况下复制 Web 站点到测试服务器的虚拟目录中。应该(　　)。

A. 使用发布 Web 站点工具　　B. 使用复制站点工具

C. 用 XCopy 命令行工具　　D. 创建一个 Web 安装项目

(3) 多个开发人员同时开发一个站点项目，从开发服务器上获取文件到本地进行开发，重写了一个程序文件，并将旧文件删除，现需要开发服务器上也具有同样的更改，而不影响其他文件，应该(　　)。

A. 使用 XCopy　　B. 使用复制站点工具

C. 使用发布站点工具　　D. 使用 Web 安装项目

(4) 开发了一个大型站点，在最后测试阶段，需要将站点放到客户局域网的服务器上并进行配置，便于用户进行站点功能测试。为了提高用户第一次请求站点时的速度，同时基于安全考虑，防止源代码外泄，需要使用(　　)。

A. Csc. exe　　B. Aspent_compiler. exe

C. InstallUtil. exe　　D. Aspnet_wp. exe

(5) 开发一套人事管理系统，为了方便用户自己部署，不需要进行相关 IIS 配置与配置文件配置，同时要求将安装说明与使用说明一起给客户，应该(　　)。

A. 使用 XCopy　　B. 使用复制站点工具

C. 使用发布站点工具　　D. 使用 Web 安装包

第15章 实验部分

Web 应用程序设计主要是以 C# 为基础开发 Web 应用程序的一门课程，是计算机科学与技术专业学生的一门专业课。Web 应用程序设计课程主要是利用 HTML 控件、HTML 服务器控件、Web 服务器控件、验证控件、用户控件、内建对象和 ADO.NET 访问数据等来开发网站。实验部分共安排了 9 个实验。通过实验部分进行网站开发的设计开发与程序调试，进一步验证、巩固和加深所学的理论知识。

实验一　使用 HTML 控件

一、实验目的

(1) 熟悉 Visual Studio.NET 软件工具的使用方法。
(2) 掌握 HTML 控件的属性。
(3) 掌握 HTML 控件的使用规则和方法。

二、实验原理

(1) HTML 控件主要有 div 控件、水平线控件、Image 控件、输入控件、选择控件、表格控件和文本区域控件等。

(2) InnerHtml 和 InnerText 属性的区别。

(3) onmousedown、onmouseup、onmousemove、onmouseover 和 onmouseout 等属性的具体应用。

三、实验内容

编写一个简单的程序，练习 HTML 控件、InnerHtml 和 InnerText 属性的具体应用。

要求如下：

(1) 页面运行效果如图 15.1 所示。

图 15.1　页面运行效果

(2) 当输入的用户名更改时，单击“提交”按钮，span 中内容要更改显示当前的用户名和密码。

(3) 分别利用 InnerHtml 和 InnerText 属性，显示

内容。

这两个属性主要是用来设定控件所要显示的文字，只不过 InnerHtml 会将内容作为 HTML 代码解释，而 InnerText 会将内容直接显示出来，即不会对内容作 HTML 解释。

四、实验步骤

(1) 新建网站。

在 Default.aspx 页，“设计”视图下，输入“用户名:”、“密码:”，添加“Input(Text)”、“Input(Password)”控件，添加 1 个 Submit 控件，在源视图下添加 span 标记。

(2) 设置控件的属性。

为 Input(Text)控件设定事件 onserverchange：

```
<input id = "Text1" type = "text" runat = "server" onserverchange = "change" /><br />
<input id = "Password1" type = "password" runat = "server" /><br />
<input id = "Submit1" type = "submit" value = "submit" runat = "server" value = "提交"/>
<br/>
<span runat = "server" id = "span1"></span>
```

(3) 编写代码。

```
protected void change(object sender, EventArgs e)
    {
        span1.EnableViewState = false;
        span1.InnerText = "文本框的内容变成<" + Text1.Value + "><br/>";
        span1.InnerText += Password1.Value + "<br/>";
        span1.InnerHtml += "文本框的内容变成<" + Text1.Value + "><br/>";
        span1.InnerHtml += Password1.Value + "<br/>";
}
```

五、思考

(1) 简述 EnableViewState 属性的含义。

(2) 简述 InnerText 和 InnerHtml 的区别。

实验二　使用 HTML 服务器控件

一、实验目的

(1) 熟悉 Visual Studio.NET 软件工具的使用方法。

(2) 掌握 HTML 服务器控件的创建方法。

(3) 掌握 HTML 服务器控件的使用方法。

(4) 掌握 HTML 服务器控件的注意事项。

二、实验原理

(1) HTML 控件主要有 div 控件、水平线控件、Image 控件、输入控件、选择控件、表格控件和文本区域控件等。

(2) HTML服务器控件主要是在HTML控件的源代码中添加runat="server",即可成为HTML服务器控件。

三、实验内容

利用HTML控件实现用户的简单信息收集,页面运行效果如图15.2所示。

图15.2 页面运行效果

要求如下:

(1) 页面浏览如图15.2所示。

(2) "身份"为单选,"科目"为多选,单击"提交"按钮后,所选择的信息会出现在TextArea中。

四、实验步骤

(1) 新建网站。

创建Web窗体,在窗体上输入"请选择身份"、"请选择学校"、"请选择科目",添加两个Input(Radio)控件,添加1个Select控件,两个Input(CheckBox)控件,1个TextArea控件、1个Submit控件。

(2) 设置各个控件属性,源代码如下。

请选择身份:

```
< input id = "Radio1" runat = "server" type = "radio" value = "学生" />学生
< input id = "Radio2"  runat = "server" type = "radio" value = "教师" />教师
< br />
```

请选择学校:

```
< select id = "Select1" runat = "server">
< option selected = "selected">沈阳理工大学</option >
```

```
<option>沈阳大学</option>
<option>东北大学</option>
</select><br />
```

请选择科目：

```
<input id="Checkbox1" runat="server" type="checkbox" value="操作系统" />操作系统
<input id="Checkbox2" runat="server" type="checkbox" value="ADO" /> ADO<br />
```

您选择的是：

```
<textarea id="TextArea1" runat="server" cols="20" style="height: 59px"></textarea>
<br />
<input id="Submit1" runat="server" onserverclick="Submit1_ServerClick" type="submit"
value="提交" />
```

（3）编写代码。

```
protected void Submit1_ServerClick(object sender, EventArgs e)
    {
        string a;
        a = "身份：";
        if (Radio1.Checked)
            a += Radio1.Value;
        else
            a += Radio2.Value;
        a += ";学校：" +
        Select1.Items[Select1.SelectedIndex].ToString();
        a += ";科目：";
        if (Checkbox1.Checked)
            a += Checkbox1.Value;
        if(Checkbox2.Checked)
            a += " " + Checkbox2.Value;
        TextArea1.Value = a;
    }
```

五、思考

为什么程序中要使用+=符号？

实验三 使用 Web 服务器控件

一、实验目的

（1）熟悉 Visual Studio.NET 软件工具的使用方法。
（2）掌握 Web 服务器控件的使用规则和方法。
（3）学会 Web 服务器控件的应用。

二、实验原理

Web 服务器控件主要分为 6 大类：标准控件、数据控件、数据源控件、验证控件、导航控件和登录控件。标准控件中包含了 AdRotator、Button、Calendar、CheckBox、CheckBoxList、DropDownList、FileUpload、HyperLink、Image、ImageMap、Label、Panel、RadioButton、RadioButtonList、Table 和 TextBox 等控件。

三、实验内容

使用 DropDownList、Calendar 和 Label 控件编写一个简单的程序。

要求如下：

(1) 页面浏览效果如图 15.3 所示。

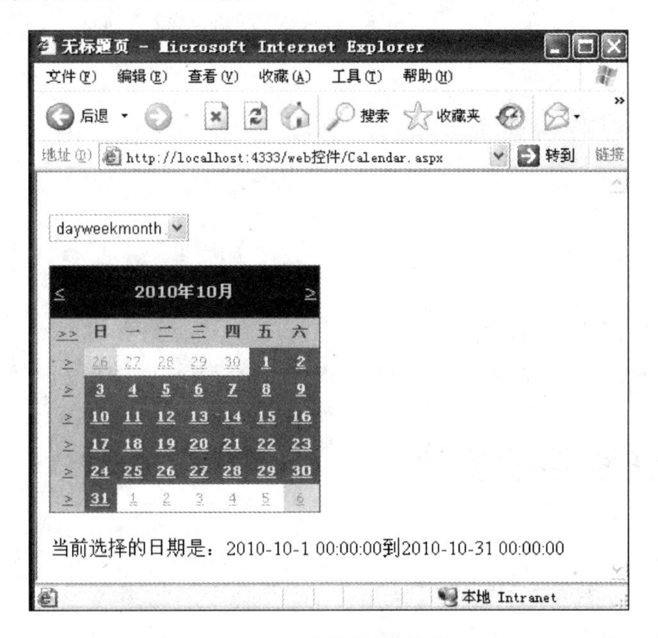

图 15.3　页面浏览效果

(2) 日历的选择模式在 DropDownList 控件中选择。

(3) 按照选择模式把所选日期显示在 Lable 控件中。

四、实验步骤

(1) 设计 Web 窗体。

新建网站，创建 Web 页，页面上添加 DropDownList 控件、Calendar 日历控件、Label 控件。

(2) 设置 DropDownList 控件的 Items 属性，添加选择 none、day、dayweek、dayweekMonth。

(3) 通过设置 SelectionMode 属性为 None 作为 Calendar 控件默认时的选择。

(4) 编写代码。

```
protected void Page_Load(object sender, EventArgs e)
```

```
    {
        Calendar1.SelectionMode = (CalendarSelectionMode)DropDownList1.SelectedIndex;
    }
protected void Calendar1_SelectionChanged(object sender, EventArgs e)
    {
        int i;
        i = Calendar1.SelectedDates.Count;
        if (i == 1)
        Label1.Text = "当前选择的日期是：" + Calendar1.SelectedDate.ToLongDateString();
        if(i == 7)

          {
           Label1.Text = "当前选择的日期是：";
               for (int j = 0; j < 7; j++ )
                   Label1.Text += Calendar1.SelectedDates[j].ToShortDateString() + "\n";
           }
          else
            Label1.Text = "当前选择的日期是：" + Calendar1.SelectedDates[0] + "到" +
Calendar1.SelectedDates[i - 1];
}
```

五、思考

（1）AutoPostBack 属性的含义是什么？

（2）控件的 SelectedItem、SelectedIndex 和 SelectedValue 的区别是什么？

实验四　验证控件的使用

一、实验目的

（1）理解客户端和服务器端验证。

（2）掌握验证控件的使用方法。

（3）掌握分组验证的方法。

二、实验原理

（1）验证控件 RequiredFieldValidator、CompareValidator、RangeValidator、RegularExpressionValidator 和 ValidationSummary 的使用不需要输入任何代码，只需要配置属性即可。

（2）验证控件 CustomValidator 是自定义验证控件，需要编写代码来实现验证功能。

三、实验内容

（1）设计并实现一个带验证控件的用户注册页面。

要求如下：

① 页面浏览效果如图 15.4 所示。

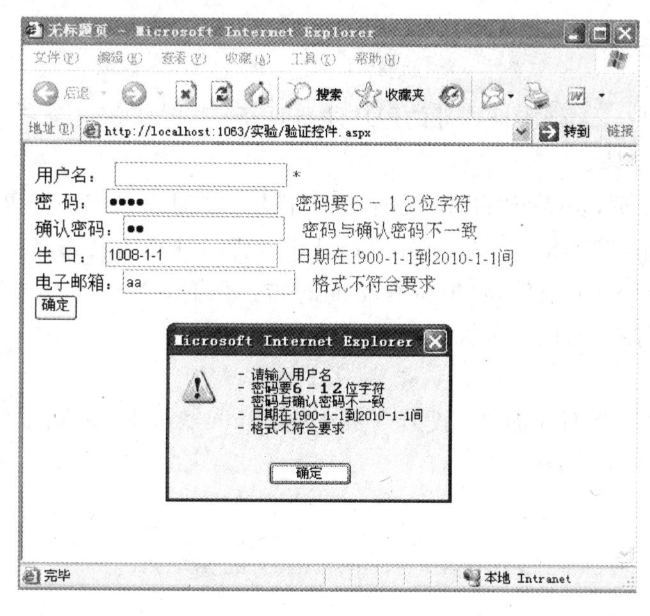

图 15.4 页面浏览效果(1)

② “用户名”、“密码”、“确认密码”、“生日”、“电子邮箱”等信息为必填项。

③ “密码”要求 6～12 位字符，与“确认密码”值必须一致。

④ “生日”的输入值必须在 1900-1-1 到 2010-1-1 之间。

⑤ “电子邮箱”要求格式符合邮箱地址格式。

⑥ 能汇总显示所有的验证错误信息，并有独立的对话框显示。

⑦ 当验证控件出现验证错误信息时，焦点会定位在出错的文本框中。

⑧ 当通过所有验证时，则显示“通过验证”。

(2) 设计一个页面，用到 CustomValidator 控件。

要求如下：

① 页面浏览效果如图 15.5 所示。

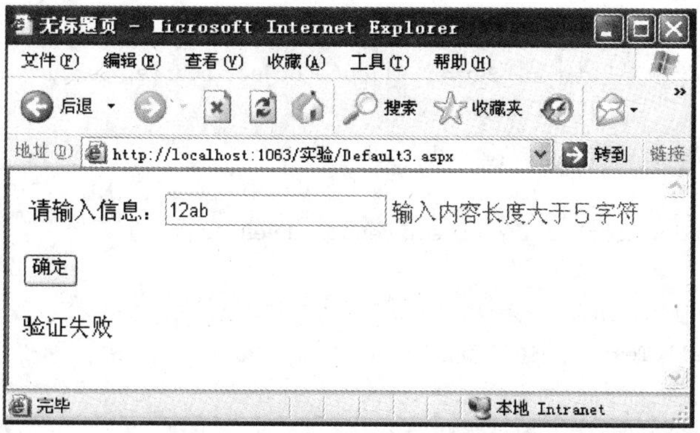

图 15.5 页面浏览效果(2)

② 在 TextBox 中输入的字符长度要大于 5 字符。

③ 如通过验证，在 Label 标签中显示“通过验证”；否则 Lable 标签中显示“验证失败”。

四、实验步骤

(1) 设计并实现一个带验证控件的用户注册页面。

① 设计 Web 窗体。

创建新的 Web 页，切换至“设计”视图，向页面输入“用户名：”、“密码：”、“确认密码：”、“生日：”、“电子邮箱：”等信息；添加 5 个 TextBox 控件，分别为其选择合适的验证控件，并选择 ValidationSummary 控件，收集所有验证的错误信息，放置 Button 按钮和一个 Label 标签。适当调整各控件的位置和大小。

② 设置属性。

设置所选择验证控件的属性，设置 ValidationSummary 控件属性，ShowMessageBox：True、ShowSummary：False。

③ 编写代码。

```
protected void Button1_Click(object sender, EventArgs e)
    {
        Label1.Text = "";
        if (Page.IsValid)
        {
            Label1.Text = "通过验证";
        }
    }
```

(2) 设计一个页面，要用到 CustomValidator 控件。

① 设计 Web 窗体。

创建新的 Web 页，切换至“设计”视图，向页面输入“请输入信息”，添加一个 TextBox 控件，用于接收用户输入信息。添加 CustomValidator 控件，添加一个 Button 按钮、添加一个 Label 标签，显示验证信息。

② 设置各个控件的属性。

③ 编写代码。

```
protected void CustomValidator1_ServerValidate(object source, ServerValidateEventArgs args)
    {
        args.IsValid = (args.Value.Length > 5);
    }
    protected void Button1_Click(object sender, EventArgs e)
    {
        if (Page.IsValid)
            Label1.Text = "通过验证";
        else
            Label1.Text = "验证失败";
    }
```

五、思考

（1）简述 Display 属性中 Static 和 Dynamic 的区别。
（2）简述 ErrorMessage 和 Text 的区别。

实验五 创建并使用服务器端方法

一、实验目的

（1）掌握内建对象的分类。
（2）掌握 Session 和 Application 的主要属性和方法的使用。
（3）掌握内建对象的应用。

二、实验原理

（1）Session 对象：为客户的会话存储信息。
（2）Application 对象：保存应用程序需要多次访问的信息或 Web 服务的实例。
（3）与 Application 对象一样，Session 对象可以存取变量。但是，Session 对象存储的变量只针对某个特定的用户，而 Application 对象存储的变量则可以被该应用程序的所有用户共享。

三、实验内容

（1）统计当前在线人数和访问网站的总人数。
要求如下：
① 页面浏览效果如图 15.6 所示。
② 当同时打开多个该页面时，在线人数增加，网站访问人数增加；关闭页面时，在线人数减少，但是网站访问的总人数是不变的。
③ 必须要有 Application 和 Session 的应用。
（2）设计并实现一个简易的购物车。
要求如下：
①页面上显示在线人数。
② 选择相应物品，单击“放入购物车”按钮，将物品信息存储在 Session 中。
③ 单击“查看购物车”按钮，跳转到相应页面中显示所选物品信息，如图 15.7 所示。
④ 单击“清空购物车”按钮，将清除购物车中信息，并显示“没选择任何商品”的提示信息，如图 15.8 所示。
⑤ 单击“继续购物”按钮，将显示如图 15.9 所示的页面。

四、实验步骤

（1）统计当前在线人数和访问网站的总人数。

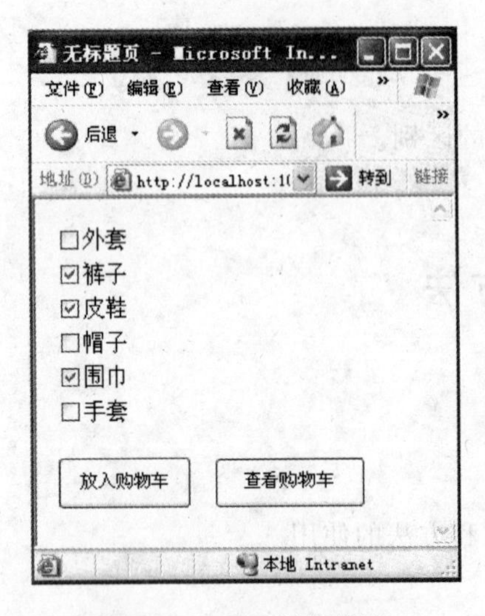

图 15.6 页面浏览效果

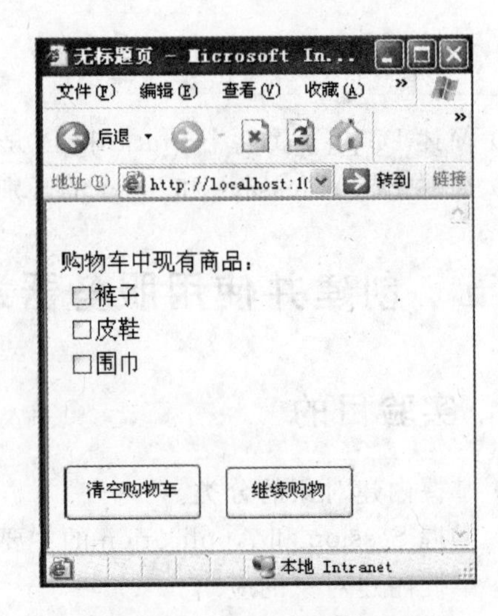

图 15.7 查看购物车页面

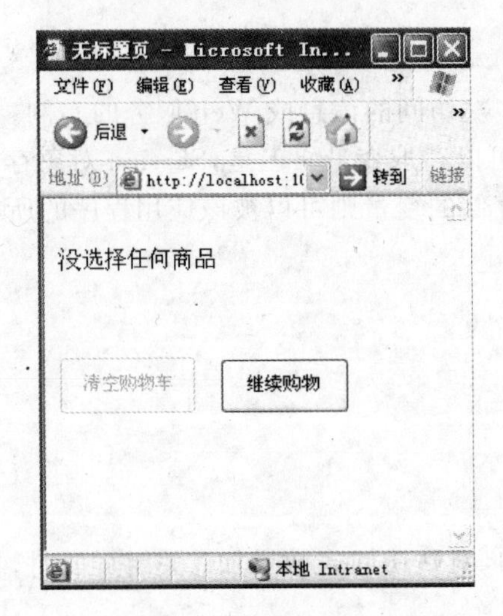

图 15.8 清空购物车页面

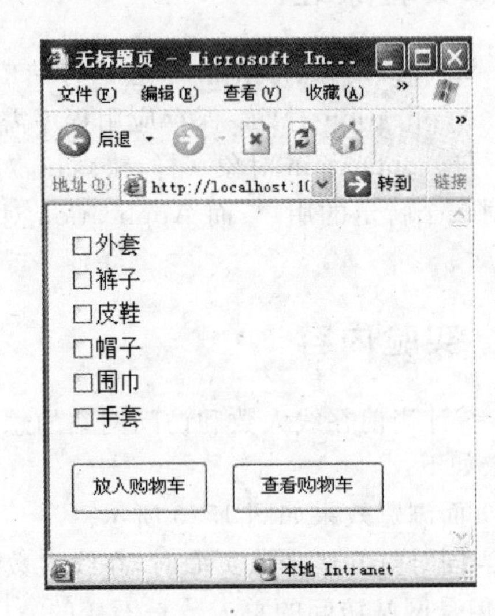

图 15.9 继续购物页面

① 创建 Web 页面，添加两个 Label 标签。

② 添加 Glabal.asax 文件，设置如下内容：

```
void Application_Start(object sender, EventArgs e)
{
    //在应用程序启动时运行的代码
    Application["count_online"] = 0;
    Application["count_visited"] = 0;
}
void Session_Start(object sender, EventArgs e)
{
    //在新会话启动时运行的代码
    Application.Lock();
    Application["count_online"] = (int )Application["count_online"]+1;
```

```
        Application["count_visited"] = (int)Application["count_visited"] + 1;
        Application.UnLock();
    }
    void Session_End(object sender, EventArgs e)
    {
        //在会话结束时运行的代码
        Application.Lock();
        Application["count_online"] = (int)Application["count_online"] - 1;
        Application.UnLock();
    }
```

③ 添加 Web. config 文件，并设置如下。

```
<sessionState mode = "InProc" timeout = "1"/>
```

④ 编写代码。

```
protected void Page_Load(object sender, EventArgs e)
{
    //在运行时要注意时间，默认一个会话的时间是 20 分钟，改成 1 分钟，
    //要等到默认的时间过去了，再重新打开，才能看到在线人数和总人数不一样多
    Label1.Text  = "当前在线有" + Application["count_online "].ToString() + "人";
    Label2.Text  = "有" + Application["count_visited"].ToString() + "人访问过本网站";
}
```

注意：程序运行时需要注意，Session 会话的默认时间为 20 分钟，要等到默认时间结束之后，再打开网站，才可以看到在线人数和访问过的人数是不一致的。为了测试方便，需要在配置文件中设置<sessionState mode="InProc" timeout="1"/>，模式必须为 InProc，才能执行 Session_End 方法，默认时间改为 1 分钟。如果会话模式设置为 StateServer 或 SQLServer，则不会引发 Session_End 事件。

(2) 设计并实现一个简易的购物车。

① 新建网站。

添加两个 Web 页，"zhuye. aspx"和"viewcar. aspx"。其中"zhuye. aspx"用于选择物品并放入购物车中；"viewcar. aspx"用于查看购物车中商品信息、清空购物车、返回"zhuye. aspx"页。

② 设计"zhuye. aspx"页。

如图 15. 6 所示，在"设计"视图添加 CheckBoxList 控件和两个 Button 按钮。先在 CheckBoxList 中，通过 Item 属性填入商品名称。设置 Button1 控件 ID：btbuy，Text：放入购物车；设置 Button2 控件 ID：btview，Text：查看购物车。

③ 编写"zhuye. aspx"页代码。

```
protected void Page_Load(object sender, EventArgs e)
    {
        if (!IsPostBack)
        {//session 变量 car 用于存储选购的商品
            Session["car"] = "";
        }
    }
    protected void btbuy_Click(object sender, EventArgs e)
```

```
    {
        for (int i = 0; i < CheckBoxList1.Items.Count; i++ )
        {
            if (CheckBoxList1.Items[i].Selected)
            {
                Session["car"] += CheckBoxList1.Items[i].Text + ",";
            }
        }
    }
  protected void btview_Click(object sender, EventArgs e)
    {
        Response.Redirect("viewcar.aspx");
    }
```

④ 设计“viewcar.aspx”页。

如图15.7所示，添加一个Label标签、一个CheckBoxList控件、两个Button按钮。设置Button1控件ID：btclear，Text：清空购物车；设置Button2控件ID：btcontinue，Text：继续购物。

⑤ 编写“viewcar.aspx”页代码。

```
protected void Page_Load(object sender, EventArgs e)
    {
        if (!IsPostBack)
        {
            if (Session["car"] == null | Session["car"] == "")
            {
                Label1.Text = "没有选择商品";
                btclear.Enabled = false;
            }
            else
            {
                string a = Session["car"].ToString();
                //数组列表用于存储每个商品名
                ArrayList array = new ArrayList();
                int iposition = a.IndexOf(",");
                //当a中还包含商品名时,将执行循环体
                while (iposition != -1)
                {
                    string b = a.Substring(0, iposition);
                    if (b != "")
                    {
                        array.Add(b);
                        a = a.Substring(iposition + 1);
                        iposition = a.IndexOf(",");
                    }
                }
                Label1.Text = "购物车中现有商品：";
                CheckBoxList1.DataSource = array;
                CheckBoxList1.DataBind();
            }
```

```
        }
    }
protected void  btclear_Click(object sender, EventArgs e)
{
    Session["car"] = "";
    Label1.Text = "没选择任何商品";
    btclear.Enabled = false;
    CheckBoxList1.Visible = false;
}
protected void btcontinue_Click(object sender, EventArgs e)
{
    Response.Redirect("zhuye.aspx");
}
```

五、思考

简述 Session 和 Application 的区别。

实验六　创建并使用客户端方法

一、实验目的

（1）掌握内建对象的分类。
（2）掌握 Page、Request、Response、Cookie 和 Server 的主要属性和方法的使用。
（3）掌握内建对象的应用。

二、实验原理

（1）Page 对象：对 ASP.NET 页面相关的内容进行处理。
（2）Request 对象：获取客户端及服务器端的相关信息。
（3）Response 对象：将 HTTP 响应数据及有关该响应的信息发送到客户端。
（4）Cookie 对象：存储与客户和网站相关的信息。
（5）Server 对象：提供一系列与 Web 相关的实用程序。

三、实验内容

创建 Cookie 文件，保存上次访问时间和访问次数。

（1）页面浏览效果如图 15.10 所示。

（2）当第一次浏览页面时，页面上显示“这是您第 1 次访问”“上一次访问时间是：从未访问过”。

图 15.10　页面浏览效果

四、实验步骤

（1）编写代码。

```
protected void Page_Load(object sender, EventArgs e)
{
    int vNumber;
    string IVisitTime;
    if (Request.Cookies["visit"] == null)
    {
        vNumber = 1;
        IVisitTime = "未访问过本网站";
    }
    else
    {
        vNumber = Int32.Parse(Request.Cookies["visit"]["vnumber"]) + 1;
        IVisitTime = Request.Cookies["visit"]["ivisttime"].ToString();
    }
    Response.Write("< h2 align = 'center'> Cookie 对象应用示例" + "——计算用户访问一个网站
的次数</h2 >");
    Response.Write("这是您第" + vNumber.ToString() + "次访问本站");
    Response.Write("您上一次访问时间是：" + IVisitTime);
    Response.Cookies["visit"]["vnumber"] = vNumber.ToString();
    Response.Cookies["visit"]["ivisttime"] = DateTime.Now.ToString();
    Response.Cookies["visit"].Expires = DateTime.Now.AddYears(1);
}
```

（2）查看 Cookie 文件。

（3）删除 Cookie 文件。

五、思考

（1）如何来创建 Cookie 文件？

（2）Cookie 的限制有哪些？

实验七　使用数据控件访问数据

一、实验目的

（1）掌握数据源控件的应用。

（2）掌握数据控件的使用方法。

（3）掌握使用数据源控件和数据控件相结合的方式读取数据表中的数据。

二、实验原理

1. 数据源控件

（1）ObjectDataSource：支持绑定到中间层对象来管理数据的 Web 应用程序。支持对其他数据源控件不可用的高级排序和分页方案。

(2) SqlDataSource：支持绑定到 ADO.NET 提供程序所表示的 SQL 数据库。与 SQL Server 一起使用时支持高级缓存功能。当数据作为 DataSet 对象返回时，此控件还支持排序、筛选和分页。

(3) AccessDataSource：支持绑定到 Microsoft Access 数据库。当数据作为 DataSet 对象返回时，支持排序、筛选和分页。

(4) XmlDataSource：允许使用 XML 文件，特别适用于分层的 ASP.NET 服务器控件。支持使用 XPath 表达式来实现筛选功能，并允许对数据应用 XSLT 转换。它还可以更新整个 XML 文档的数据。

(5) SiteMapDataSource：支持绑定到 ASP.NET 2.0 站点导航提供程序公开的层次结构，结合 ASP.NET 站点导航一起使用。

2. 数据控件

(1) GridView：以网格格式呈现数据。此控件是 DataGrid 控件的演变形式，并且能够自动利用数据源功能。

(2) DetailsView：在标签/值对的表格中呈现单个数据项，类似于 Access 中的窗体视图。此控件页能自动利用数据源功能。

(3) FormView：在由自定义模板定义的窗体中一次呈现单个数据项。在标签/值对的表格中呈现单个数据项，类似于 Access 中的窗体视图。此控件也能自动利用数据源功能。

(4) TreeView：在可展开节点的分层树视图中呈现数据。

(5) Menu：以分层动态菜单(包括弹出式菜单)来呈现数据。

三、实验内容

使用 GridView 显示主信息，DetailsView 控件显示详细信息。

要求如下：

(1) 页面浏览效果如图 15.11 所示。

(2) 在 Web 窗体上用 GridView 控件显示数据库中学生表的主信息，要有分页功能、排序功能、编辑功能。

(3) DetailsView 控件，对应的显示在 GridView 中所选项的详细信息，DetailsView 中要能进行编辑、删除、新建。

四、实验步骤

(1) 配置数据源控件和 GridView 控件。

在 Web 页上，添加 SqlDataSource 控件，在 Web 窗体中插入该控件。单击“配置数据源”按钮，“新建连接”，“服务器名”为(local)，使用 SQL Server 身份验证，选择的数据库名为 student，可以单击“测试连接”按钮，确认已经连接到数据库。单击“确定”按钮返回“配置数据源”向导，可以查看连接字符串，“Data Source=(local);Initial Catalog=student;”。单击“下一步”按钮，确认将连接字符串保存在配置文件中，这样在下一次连接时就可以直接使用

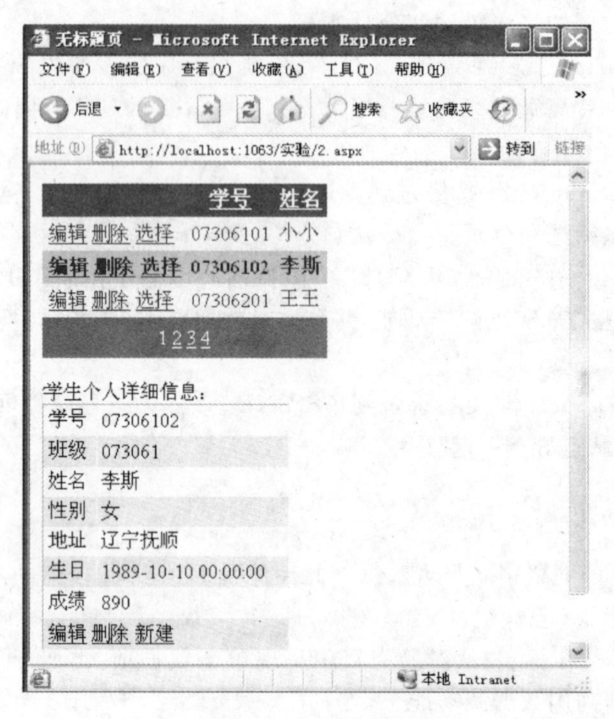

图 15.11 页面浏览效果

该字符串了。单击“下一步”按钮，在“配置 Select 语句”对话框中指定需要检索的数据表及其字段，选择 student 表中 stu_id、name 字段；单击“高级”按钮，选择“生成 INSERT、UPDATE、DELETE 语句”，单击“确定”按钮。单击“下一步”按钮，可以测试刚才配置 Select 语句的效果。单击“完成”按钮完成数据源的配置。

添加 GridView 控件，在“选择数据源”下拉列表中选择 SqlDataSource1，选择 GrideView 控件的“启用分页”、“启用排序”、“启用选定内容”、“启用编辑”、“启用删除”功能，通过属性 PageSize 设定分页后每页显示的行的数目。

(2) 配置数据源控件和 DetailsView 控件。

添加 SqlDataSource2 控件，选择“配置数据源”，单击“下一步”按钮，在“配置 Select 语句”对话框中的“列”列表中选中“*”所有列。单击 WHERE 按钮添加 Where 子句。在“添加 WHERE 子句”对话框中，“列”选择 stu_id，“运算符”选择“=”，“源”选择 Control；“控件 ID”，选择“GridView1”。单击“添加”按钮将 WHERE 子句添加到 SQL 表达式中，单击“确定”按钮返回“配置 Select 语句”对话框。单击“高级”按钮，选择“生成 INSERT、UPDATE、DELETE 语句”，单击“确定”按钮。单击“下一步”按钮，最后单击“完成”按钮。

其中 Select 语句表明从 student 表中选择所有列。这里的 Where 子句采用了参数传递的方式，GridView 中选择的学号传递过来在 DetailsView 中显示该生的详细信息。

添加 DetailsView 控件，在“选择数据源”下拉列表中选择 SqlDataSource2，并选择“启用插入”、“启用编辑”、“启用删除”功能。

(3) 更改显示的列名。

网页网格中显示的数据仍然会以 stu_id、name 这样的标题为列标题。因此，还需要对列进行编辑，使之能够显示为更具有意义的标题。

选择 GridView 任务菜单中的“编辑列”，打开“字段”对话框，分别双击“可用字段”列表中的 stu_id、name，将两个字段全部添加到“选定的字段”列表中。分别在“选定的字段”列表中选择这两个字段，将对话框中右侧的“BoundField 属性”中的 HeaderText 属性分别改为“学号”、“姓名”，单击“确定”按钮。最后，将 GridView 控件的 PageSize 的值改为 3，使页面显示为每页 3 行。单击 1、2、3 可以直接跳到相应的分页。

用同样的方法更改 DetailsView 控件中显示的列名。

五、思考

简述使用 DetailsView 控件显示单项。

实验八 使用 ADO.NET 访问数据表

一、实验目的

(1) 掌握 ADO.NET 两种连接数据库的方式。

(2) 掌握 DataReader 的使用方法。

(3) 掌握 DataSet 的使用方法。

(4) 掌握 DataReader 和 DataSet 的区别。

二、实验原理

(1) DataReader 一次只能把数据表中的一条记录读入内存中，是面向连接的数据。

(2) DataSet 是一个内存数据库，它是 DataTable 的容器，可以将数据表中的多条记录读入 DataTable 中，是面向非连接的数据。

(3) 当用户要求访问数据源时，首先通过数据库访问对象建立与数据源的连接，然后通过数据存储对象将数据源的数据读入，再通过数据显示对象将数据在客户的浏览器中显示出来。

三、实验内容

(1) 使用 Command+DataReader 来读取数据库中的信息。

内容要求：

① 页面浏览效果如图 15.12 所示。

② 访问 SQL Server 2005 数据库。

③ 在连接环境下用命令对象 Command 和数据阅读器 DataReader 读取信息。

④ 用 GridView 控件显示数据。

(2) 使用 DataAdapter+DataSet 来读取数据库中的信息，并实现分页功能。

内容要求：

① 页面浏览效果如图 15.13 所示。

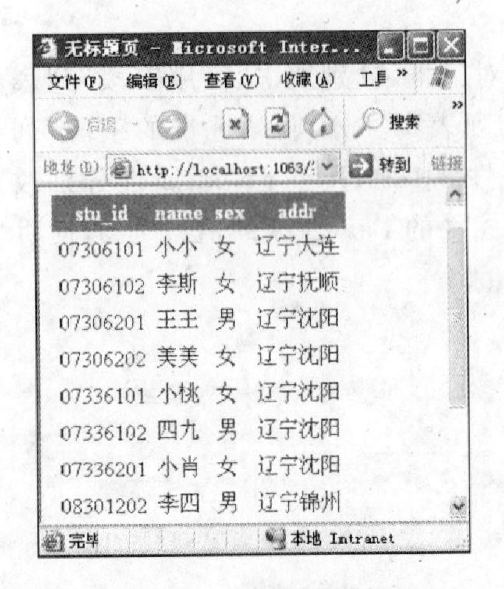

图 15.12 页面浏览效果

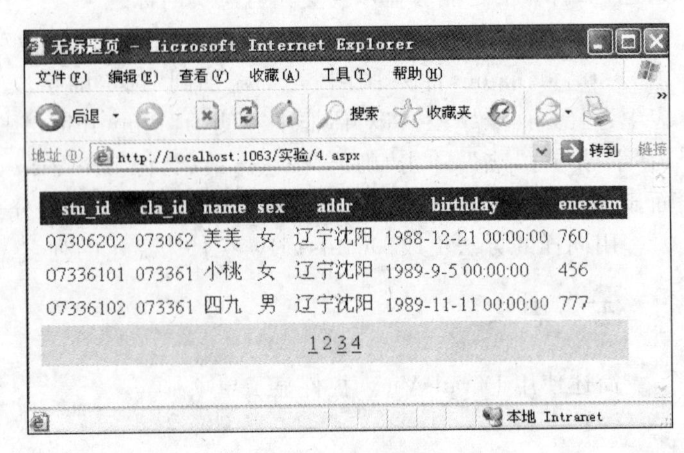

图 15.13 页面浏览效果

② 访问 SQL Server 2005 数据库。

③ 在断开环境下用 DataSet 和 DataAdapter 读取信息。

④ 用 GridView 控件显示数据。

⑤ 实现分页功能，没有显示 3 条记录。

四、实验步骤

(1) 使用 Command+DataReader 来读取数据库中的信息。

① 新建网站。

在 Web 页上，添加 GridView 控件。

② 编写代码。

添加命名空间：Using System. Data. SqlClient

```
protected void Page_Load(object sender, EventArgs e)
    {
        SqlConnection cn = new SqlConnection("data source = .; initial catalog = student1;
        integrated security = sspi");
        cn.Open();
        SqlCommand cmd = new SqlCommand("select stu_id,name,sex,addr from student", cn);
        SqlDataReader dr = cmd.ExecuteReader();
        GridView1.DataSource = dr;
        GridView1.DataBind();
        cn.close();
    }
```

(2) 使用 DataAdapter+DataSet 来读取数据库中的信息。

① 新建 Web 页。

在 Web 页上，添加 GridView 控件。

② 编写代码。

添加命名空间：Using System. Data. SqlClient。

```
protected void Page_Load(object sender, EventArgs e)
    {
        GridView1.AllowPaging = true;
        GridView1.PageSize = 3;
        SqlConnection cn = new SqlConnection("data source = .; initial catalog = student1;
        integrated security = sspi");
        DataSet ds = new DataSet();
        SqlDataAdapter da = new SqlDataAdapter("select * from student", cn);
        da.Fill(ds);
        GridView1.DataSource = ds;
        GridView1.DataBind();
    }
    protected void GridView1_PageIndexChanging(object sender, GridViewPageEventArgs e)
    {
        GridView1.PageIndex = e.NewPageIndex;
        GridView1.DataBind();
    }
```

五、思考

(1) 调用存储过程的方法是什么?

(2) 利用 Command+DataReader 来读取数据库中的信息时如何实现分页?

第16章 示例：简单的会员注册系统

16.1 系统分析

对于很多网站来说，都具备会员管理功能，一般都会提供用户注册功能，用户通过注册成为网站的会员，从而享受网站更好的服务。本系统为一个简单的会员注册系统，可以实现用户的登录、用户的注册及用户信息的修改。

16.2 数据库设计

在创建系统之前，首先应该把会员注册系统的数据库内容设计好，需要创建数据库和表，以及添加部分数据信息。

本系统中用到的数据库为 SQL Server 2005，首先打开 Microsoft SQL Server Management Studio，在“数据库”位置，单击鼠标右键，从快捷菜单中选择“新建数据库”命令，如图 16.1 所示。

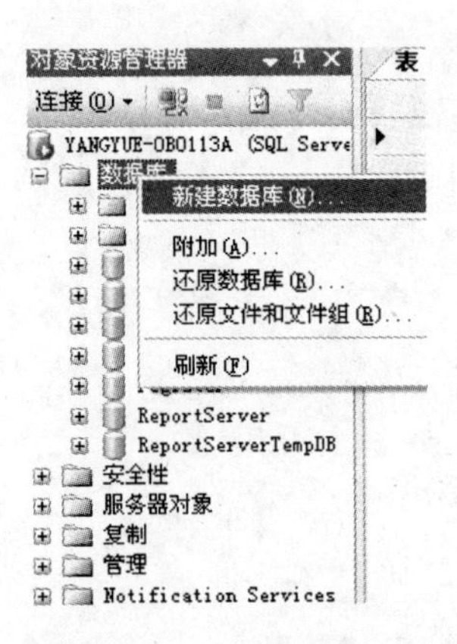

图 16.1　新建数据库

创建一个数据库，这里我们命名为 register，然后单击“确定”按钮就可以完成数据库的创建，如图 16.2 所示。

在 register 数据库中，“表”节点下，单击鼠标右键，从快捷菜单中选择“新建表”命令，如图 16.3 所示。

在简单的会员注册系统中，我们只创建一个数据表 admin，在 admin 表中包含用户的信

图 16.2　数据库命名

息。admin 表中包含以下字段：userid 会员编号（自动增值，每次增加 1），username 会员名字，userpwd 会员密码，pwd 确认密码，shenfenzheng 会员身份证号码，email 会员 E-mail 地址，telephone 会员电话号码，fax 会员的传真号码，address 会员地址。数据表的信息，如图 16.4 所示。

图 16.3　新建表

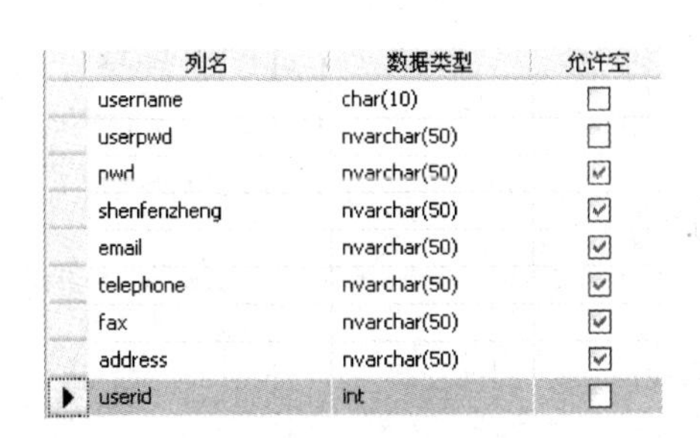

列名	数据类型	允许空
username	char(10)	☐
userpwd	nvarchar(50)	☐
pwd	nvarchar(50)	☑
shenfenzheng	nvarchar(50)	☑
email	nvarchar(50)	☑
telephone	nvarchar(50)	☑
fax	nvarchar(50)	☑
address	nvarchar(50)	☑
userid	int	☐

图 16.4　表 admin

16.3 系统设计

16.3.1 系统组成

本系统中设计的功能较少，只用到了4个页面文件，分别是login.aspx用户登录页面、register.aspx用户注册页面、index.aspx主页面和edituser.aspx修改会员信息页面。

本系统的主要流程是，用户进入登录页面login.aspx进行登录，如果还未注册的用户必须进入用户注册页面register.aspx进行用户注册，注册成功后跳转到主页面index.aspx，已经注册的用户可以直接登录，登录成功后也会跳转到主页面index.aspx，在主页面index.aspx中可以修改资料，进入到修改会员信息页面edituser.aspx，也可以离开系统跳转到登录页面login.aspx。

16.3.2 login.aspx用户登录页面

login.aspx用户登录页面的设计运行，如图16.5所示。

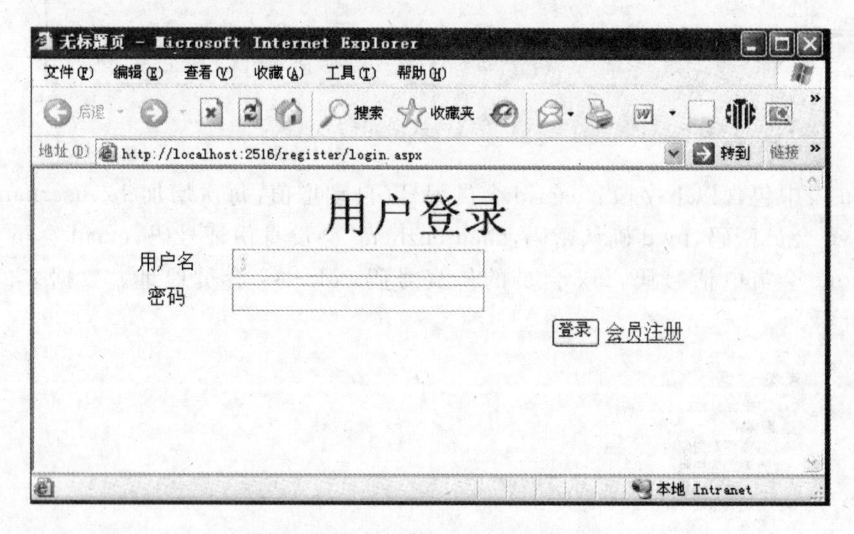

图16.5 login.aspx用户登录页面

login.aspx用户登录页面中，包含两个文本框，用户可以通过这两个文本框输入自己的用户名和密码，单击“登录”按钮可以进行身份确认，之后可以进入到主页面index.aspx，如果还没有注册的用户，可以单击“会员注册”这个超链接控件，进入用户注册页面register.aspx。login.aspx用户登录页面中的HTML语言如下：

```
<%@ Page Language="C#" AutoEventWireup="true" CodeFile="login.aspx.cs" Inherits=
"login" %>
<!DOCTYPE html PUBLIC "-//W3C//DTD XHTML 1.0 Transitional//EN" "http://www.w3.org/TR/
xhtml1/DTD/xhtml1-transitional.dtd">
<html xmlns="http://www.w3.org/1999/xhtml">
<head runat="server">
```

```
    <title>登录页面</title>
</head>
<body>
    <form id="form1" runat="server">
    <div>
        <table align="center">
            <tr>
                <td style="width: 100px">
                </td>
                <td style="width: 300px" align="center">
       <asp:Label ID="Label1" runat="server"  Text="用户登录" Font-Size="28pt"
Font-Bold="true"></asp:Label></td>
                <td style="width: 100px">
                </td>
            </tr>
            <tr>
                <td style="width: 100px" align="center">
        <asp:Label ID="Label2" runat="server" Text="用户名"></asp:Label></td>
                <td style="width: 300px">
        <asp:TextBox ID="TextBox1" runat="server" Width="200px"></asp:TextBox></td>
                <td style="width: 100px">
                </td>
            </tr>
            <tr>
                <td style="width: 100px" align="center">
        <asp:Label ID="Label3" runat="server" Text="密码"></asp:Label></td>
                <td style="width: 300px">
        <asp:TextBox ID="TextBox2" runat="server" Width="200px"
        TextMode="Password"></asp:TextBox></td>
                <td style="width: 100px">
                </td>
            </tr>
            <tr>
                <td style="width: 100px">
                </td>
                <td style="width: 300px" align="right">
    <asp:Button ID="Button1" runat="server" OnClick="Button1_Click" Text="登录" /></td>
                <td style="width: 100px">
        <asp:HyperLink ID="HyperLink1" runat="server" NavigateUrl="~/register.aspx">会
        员注册</asp:HyperLink></td>
            </tr>
        </table>
        </div>
    </form>
</body>
</html>
```

在实现登录功能进入主页面时，首先引入命名空间，然后是创建 SqlConnection 对象，连接本地服务器中 register 数据库，创建一个数据集 ds。在“登录”按钮的单击事件中，首先是判断如果 TextBox1 和 TextBox2 中有一个为空，那么就不允许用户登录，直接弹出警告框“登录失败”。如果两个文本框中都包含具体的内容，那么定义SQL语句，定义变量sqlstr，分别将TextBox1和TextBox2的值作为username和userpwd字段的值，将2个字段的取值设为条件进行查找，将SQL语句添加到数据适配器SqlDataAdapter中，并且将数据适配器的查询结果添加到数据集ds中，判断如果ds中的行个数为0，那么证明admin表中没有username为TextBox1的值并且userpwd为TextBox2的值，那么证明该用户输入的用户名和密码不存在，登录失败。如果有符合条件的数据，那么证明该用户名和密码是正确的，可以跳转到index.aspx页面，并且在跳转之前将用户名保存到Session字段中。其实现过程如下：

```
using System.Data.SqlClient;
SqlConnection conn = new SqlConnection("Data Source = (local);Initial Catalog = register;
Integrated Security = true");
DataSet ds = new DataSet();
protected void Button1_Click(object sender, EventArgs e)
    {
        if (TextBox1.Text.Trim() == ""&&TextBox2.Text.Trim() == "")
        {
            Response.Write("<script>javascript:alert('登录失败!!!');</script>");
            Response.Write("请先注册后登录");
        }
        else
        {
            string sqlstr = "select * from admin where username = '" +
            TextBox1.Text.ToString().Trim() + "' and userpwd = '" + TextBox2.Text.ToString().
            Trim() + "'";
            conn.Open();
            SqlDataAdapter da = new SqlDataAdapter(sqlstr, conn);
            da.Fill(ds);
            if (ds.Tables[0].Rows.Count == 0)
            {
                conn.Close();
                Response.Write("<script>javascript:alert('登录失败!!!');</script>");
                Response.Write("请先注册后登录");
            }
            else
            {
                Session["UserName"] = TextBox1.Text.ToString();
                Response.Write("<script>alert('恭喜您,登录成功!');
location = 'index.aspx'</script>");
            }
        }
    }
```

16.3.3 register.aspx 用户注册页面

register.aspx用户注册页面的设计，如图16.6所示。

register.aspx用户注册页面中，包含8个文本框、9个验证控件和两个按钮。其中“用户密码”和“确认密码”后边的文本框的模式为Password。用户名、用户密码、确认密码和身

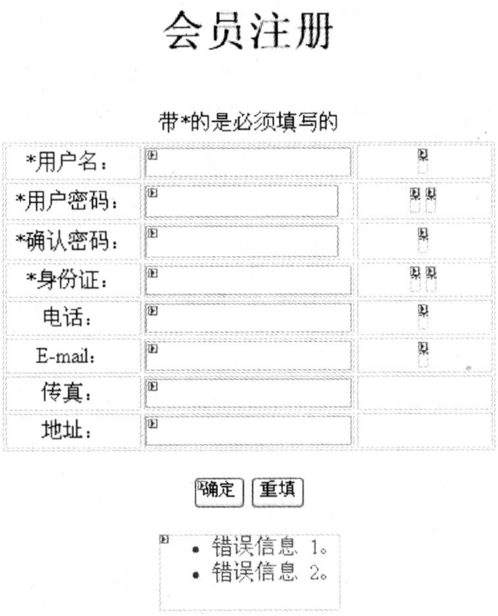

会员注册

带*的是必须填写的

*用户名：		
*用户密码：		
*确认密码：		
*身份证：		
电话：		
E-mail:		
传真：		
地址：		

确定 重填

- 错误信息 1。
- 错误信息 2。

图 16.6 register.aspx 用户注册页面

份证后边的文本框是必须要填写的，使用 RequiredFieldValidator 验证控件验证。“用户密码”文本框后有一个 RegularExpressionValidator 验证控件，规定密码必须是 8～20 位的字符。身份证、电话和 E-mail 文本框后边也分别有一个 RegularExpressionValidator 验证控件，这 3 个文本框里输入的内容格式必须符合要求。确认密码文本框后边有一个 CompareValidator 验证控件，验证确认密码文本框的内容和“用户密码”文本框的内容是否一致；还有一个 ValidationSummary 总结控件，用来显示窗体上所有验证控件的错误消息。一个是“确定”按钮，进行会员注册；另一个是“重填”按钮，为 Input(Reset)按钮，可以重置窗体上的所有信息。register.aspx 用户注册页面中的 HTML 语言如下：

```
<%@ Page Language = "C#" AutoEventWireup = "true" CodeFile = "register.aspx.cs" Inherits =
"register" %>
<!DOCTYPE html PUBLIC "-//W3C//DTD XHTML 1.0 Transitional//EN" "http://www.w3.org/TR/
xhtml1/DTD/xhtml1-transitional.dtd">
<html xmlns = "http://www.w3.org/1999/xhtml" >
<head runat = "server">
    <title>注册页面</title>
</head>
<body>
    <form id = "form1" runat = "server">
    <div>
        <div style = "text-align: center">
            <table>
                <caption>
                  <h1 >会员注册</h1 >
                  <br />带 * 的是必须填写的 </caption>
              <tr>
                  <td style = "width: 100px">* 用户名: </td>
```

```
                <td style="width: 100px">
                    <asp:TextBox ID="TextBox2" runat="server"></asp:TextBox></td>
                        <td style="width: 100px"><asp:RequiredFieldValidator ID=
"RequiredFieldValidator1" runat="server" ControlToValidate="TextBox2" ErrorMessage="用户
名必须填写">*</asp:RequiredFieldValidator></td>
            </tr>
            <tr>
                <td style="width: 100px">*用户密码：</td>
                <td style="width: 100px">
<asp:TextBox ID="TextBox3" runat="server" TextMode="Password"></asp:TextBox></td>
                    <td style="width: 100px">
<asp:RequiredFieldValidator ID="RequiredFieldValidator2" runat="server" ControlToValidate
="TextBox3" ErrorMessage="密码必须填写">*</asp:RequiredFieldValidator>
<asp: RegularExpressionValidator ID=" RegularExpressionValidator1" runat=" server"
ControlToValidate="TextBox3" ErrorMessage="必须是8～20位的字符" ValidationExpression=
"\w{8,20}">*</asp:RegularExpressionValidator></td>
            </tr>
            <tr>
                <td style="width: 100px">*确认密码：</td>
                <td style="width: 100px">
<asp:TextBox ID="TextBox4" runat="server" TextMode="Password"></asp:TextBox></td>
                    <td style="width: 100px">
<asp:CompareValidator ID="CompareValidator1" runat="server" ControlToCompare="TextBox3"
ControlToValidate=" TextBox4" ErrorMessage="确认密码必须和密码一致">*</asp:
CompareValidator></td>
            </tr>
            <tr>
                <td style="width: 100px">*身份证：</td>
                <td style="width: 100px">
<asp:TextBox ID="TextBox5" runat="server"></asp:TextBox></td>
                    <td style="width: 100px">
<asp:RequiredFieldValidator ID="RequiredFieldValidator3" runat="server" ControlToValidate
="TextBox5" ErrorMessage="身份证号码必须填写">*</asp:RequiredFieldValidator>
<asp: RegularExpressionValidator ID=" RegularExpressionValidator2" runat=" server"
ControlToValidate="TextBox5" ErrorMessage="身份证号码格式不正确" ValidationExpression=
"\d{17}[\d|X]|\d{15}">*</asp:RegularExpressionValidator></td>
            </tr>
            <tr>
                <td style="width: 100px">电话：</td>
                <td style="width: 100px">
<asp:TextBox ID="TextBox6" runat="server"></asp:TextBox></td>
                    <td style="width: 100px">
<asp: RegularExpressionValidator ID=" RegularExpressionValidator3" runat= "server"
ControlToValidate="TextBox6" ErrorMessage="电话号码格式不正确" ValidationExpression=
"(\(\d{3}\)|\d{3}-)?\d{8}">*</asp:RegularExpressionValidator></td>
            </tr>
            <tr>
                <td style="width: 100px">E-mail：</td>
                <td style="width: 100px">
<asp:TextBox ID="TextBox7" runat="server"></asp:TextBox></td>
                    <td style="width: 100px">
```

```
< asp: RegularExpressionValidator ID = " RegularExpressionValidator4 " runat = " server "
ControlToValidate = "TextBox7" ErrorMessage = "电子邮件地址格式不正确" ValidationExpression =
"\w+([-+.']\w+)*@\w+([-.]\w+)*\.\w+([-.]\w+)*"> * </asp:
RegularExpressionValidator></td>
                    </tr>
                    <tr>
                        <td style = "width: 100px">传真: </td>
                        <td style = "width: 100px">
<asp:TextBox ID = "TextBox8" runat = "server"></asp:TextBox></td>
                            <td style = "width: 100px"> </td>
                    </tr>
                    <tr>
                        <td style = "width: 100px">地址: </td>
                        <td style = "width: 100px">
<asp:TextBox ID = "TextBox9" runat = "server"></asp:TextBox></td>
                            <td style = "width: 100px"></td>
                    </tr>
                </table>
            </div>
        </div>
        <br />
        <div style = "text-align:center">
            <asp:Button ID = "Button1" runat = "server" Text = "确定" OnClick = "Button1_Click" />
            <input id = "Reset1" type = "reset" value = "重填" /><br />
            <br />
            <asp:ValidationSummary ID = "ValidationSummary1" runat = "server" />
        </div>
        </form>
</body>
</html>
```

register.aspx 用户注册页面中，输入所有信息后，单击“注册”按钮，可以实现会员注册功能。首先应该引入命名空间，然后创建 SqlConnection 对象，连接本地服务器中 register 数据库，创建 SQL 语句，定义变量 sqlstr，将 TextBox2、TextBox3、TextBox4、TextBox5、TextBox6、TextBox7、TextBox8 和 TextBox9 的值按照顺序插入 admin 表中，打开数据库，然后创建 SqlCommand，使用 ExecuteNonQuery()方法执行插入语句，并将 TextBox2 的值保存在 Session 中，便于在 index.aspx 主页面中获取用户名。注册成功后，跳转到主页面。register.aspx 用户注册页面的实现过程如下：

```
using System.Data.SqlClient;
protected void Button1_Click(object sender, EventArgs e)
    {
        SqlConnection conn = new SqlConnection("data
source = (local);database = register;integrated security = true");
         string sqlstr = " insert into admin (username, userpwd, pwd, shenfenzheng, address,
email,telephone,fax) values ('" + TextBox2.Text + "','" + TextBox3.Text + "','" +
TextBox4.Text + "','" + TextBox5.Text + "','" + TextBox9.Text + "','" + TextBox7.Text +
"','" + TextBox6.Text + "','" + TextBox8.Text + "')";
        conn.Open();
```

```
        SqlCommand cmd = new SqlCommand(sqlstr, conn);
        cmd.ExecuteNonQuery();
        cmd.Dispose();
        conn.Close();
        Session["UserName"] = TextBox2.Text;
      Response.Write("<script>javascript:alert('注册成功啦!');location = 'index.aspx'</
script>");
}
```

16.3.4 index.aspx 主页面

index.aspx 主页面的设计，如图 16.7 所示。

欢迎进入系统

[Label1]	
修改资料	退出

图 16.7 index.aspx 主页面

index.aspx 主页面中包含一个 Label 标签、一个超链接控件和一个 LinkButton 按钮。Label 用来显示用户名字和登录的时间，超链接控件用来连接 edituser.aspx 修改会员信息页面，LinkButton 按钮用来退出系统。index.aspx 主页面中的 HTML 语言如下：

```
<%@ Page Language = "C#" AutoEventWireup = "true" CodeFile = "index.aspx.cs" Inherits =
"index" %>
<!DOCTYPE html PUBLIC "-//W3C//DTD XHTML 1.0 Transitional//EN" "http://www.w3.org/TR/
xhtml1/DTD/xhtml1-transitional.dtd">
<html xmlns = "http://www.w3.org/1999/xhtml" >
<head runat = "server">
    <title>主页面</title>
</head>
<body>
    <form id = "form1" runat = "server">
    <div style = "text-align:center">
        <div style = "text-align: center">
            <table>
                <caption>
                    <h1>欢迎进入系统</h1></caption>
                <tr>
                    <td style = "width: 428px">
                        <asp:Label ID = "Label1" runat = "server"></asp:Label></td>
                    <td style = "width: 241px">
                    </td>
                </tr>
                <tr>
                    <td style = "width: 428px; height: 20px;">
                        <asp:HyperLink ID = "HyperLink1" runat = "server"
NavigateUrl = "~/edituser.aspx">修改资料</asp:HyperLink></td>
                    <td style = "width: 241px; height: 20px;">
```

```
                    <asp:LinkButton ID="LinkButton1" runat="server"
OnClick="LinkButton1_Click">退出</asp:LinkButton></td>
                </tr>
            </table>
        </div>
      </div>
    </form>
</body>
</html>
```

index.aspx 主页面可以直接在 Label1 控件中显示用户名，通过 Session 调用用户名，以及显示当前的时间。在 LinkButton1 按钮的单击事件中退出系统，跳转到登录页面。index.aspx 主页面的实现过程如下：

```
protected void Page_Load(object sender, EventArgs e)
    {
        Label1.Text = "欢迎你!" + Session["UserName"] + ",你登录的时间是:" +
DateTime.Now.ToString();
    }
    protected void LinkButton1_Click(object sender, EventArgs e)
    {
        Response.Write("<script>javascript:alert('退出系统');location='login.aspx'
</script>");
    }
```

16.3.5 edituser.aspx 修改会员信息页面

edituser.aspx 修改会员信息页面的设计，如图 16.8 所示。

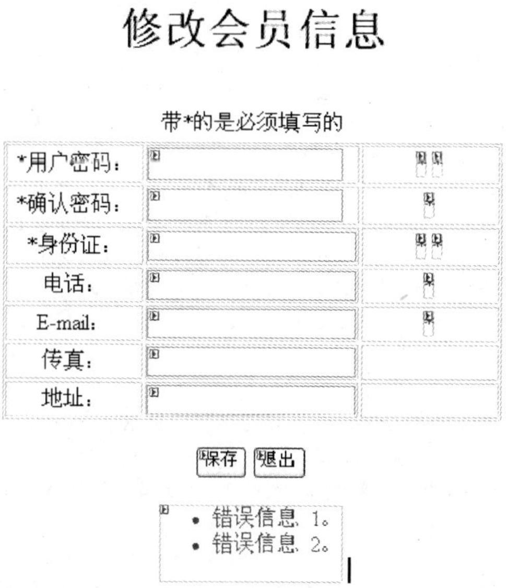

修改会员信息

带*的是必须填写的

*用户密码：
*确认密码：
*身份证：
电话：
E-mail：
传真：
地址：

保存 退出

• 错误信息 1。
• 错误信息 2。

图 16.8 edituser.aspx 修改会员信息页面

edituser.aspx修改会员信息页面包含7个文本框、8个验证控件和两个按钮。其中“用户密码”和“确认密码”后边的文本框的模式为Password。用户密码、确认密码和身份证后边的文本框是必须要填写的，使用RequiredFieldValidator验证控件验证；“用户密码”文本框后有一个RegularExpressionValidator验证控件，规定密码必须是8～20位的字符；身份证、电话和E-mail文本框后边也分别各有一个RegularExpressionValidator验证控件，这3个文本框里输入的内容格式必须符合要求；“确认密码”文本框后边有一个CompareValidator验证控件，验证“确认密码”文本框的内容和“用户密码”文本框的内容是否一致；还有一个ValidationSummary总结控件，用来显示窗体上所有验证控件的错误消息。一个是“确定”按钮，进行修改会员的信息资料；另一个是“退出”按钮，可以离开本窗体。edituser.aspx修改会员信息页面中的HTML语言如下：

```
<%@ Page Language="C#" AutoEventWireup="true" CodeFile="edituser.aspx.cs" Inherits=
"edituser" %>
<!DOCTYPE html PUBLIC "-//W3C//DTD XHTML 1.0 Transitional//EN" "http://www.w3.org/TR/
xhtml1/DTD/xhtml1-transitional.dtd">
<html xmlns="http://www.w3.org/1999/xhtml" >
<head runat="server">
    <title>修改会员信息页面</title>
</head>
<body>
    <form id="form1" runat="server">
    <div>
        <div style="text-align: center">
            <table>
                <caption>
                    <h1>修改会员信息</h1>
                    <br />带*的是必须填写的</caption>
                <tr>
                    <td style="width: 100px">*用户密码:</td>
                    <td style="width: 100px">
<asp:TextBox ID="TextBox3" runat="server" TextMode="Password"></asp:TextBox></td>
                        <td style="width: 100px">
<asp:RequiredFieldValidator ID="RequiredFieldValidator1" runat="server" ControlToValidate
="TextBox3" ErrorMessage="密码是必须填写的">*</asp:RequiredFieldValidator>
<asp:RegularExpressionValidator ID="RegularExpressionValidator1" runat="server"
ControlToValidate="TextBox3" ErrorMessage="密码必须是8～20位的字符"
ValidationExpression="\w{8,20}">*</asp:RegularExpressionValidator></td>
                </tr>
                <tr>
                    <td style="width: 100px">*确认密码:</td>
                    <td style="width: 100px">
<asp:TextBox ID="TextBox4" runat="server" TextMode="Password"></asp:TextBox></td>
                        <td style="width: 100px">
<asp:CompareValidator ID="CompareValidator1" runat="server" ControlToCompare="TextBox3"
ControlToValidate="TextBox4" ErrorMessage="确认密码必须和密码一致">*</asp:
CompareValidator></td>
                </tr>
                <tr>
```

```
                    <td style="width: 100px; height: 26px;"> *身份证：</td>
                    <td style="width: 100px; height: 26px;">
<asp:TextBox ID="TextBox5" runat="server"></asp:TextBox></td>
                        <td style="width: 100px">
<asp:RequiredFieldValidator ID="RequiredFieldValidator2" runat="server" ControlToValidate
="TextBox5" ErrorMessage="身份证号码必须填写">*</asp:RequiredFieldValidator>
<asp: RegularExpressionValidator ID = " RegularExpressionValidator2 " runat = " server "
ControlToValidate="TextBox5" ErrorMessage="身份证号码的格式不正确" ValidationExpression
="\d{17}[\d|X]|\d{15}">*</asp:RegularExpressionValidator></td>
                </tr>
                <tr>
                    <td style="width: 100px">电话：</td>
                    <td style="width: 100px">
<asp:TextBox ID="TextBox6" runat="server"></asp:TextBox></td>
                        <td style="width: 100px">
<asp: RegularExpressionValidator ID = " RegularExpressionValidator3 " runat = " server "
ControlToValidate="TextBox6" ErrorMessage="电话号码的格式不正确" ValidationExpression
="(\(\d{3}\)|\d{3}-)?\d{8}">*</asp:RegularExpressionValidator></td>
                </tr>
                <tr>
                    <td style="width: 100px">E-mail：</td>
                    <td style="width: 100px">
<asp:TextBox ID="TextBox7" runat="server"></asp:TextBox></td>
                        <td style="width: 100px">
<asp: RegularExpressionValidator ID = " RegularExpressionValidator4 " runat = " server "
ControlToValidate = " TextBox7 " ErrorMessage = " 电 子 邮 件 地 址 的 格 式 不 正 确 "
ValidationExpression="\w+([-+.']\w+)*@\w+([-.]\w+)*\.\w+([-.]\w+)*">*
</asp:RegularExpressionValidator></td>
                </tr>
                <tr>
                    <td style="width: 100px">传真：</td>
                    <td style="width: 100px">
<asp:TextBox ID="TextBox8" runat="server"></asp:TextBox></td>
                        <td style="width: 100px"></td>
                </tr>
                <tr>
                    <td style="width: 100px">地址：</td>
                    <td style="width: 100px">
<asp:TextBox ID="TextBox9" runat="server"></asp:TextBox></td>
                        <td style="width: 100px"></td>
                </tr>
            </table>
        </div>
    </div>
    <br />
    <div style="text-align:center">
        <asp:Button ID="Button1" runat="server" Text="保存" OnClick="Button1_Click"/>
        <asp: Button ID = "Button2" runat = " server" CausesValidation = "False" OnClick =
"Button2_Click"
            Text="退出" /><br />
        <br />
```

```
            <asp:ValidationSummary ID="ValidationSummary1" runat="server" />
        </div>
    </form>
</body>
</html>
```

在 edituser.aspx 修改会员信息页面中，Button1 按钮是“保存”按钮，这个按钮的功能是连接本地服务器中的 register 数据库，使用 update 更新 username 值为 Session["UserName"]的 userpwd、pwd、shenfenzheng、telephone、email、fax 和 address 的值，创建 SqlCommand 对象，通过 ExecuteNonQuery()方法执行 SQL 语句，更新成功后跳转到 index.aspx 窗体。Button2 按钮是“退出”按钮，这个按钮的功能是放弃修改资料，直接跳转到 login.aspx 窗体。edituser.aspx 修改会员信息页面的实现过程如下：

```
protected void Button1_Click(object sender, EventArgs e)
    {
        SqlConnection conn = new SqlConnection("data source=.; database=register;
integrated security=true");
        string sqlstr = "update admin set userpwd='" + TextBox3.Text + "',pwd='" +
TextBox4.Text + "',shenfenzheng='" + TextBox5.Text + "',telephone='" + TextBox6.Text +
"',email='" + TextBox7.Text + "',fax='" + TextBox8.Text + "',address='" + TextBox9.Text +
"' where username='" + Session["UserName"] + "'";
        conn.Open();
        SqlCommand cmd = new SqlCommand(sqlstr, conn);
        cmd.ExecuteNonQuery();
        cmd.Dispose();
        conn.Close();
      Response.Write("<script>javascript:alert('更新成功啦!');location='index.aspx'
</script>");
    }
    protected void Button2_Click(object sender, EventArgs e)
    {
        Response.Write("<script>javascript:alert('放弃修改!');location='login.aspx'
</script>");
    }
```

参考文献

[1] 吉根林,崔海源.Web程序设计.北京:电子工业出版社,2005年8月

[2] (美)Robert W. Sebesta.Web程序设计.北京:清华大学出版社,2010年1月

[3] (美)塞巴斯塔.Web程序设计.北京:清华大学出版社,2008年6月

[4] 沈士根,汪承焱,许小东.Web程序设计:ASP.NET实用网站开发.北京:清华大学出版社,2009年5月

[5] 贾华丁.Web程序设计.北京:高等教育出版社,2005年7月

[6] 陶飞飞,陈京民,蔡振林,邓建高,李明.北京:北京交通大学出版社,2009年10月

[7] 傅志辉.Web程序设计技术.北京:清华大学出版社,2009年9月

[8] 周羽明,刘元婷..NET平台下Web程序设计.北京:电子工业出版社,2010年4月

[9] 丁振凡.Web程序设计.北京:北京邮电大学出版社,2008年1月

[10] 匡松,李忠俊.Web程序设计教程.杭州:浙江大学出版社,2009年7月

[11] 郝兴伟.Web程序设计.北京:水利水电出版社,2008年12月

[12] 刘兵,张琳.Web程序设计.北京:清华大学出版社,2007年8月

[13] 郭靖.ASP.NET开发技术大全.北京:清华大学出版社,2009年5月

[14] 庞娅娟,房大伟,吕双.ASP.NET从入门到精通.北京:清华大学出版社,2010年7月

[15] 沈大林,张晓蕾.ASP.NET动态网站设计培训教程.北京:高等教育出版社,2008年6月

[16] 神龙工作室.新编ASP.NET 2.0网络编程入门与提高.北京:人民邮电出版社,2008年9月

[17] 方兵.ASP.NET 2.0网站开发技术详解.北京:机械工业出版社,2007年7月

[18] 邵良彬.ASP.NET(C#)实践教程.北京:清华大学出版社,2007年7月

[19] 余金山.ASP.NET 2.0+SQL Server 2005企业项目开发与实战.北京:电子工业出版社,2008年5月

[20] 张英男.ASP.NET 2.0网络编程学习笔记.北京:电子工业出版社,2008年4月

质检5